체형관리학

이은숙·최도점 지음

청구문화사

Preface

머리말

인류의 역사가 시작되기 전부터 관심의 대상이던 아름다움에 관한 정의는 그 시대를 대표하는 사회상의 반증이기도 했다. 그러나 눈부신 발전을 이룩한 현대문명의 관점에서 정의되는 아름다움이란 건강을 배제하고는 성립되지 못하는 시대에 이르러 있다.

이에 따라 현대사회에서 아름다움을 유지하기 위해서는 무엇보다도 체형관리가 가장 우선시되고 있으며 이는 무엇보다도 건강과 매우 밀접한 관계가 있는 중요요소일 뿐만 아니라 현대인 모두가 추구하는 well-being의 기본요소이기도 한 것이다.

체형관리에 관한 관련학문은 매우 다양하고 전문적인 분야도 많지만 한방피부미용전공 강의를 하면서 전문대학과 4년제 대학에서 미용관련전공을 하는 학생들에게 반드시 필요한 체형관리 영역의 교재를 개발하게 되었다.

이 책의 구성은 체형관리의 정의, 체형관리의 필요성, 부작용을 비롯해 체형분석, 체형관리와 팔, 체형관리와 식이, 비만관리, 체형관리와 셀룰라이트, 체형관리와 뱃살, 체형관리와 다리, 팔, 목, 턱 등의 순서로 구성되어 있다.

그동안의 강의자료를 정리하여 학생들의 이해를 돕고자 최선을 다하였으나 정리를 끝내고 나니 여러모로 미흡함을 절감한다. 이러한 점들은 앞으로 수정, 보완하여 나갈 것을 다짐하며 여러분들의 각별한 성원과 지도편달을 바라는 바이다.

끝으로 출판을 맡아 수고하신 청구문화사 이상태 사장님과 임직원 여러분들께도 심심한 감사를 드린다.

2021년 7월 여름방학

이은숙·최도점

CONTENTS
목 차

CHAPTER 9
체형관리와 팔

CHAPTER 10
체형관리와 목·턱

CHAPTER 1
체형관리

01 체형(體型)관리란?

- **체형의 구조적 요소** : 골격, 인대, 자세근육
- **체형의 형태적 요소** : 운동근육, 피하지방

체형이란 비만형, 세장형(細長型)과 같이 겉모양으로 본 체격의 형태를 말한다. 비만기준과 혼돈을 일으킬 수 있는 것이 체형이다. 비만의 정의는 순전히 건강의 입장에서 체중과 몸의 지방량에 의해서 결정되지만 체형은 건강보다는 미용의 입장에서 전신 또는 구조적으로 몸매를 가꾸는 것을 의미한다.

굵은 다리 '똥배' 등을 지방흡입술, '살빼기 주사', 변비약으로 치료하는 것과 탤런트나 모델이 저체중임에도 불구하고 체중을 낮게 유지하는 것이 여기에 속한다. 본인이 스스로 체형을 바꾸지 않고 기계나 수술, 메조테라피 주사 등으로 체형관리를 하는 것은 건강상의 위해가 따른다.

좋은 체형을 가진 사람은 옷맵시가 난다. 나쁜 체형은 나이가 들면서 체형이 변하여 젊은 시절의 옷이 맞지 않게 되는 것을 말한다. 얼굴 성형술이 발달하여 앞에서 보는 얼굴로는 나이를 판별하기 쉽지 않게 되었지만 걸어가는 뒷모습에서 나타나는 체형 나이는 본인의 많은 노력이 없다면 쉽게 감출 수가 없는 것이다. 젊은 층을 대상으로 하는 명품의류는 큰 사이즈를 아예 만들지 않아 그 브랜드는 입으면 멋있다는 잘못된 개념을 갖게 하는 상술도 있는 것이다. 그렇다면 좋은 체형이란 무엇인가?

근육과 같은 제지방 요소, 그리고 체지방과 같은 신체의 구성요소들의 올바른 이해가 올바른 체형관리에 있어서 매우 중요한 것이다. 그 외에도 올바른 체형을 갖기 위해서는 단순히 체중조절만이 아니라 자세와 같은 생활습관도 매우 중요하다.

체형은 평상시 습관적으로 취하는 자세의 축적된 결과이기 때문에 평상시의 올바른 행동습관이 결국은 바른 체형을 형성하게 만드는 것이다.

인체의 여러 구조물들이 어떻게 합쳐져서 하나의 구조를 이루는가를 이해하면 보다 효율적으로 체형을 관리하고 다룰 수 있을 것이다. 인체는 여러 가지 성분으로 구성되어 있는데 근육조직, 신경조직, 뼈, 인대, 건, 피부, 무기질 그리고 지방 등이 구성요소이다.

체형관리란 잘못된 생활습관으로 인하여 몸의 골격이 변형되거나 근육이 경직된 것을 풀어주는 전체적인 몸의 형태가 바르게 되도록 해주는 방법을 말한다.

체형이 틀어지면 통증이 여러 곳에서 발생하게 되고 전체적으로 혈액과 림프의 순환을 떨어뜨려 몸이 무거워지고 쉽게 피로를 느끼게 된다. 팔이나 다리가 비틀어진 것은 팔이나 다리에만 무리를 주게 되지만 척추가 비틀어지게 되면 내장이나 머리까지 영향을 미치게 되어 소화불량이나 두통, 내장의 기능저하 등의 증상을 일으킨다.

체형관리의 가장 큰 목적은 신체의 외형을 바른 형태로 만드는 것이다. 그렇게 하기 위해서는 마사지를 하는 부위는 피부보다는 근육의 이완과 골격의 원활한 가동을 도와주는 테크닉에 주안점을 두어야 할 것이다.

일상적으로 하는 동작의 반대로 몸을 움직여 보는 것은 무의식적으로 지니고 있는 긴장감을 느낌과 동시에 풀 수도 있고, 또한 새로운 신체 부위와 협응하여 움직일 수 있는 것이다. 우리 현대인은 인체 속 600여개의 근육 중에서 단지 50개 정도만 일상적으로 충분히 사용하고 있다.

생활 속의 긴장감이 높고 헬스클럽에 규칙적으로 갈 수 없다면 너무 어려운 계획보다는 생활 속에서 작은 신체 활동의 어떤 형태라고 하려고 노력해야 한다.

02 체형관리의 필요성

건강한 육체와 정신을 추구하는 라이프 스타일이나 문화코드로 웰빙(well-being)이 새롭게 해석되고 있는 가운데 현대인의 미를 추구하는 욕구는 신체의 부분에서 점점 전체로 확대되고, 단순한 아름다움에서 건강의 개념으로 깊어지고 있다. 또한 다이어트, 체형관리, 피부관리 등 웰 루킹(well-looking) 업종이 웰빙 트렌드에 합류한 유망 아이템으로 각광을 받고 있다.

건강한 삶은 이제 모든 사람의 화두가 되었고, 아울러 건강하고 아름다운 신체를 가꾸는 것은 자기관리와 현대인의 생활에 필수적인 부분으로 자리 잡고 있다. 육체의 변형은 옷 입는 스타일, 헤어스타일 이외도 행동과 기분까지도 바꿀 정도로 생활전반에 큰 영향을 미칠 수 있다. 이런 흐름 속에서 체지방조직에 대한 부담이 더 많은, 여성의 경우에는 건강과 함께 체형에 대한 부담이 더할 수밖에 없을 것이다. 팔이나 다리를 드러낼 일이 많은 여성들은 뱃살 못지않게 팔이나 종아리 살을 걱정하기도 한다.

따라서 삶의 질을 추구하는 웰빙시대에 살면서 미에 대한 욕구가 다양화, 세분화 추세에 따라 체형관리를 체계적이고 과학적으로 받겠다는 요구에 부응하는 다양한 프로그램들이 성행하고 있으며 발전하고 있다.

03 체형과 건강

비만치료와 체형관리는 다르다. 체내지방이 과도하게 축적되어 있거나 특히 복부내장 지방이 많아진 비만환자들은 당뇨병, 심장병, 암으로 이어져 수명이 단축되고 삶의 질도 현저하게 떨어지므로 생존을 위해서 반드시 치료를 받아야 한다. 그러나 의학적 견지에서 볼 때 비만하지 않으면서도 몸매에 대한 불만족으로 아랫배, 허벅지, 팔 윗부분 등에 붙어있는 군살을 줄이는 것은 생존의 문제가 아니라 미용상의 문제임에도 체형관리가 일부 비만 치료로 오용되기도 하며, 자기관리를 소홀히 하고 있다는 자괴감과 타인의 비판도 받을 수 있는 것이다.

또한 사회문화적 영향으로 인해 체형에 자신감이 없을 경우 자신감의 저하, 우울감이 커지다 보면 이것이 스트레스가 되어 우울증이 생기기도 한다. 특히 우리사회에선 무감각한 사람이면 몰라도 예민한 이들에겐 남을 의식하는 경향이 크기 때문에 대인공포증을 유발할 수도 있을 것이다. 유치원, 초등학생의 경우에는 실제로 살쪘다고 놀림당하고 따돌림 당하는 애들도 많은 실정이다. 그리고 사춘기의 여학생이나 여대생의 경우에는 지극히 정상적인 체중의 소유자임에도 불구하고 연예인을 이상형으로 생각하여 그들처럼 몸을 만들려고 단식이나 결식을 하여 건강을 해치는 경우도 있다. 실제로는 그리 살찌지 않았으나 살을 빼려고 노력하는 사람들이 많은 사회 분위기이고, 현재 얼마든지 매력적이고 비만이 아닌데도

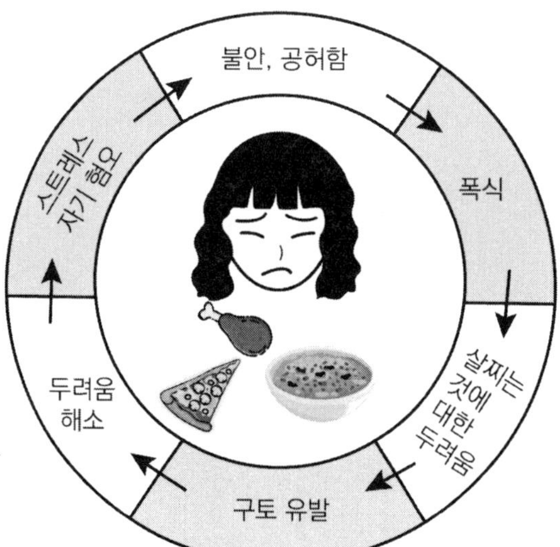

그림 1-1 폭식증의 악순환 연결고리

불구하고 더욱 살을 빼려고 노력하는 사람들이 많다. 이것은 일종의 비만공포증 내지는 강박관념으로 지나칠 경우 신경성 식욕부진증(거식증)이나 폭식증으로 발전되기도 한다. 이런 사람들은 지나친 식사거부로 인해 신체기능이 저하되기도 하고 우울증에 빠지는 경우가 빈번하며, 과식 후에는 늘 비만공포에 시달려 스스로 토해내거나 이뇨제를 사용하고, 살 빼려는 의욕이 너무 지나쳐 무분별한 단식까지 하는 등의 무리수를 두는 경우가 많다. 거식증, 폭식증, 우울증 등이 동반된 비만문제라면 정신과 상담은 매우 중요하다.

그러나 미용상의 문제로 접히는 뱃살만 뺄 수 있다면 또는 굵은 종아리 살만 뺄 수 있다면 얼마나 좋을까? 그러나 이런 부분적인 살 빼기는 거의 불가능하다. 지방을 줄인다는 것은 몸 전체의 문제이기 때문에 외과적인 수술을 하지 않는 한 생각처럼 손쉽게 특정부위만 뺄 수는 없다. 대신 운동으로 특정 부위를 타이트하게 죄어줄 수는 있다. 윗몸일으키기를 꾸준히 하면 배의 지방을 줄일 수는 없지만 군살의 느슨함을 효과적으로 죌 수 있는 것이다. 뿐만 아니라 근육량을 늘려 기초대사량을 증가시켜 에너지소모량을 늘릴 수도 있다. 또한 마사지나 경락관리 등을 통해 정체되어 있는 어혈이나 뭉친 근육을 풀어서 신경이나 혈액순환의 흐름을 좋게 하여 각 조직의 신진대사가 왕성하게 되고 불필요한 노폐물도 제거할 수 있다.

그러나 워낙 몸매에 관한 관심이 높아 그리 뚱뚱하지 않아 보이는데도 날씬함을 추구하다보니 그릇된 신체이미지를 가지기 쉽다. 이러한 경우 자기신체나 몸매에 대해 보다 긍정적으로 보는 노력이 필요하고, 미와 건강을 위해 예방차원에서 체형관리를 하는 것이 무엇보다 중요하다고 보겠다.

1) 생활습관과 체형관리

- 다이어트를 하려면 일찍 자고 일찍 일어나는 것이 좋다. 다이어트 중에는 먹는 것 못지않게 수면의 양과 질도 절대적으로 중요하다.
- 고무줄 바지와 헐렁한 남방은 근본적으로 문제 해결이 되지 않으며 오히려 자신의 상태를 망각하게 되는 경우가 생긴다.
- 외국산 농산물을 가지고 원 푸드 다이어트를 한다는 것은 무척 위험한 일이다. 유통기간을 길게 잡는 대신 개미도 살지 못하는 농약과 방부제 덩어리라는 사실을 기억하라.
- 금지 조항이 너무 많은 다이어트는 자신에게 큰 부담을 가져다준다.
- 처음 다이어트를 할 때는 밤참 안하기로 시작하다가 어느 정도 익숙해지면 하루 30분 걷기, 그리고 음식 바꾸어 보기로 순서를 정하는 방법도 괜찮을 것이다.
- 아침 식사는 반드시 해야 하며 식사시간 25분을 지키는 것이 좋다.

◦ 우리의 몸은 오전 10시쯤 가장 생동감 있게 움직인다.
◦ 식사시간은 15분을 넘겨야 하는데 이것은 뇌에 있는 포만중추가 식후 15분 후에 작용하여 우리 몸에 배가 부르다는 신호를 가져다주기 때문이다.
◦ 생리증후군 : 다이어트를 할 때도 항상 생리 주기에 신경이 쓰인다. 그것은 생리 3일전부터는 살이 거의 빠지지 않고 오히려 1, 2kg 정도 체중이 느는 현상을 보이기 때문이다. 단 것이 먹고 싶고 몸이 피로해서 보통 여자들이 다이어트에 실패하는 이유가 이 생리증후군 때문이기도 하다. 생리 기간에는 운동도 거의 하지 못하기 때문에 다이어트 중에는 이 기간이 무척 길게 느껴진다. 격렬한 운동보다는 스트레칭, 체조 등으로 항상 몸을 유연하게 만들고 단 것이 먹고 싶을 때는 초콜릿보다는 꿀물을 먹어주는 것이 좋다.

2) 일생동안 20대 체형을 유지하라

비만도는 체질량지수·체지방량·내장지방량 등으로 정하게 되는데 이 중 가장 중요한 기준이 체질량지수로 체중(kg)을 신장(m)의 제곱으로 나눈 값이다. 이 사람이 75kg일 때의 체질량지수를 계산하면 75 ÷ (1.7 × 1.7) ≒ 26으로 26이 나온다. 여기에서 5kg을 뺀 70kg의 체질량수는 24가 되어 기준상으로 비만에서 과체중으로 변한 것은 맞지만 정상체중을 회복한 것은 아니다. 다른 예로 신장이 160cm, 체중이 65kg인 여자가 5kg을 빼면 어떻게 될까? 체질량지수가 25.2에서 23.4로 변한다. 역시 기준상 비만에서 과체중이다. 따라서 이 두 사람이 감량해야 할 체중은 각각 10kg 이상씩이다. 그래야 정상체중에 가까워진다.

나이에 따라 체중이 찌는 것은 노화의 과정이 아니라 스스로 체중관리를 잘못해서다. 노화는 일률적으로 일어나는 것이 아니기 때문에 많은 사람들이 그렇다는 것이 노화과정을 의미하지는 않는다. 따라서 나이에 맞는 적정체중이라는 것은 따로 없고 오직 신장에 따른 차이만 있을 뿐이다.

적정체중(정상체중)이란 어떤 체중일까? 누구나 일생에 한 번은 적정체중을 경험하게 된다. 성장이 끝나는 사춘기 이후인 20대 청년 시기의 몸이 대체로 적정체중인데, 이때는 섭취하는 칼로리와 활동량에 의한 에너지소모가 균형을 이루어 아름다운 체형을 갖추게 된다. 많은 사람들에게 10년 정도 지속되는 이 시기의 체중과 체형이 우리가 일생 유지해야 할 체중과 체형이다. 적정체중은 인간의 몸에 최적의 상태를 제공한다. 당뇨병·고혈압·고지혈증·뇌졸중·퇴행성관절염 등을 예방할 뿐만 아니라, 일상생활을 수행하는 데에도 가장 좋은 활력과 기능을 제공함으로써 인생을 즐길 수 있게 해준다. 많은 사람들이 나이가 들면서 자기 모습을 잃어가지만, 적정체중과 아름다운 체형을 유지하는 사람들은 젊음을 그대로 간직하면서 자기 몸에 대한 자신감, 나아가서 자신의 인생에 대한 자신감을 한껏 누리고 산다.

체중과 체형은 아무리 나이가 들어도 20대로 돌아갈 수 있다. 20~40대에 자신의 몸에서 일어났던 변화를 되돌리는 데에는 짧으면 6개월, 길면 1년 정도가 걸린다. 이 정도 투자하여 새로운 몸을 되찾게 되면 우리의 인생은 새로 시작된다. 20대 체형으로 일생을 살아가라.

3) 체중관리와 체형관리(몸매관리)

체중을 조절하려는 여성들의 노력은 주로 사춘기 이후부터 35세 전후까지 집중된다. 이 시기에는 건강상의 이유보다는 아름다움과 외모를 위해서 체중유지와 몸매관리, 체형관리에 힘쓰게 된다. 그러나 이 시기가 지나면 대부분의 여성들은 자기 몸에 대해서 대충 포기하게 된다. 아이들 키우고 살림하는데 바쁘다 보니 체형유지가 어렵고 또 누가 그렇게 관심을 가져주는 것도 아닌 것 같아 힘들게 노력하지 않게 된다. 그러다 늘어난 몸무게 때문에 고혈압·당뇨병·관절염 등의 성인병이 염려되어 다시 한 번 체중감량을 시도하게 되는데, 이때의 이유는 외모보다는 건강을 위해서이다.

체중관리와 몸매관리는 겹치는 부분이 있기는 하지만 목표와 방법에서 매우 다르다. 체중관리가 정상체중을 목표로 주로 강한 몸을 갖고자 하는 것이라면, 몸매관리는 외모의 아름다움을 목표로 하기 때문에 건강상의 불이익이 있더라도 감수한다. 여성들의 눈에는 저체중이 정상체중으로, 정상체중이 거의 과체중 또는 비만으로 보이는 것도 이러한 가치관을 반영한다. 또한 여성들의 몸매관리는 전체 체중보다는 신체의 부위별 관리에 집중되기도 하는데, 뱃살과 옆구리 살, 아래로 처진 둔부, 두꺼운 다리 등을 바꾸고 싶어 한다. 몸이 붓고 변비가 있는 것도 몸매관리에 절대적인 금기사항이다.

이러한 몸매관리를 위해 여성들이 흔히 찾는 방법들을 살펴본다. 이 방법들은 크게 세 가지로 나뉜다. 변비와 부종 막기, 피하지방 줄이기, 신체 부위별 근육 늘리기 등이다. 변비와 부종에 대해서는 증세를 개선시켜주는 약과 식품에 주로 의존한다. 변비약, 섬유질 음료, 유산균 음료, 각종 다이어트식품 등이 사실은 배변에 초점을 맞추고 있고, 각종 이뇨제와 소변 배출을 돕는 식품들이 여기에 사용된다. 배변과 이뇨는 각각 신체에서 변과 수분을 빠져나가게 하여, 체중에 변화가 있는 것은 확실하지만 비만의 근본적인 원인인 체지방에는 아무런 작용을 하지 못한다. 더구나 복용할 때에만 효과적이어서 약과 식품에의 의존성만 높인다.

피하지방 줄이기에는 많은 방법이 사용된다. 초음파·전기자극·원적외선 등으로 셀룰라이트라 불리는 피하지방을 분해하는 각종기계, 지방 분해성분이 들어 있다는 각종 크림, '살빼기' 주사로 알려진 아미노필린 또는 메조테라피 주사 등이 있으며, 좀 더 적극적인 방법으로는 지방흡입술이 있다. 이 중 지방흡입술은 위험이 따르지만 지방을 제거하는 데 효과가 있고, 나머지 방법들은 거의 효과가 없거나 일부의 사람들에게만 도움이 된다. 약과 식품이 하루 이틀 정도의 효과가 있다면 이 치료법들은 효과가 있다고 하더라도 수일에서 수주 정도 이다. 지방흡입술로 빠져나간 피하지방도 6개월 내에 쉽게 다시 들어찬다.

신체 부위별 근육 늘리기는 주로 복부와 종아리에 집중되는데, 한때 유행했던 누워서 다리 흔들어 주는 기계, 종아리 마사지기, 복부 운동기 등이 여기에 속하고 요즈음 유행하는 요가도 근본적으로는 근육 늘리기이다. 본인은 가만히 있고 기계가 운동을 시켜주거나 마사지해주는 것은 거의 효과가 없고, 스스로 하는 요가나 복부운동은 결국 운동한 만큼의 효과를 낸다. 요가나 복부운동을 진력내지 않고 꾸준히 할 수 있는 사람들이 그리 많지 않기 때문에 이것 역시 효과보기가 쉽지 않다.

위의 세 가지 방법들의 효과가 이것밖에 안 되는데도 몸매관리에 관심이 많은 여성들은 쉽게 솔깃한다. 그 이유 중 하나는 자신이 직접 노력해서 얻는 게 아니라 남한테서 손쉽게 보상받으려는 심리 때문이고, 다른 하나는 문제를 '빨리 빨리'해결하려는 조급증 때문이다. 자신은 편안히 누워 있기만 하면 되고, 비만클리닉이나 체형관리실에서 알아서 해준다니 이보다 더 좋을 수 없다고 생각하는 것이다. 적절한 운동과 식사조절이 체중감량과 체형관리의 근본적인 방법이라는 것을 누구나 다 아는 상황에서 일단 '빨리 빨리'몸부터 바꾸고 운동과 다이어트로 체형을 유지한다는 전략은 많은 사람들에게 그대로 먹혀 들어간다.

그러나 몸매관리만으로는 체중을 뺄 수 없다. 스스로의 노력을 통해 자신의 몸을 바꾸지 않은 채 일시적으로 외부적인 방법으로 몸매를 변화시키는 것은 밑 빠진 독에 물 붓기나 다름없다. 그렇게 시작한 몸은 원점으로 다시 쉽게 돌아온다.

식이조절이나 약물에 의존하지 않고도 효과적으로 체중을 조절하여 매력적인 외모를 가질 수 있을 뿐만 아니라 성공적인 사회생활을 즐길 수 있다. 그 방법은 원리상으로는 매우 간단하다. 그러면서도 매우 큰 효과를 기대할 수 있다.

첫째, 체중감소의 긍정적 동기를 가져야 한다. 이들은 체중감소에 성공할 수 있다. 체중이 감소된 사람은 자신이 보다 날씬하고 정상체중을 유지하고 있다고 생각한다. 자기 몸에 대해서 불행하게 생각하는 사람은 체중감소에 성공할 수 없다.

둘째, 적극적으로 문제해결에 직면한다. 체중감소에 실패한 사람은 섭식에서 오는 어려운 문제나 귀찮은 문제에 직면하기보다는 외면하려고 한다. 그래서 잠을 자기도 한다. 이들은 체중감소에 성공할 수 없다. 이와는 달리 전문가에게 도움을 청하고 보다 적극적으로 자신의 문제에 직면하는 사람은 체중감소에 성공할 수 있다.

셋째, 설탕과 고지방 음식을 섭취하면 체중은 올라가기 마련이다. 왜냐하면, 칼로리 수준이 높아질 뿐만 아니라 식욕과 신진대사가 왕성해지기 때문이다. 설탕에는 인슐린 수준을 높이는 기능이 있기 때문에 허기감을 유발한다. 설탕과 지방은 상호 밀접한 관계에 있어 어느 하나를 섭취하고 나면 다른 것도 더 섭취하기 마련이다. 한편으로 과일, 야채 그리고 곡물과 같은 복합탄수화물에는 체중이 늘어나는 것을 억제하는 기능이 있다. 왜냐하면 이들을 섭취하게 되면 곧 포만감이 생기고 이들이 생성하는 소화 칼로리가 적기 때문이다.

넷째, 적절한 운동을 해야 한다. 활발한 운동을 하게 되면 칼로리가 더 많이 소모되고, 운동을 중단한 후에도 계속적으로 칼로리가 소모된다. 적절한 운동을 하게 되면 이전보다는 물론 날씬한 상태에서 보다 더 많은 음식을 섭취할 수 있다. 적절한 운동을 하면 지방이 필요하게 되고 그것을 섭취하게 되면 근육이 단단해진다. 달리기, 사이클링 그리고 수영과 같은 호기성 운동, 에어로빅 운동을 하게 되면 감소된 체중이 원상회복되는 것을 방지할 수 있다. 일반적으로 운동을 통해서 우리의 삶을 보다 효과적로 통합시킬 수 있다.

4) 체중을 빼려면 어지러워야 한다.

평소에 활동량이 적었던 사람들은 운동량만 늘려도 체중이 줄지만, 대부분의 사람들은 운동과 함께 섭취하는 칼로리를 줄여야 체중을 뺄 수 있다. 즉, 적게 먹어야 하는데, 제일 좋은 방법은 탄수화물 : 단백질 : 지방의 비를 65 : 15 : 20으로 유지하면서 하루 칼로리 섭취량을 평소의 반으로 줄이는 저열량·균형식을 실천하는 것이다. 물은 마음껏 마시고 음식의 종류도 이전에 먹던 그대로 하되 양을 반으로 줄이는 것이다.

저열량을 3~4일 시행하다 보면 어지럼증이 나타나기 시작한다. 많은 사람들이 이런 증세가 오면 자기 몸에 위험사태라도 난 양 다시 먹기 시작한다. 그러나 신체의 생리작용을 살펴보면 이러한 증세가 그리 놀랄 일도 아님을 알게 된다. 하루 2000kcal 이상의 칼로리에 적응되어 있는 우리의 몸은 이보다 적은 양의 음식이 들어오면 더 달라는 신호로 배고픔·무기력증·어지럼증 등의 증세를 일으켜 우리의 의지를 괴롭히기 시작 한다. 그래도 꿋꿋이 2주 정도를 참고 견디면 우리의 몸은 더 이상 신호 보내기를 포기하고 몸에 축적되어 있는 에너지, 특히 지방질을 분해하여 사용하기 시작한다. 다시 말해 어지러운 증상은 우리 몸이 축적된 지방질을 사용하려는 전조인 셈이다.

살빼기에서 두 번째로 나타나는 증세는 얼굴에 수척해지고 병색이 도는 것이다. 그러면 또 한번 난리가 난다. 이번에는 주변 사람의 성화가 한 몫 거든다. 틀림없이 몸에 큰 이상이 생겼다느니 더 이상 살을 빼면 큰일 난다느니 하면서 근거 없는 불안감을 조성하여 다된 밥에 재를 뿌린다. 이래서 체중감량에 실패하는 사람이 부지기수다. 절식으로 지방질이 분해되기 시작하면, 온몸의 피하지방이 다 빠져나가기 시작하는데 복부·둔부·다리·팔 등에는 워낙 지방층이 두꺼워 별 차이를 못 느끼지만 얼굴은 피하지방이 얇아 금세 변화가 나타난다. 그래서 살이 빠지면 얼굴부터 빠진다는 말이 있는 것이다. 그러나 이런 증상도 겪어야 할 과정이다. 주변사람들로부터 얼굴이 안돼 보인다는 말을 들어도 속으로 쾌재를 부르면서 3개월을 더 버티면 제 모습으로 돌아옴은 물론 오히려 더 젊어졌다는 말을 듣게 된다.

저열량·균형식을 3개월 이상 실천하면 얻게 되는 또 하나의 좋은 점은 위장이 작아지는 것이다. 이전에는 많이 먹어야만 포만감을 느끼고 기분이 좋았는데, 지금은 적게 먹어도 배부르고 오히려 조금 지나치면 금방 불편을 느낀다. 여기서 주의할 점은 식사를 빨리 하면 이런 효과를 잘못 느끼므로 최소한 20분 이상 식사를 해야 한다는 것이다. 그 이유는 위장용량이 늘어나는 것과 뇌에서 포만감을 느끼는 것에는 10분 이상의 시간차가 있기 때문이다.

5) 3개월에 5kg씩 체중을 빼라

20~30대 체중조절의 주된 목적이 체형관리라면, 40대 이후의 체중 관리는 생존을 위한 필수 선택이다. 이미 자신이 갖고 있는 고혈압·당뇨병·고지혈증·퇴행성관절염의 가장 좋은 치료법이기 때문이다. 여태껏 약에만 의존해왔던 사람들은 약이 자신의 만성질환을 고쳐주지 못한다는 사실을 실감하게 된다. 현재 이런 병이 없는 사람들일지라도 앞으로 시간이 지날수록 그러한 합병증이 나타날 위험성은 커진다. 현재의 비만을 그대로 두고 75세 전후까지 생존하는 데에는 별 문제가 없어 보이지만, 가장 큰 문제는 그 이후 15~20년의 삶에서 생긴다. 이 시기 동안 병을 앓지 않고, 다른 사람들에게 의존하지 않으며 활기차게 사느냐 아니냐는 바로 40~60대의 체중 조절에 의해서 결정 된다.

체중조절의 목표는 정상체중까지 감량하는 것이다. 대부분의 사람들은 그 정도의 감량목표에 지레 겁을 먹고 엄두를 못 내지만, 적절한 속도의 감량과 근본적인 체중조절 방법을 실천하면 그 목표는 어렵지 않게 성취할 수 있다.

체중감량의 가장 적절한 속도는 3개월에 5kg, 6개월에 10kg, 1년에 15~20kg이다. 그래서 대부분의 비만자들이 빠르면 6개월 늦어도 1년이면 정상체중으로 복귀할 수 있게 된다. 단, 염두에 두어야 할 사실은 3개월에 5kg을 감량해야 한다는 점이다. 이보다 적으면 제자리걸음이 되기 쉽고, 이보다 빠르면 몸에 해를 줄 수 있다. 3개월에 5kg 감량은 몸의 변화를 스스로 느끼는 최적의 속도다. 첫 2주간의 어지럼증과 배고픔, 1개월 후부터 시작되는 얼굴의 핼쑥함에 더하여 5kg이 빠진 3개월에 이르러서는 위장의 용량이 작아져서 이전보다 훨씬 적은 양을 먹어도 쉽게 배가 불러진다. 즉, 적게 먹으려고 의식하지 않아도 변화된 자신의 몸이 저절로 덜 먹게 만드는 것이다. 이후부터는 자연적으로 일어나는 몸의 변화를 즐기기만 하면 된다.

3개월에 5kg의 체중감량은 신체적인 변화뿐 아니라 정신적으로도 많은 변화를 가져온다. 첫째는 스스로도 할 수 있다는 자신감이 생긴다. 요요현상처럼 그 전의 체중으로 돌아가지 않을까 하는 불안감이 사라지기 시작한다. 둘째는 다른 사람들의 시선을 받게 된다는 점이다. 한편으로는 체중을 뺀 것에 대한 찬사를, 다른 한편으로는 너무 빼면 큰일 난다는 걱정어린 관심을 동시에 받게 된다. 찬사는 좋지만 걱정은 은근한 부담으로 작용하기도 한다. 이러한 사회적인 변화를 정신적으로 잘 견뎠을 때 몸과 마음은 상승작용을 하여 더 강해진다.

3개월에 5kg의 체중감량으로 겪게 되는 또 하나의 문제는 이전에 입던 옷들이 맞지 않게 된다는 것이다. 6개월에 10kg을 줄였던 필자도 하의를 대부분 고쳐 입거나 남을 줄 수밖에 없었고, 고쳐 입어도 제대로 모양이 안 났다. 나는 체중을 감량한 사람들에게 새 옷을 사는 데 주저하지 말라고 권한다. 몸에 맞는 새 옷을 사 입되 이전에 주로 어두운 색 계통의 옷을 입었다면 이번에는 밝은 색 계통을 사는 게 좋다. 밝은 색과 새 옷은 알게 모르게 내 마음을 긍정적으로 바꾸는 효과가 있다.

체중감량은 정상체중이 되기 마지막 2~3kg에서 흔히 고비를 맞는데, 그 이유는 절식을 하면서 줄어든 기초대사량 때문이다. 즉, 적게 먹어도 쓰는 것이 적기 때문에 체중감량의 효과가 잘 안 나타난다. 이때의 방법은 먹은 것은 그대로 두고 운동과 활동에너지를 늘리는 것이다. 초기에 칼로리는 줄이는 것만큼의 속도는 아니지만 소기의 목적인 체중감량과 함께 심폐지구력과 근력이 증가되는 보너스를 얻게 된다.

체형관리와 영양

체형관리란 다이어트와는 또 다른 개념의 용어로서, 날씬할 뿐 아니라 적당한 굴곡과 탄탄한 근육을 가진 아름다운 몸매를 가지기 위해 노력하는 것을 의미한다. 많은 사람들이 정상체중을 지녔음에도 불구하고 특정 부위의 지방만 없애기를 원한다. 그러나 어떠한 식사요법이나 특정 운동이 특정한 부위에서의 국소적인 체지방 감소를 가져오는 것은 아니다.

체형관리를 위해서는 전체적으로 체중 감량을 시도하되 근력 운동을 통하여 국부적으로 근육을 키워주는 것이 오히려 바람직하다고 생각된다.

---

04 체형관리에 이용되는 마사지법

1) 경찰법

대상부위를 가볍게 쓰다듬는 방법으로 말초(손발의 끝)에서 중추(심장부) 방향으로 같은 압력(약 5~6㎏)으로 혈관이나 임파의 주행에 따라 행한다.

2) 강찰법

손가락, 손바닥, 주먹 등을 이용하여 강하게 문지르는 방법으로 쓰다듬기와 누르는 방법을 혼합한 형식이다. 이러한 방법은 조직 내 물질의 흡수를 돕는 데 매우 효과적이다.

3) 유념법

짜내듯이 주무르는 방법이다.

4) 압박법

압력을 가하여 누르는 방법으로 손바닥, 손가락, 팔꿈치, 발바닥 등 신체의 돌출된 부위를 사용하여 인체표면을 누른다. 긴장되어 있는 근육의 진정효과를 유발한다.

5) 고타법

강하게 두드리는 방법이다.

6) 진동법

근육을 이완시키고 긴장 및 경직을 풀어주며 균형조절 및 진통경감에 효과적이다.

7) 유선법

임파자극에 가까운 자극법(표피자극용 기술)이다.

8) 절타법

가볍게 두드리는 방법이다.

9) 유동법

진동법보다는 약하게 진동 자극하는 방법이다.

10) 신장법

근육을 최대가동범위 안에서 신장시켜 이완시키는 방법으로 어느 정도 이완된 근육에 더욱 효과적이다.

11) 임파충격법(임파마사지)

손바닥을 이용하여 가볍게 임파 순환경로를 따라서 문지르는 방법이다.

05 체형관리를 위한 테이핑요법

1) 테이핑요법이란?

테이핑요법이란 접착용 테이프를 가지고 근골격의 불균형이나 타박 염좌로 온 통증이나 운동제한을 치료하는 것이다. 근육이 긴장되거나 손상되어 근막에 이상이 생기면 근육이 부어 오르고, 근막의 출혈로 내압이 상승하여 혈관이나 림프관, 조직액 등의 통로가 막히게 된다. 따라서 혈액순환이 원활하지 않게 되고 각종 질환과 통증이 발생하게 된다. 이러한 경우 테이프를 붙이면 통증이 경감되고, 관련된 각종 질환의 병세가 호전되어 만성질환으로 발전되는 것을 예방할 수 있다.

근육의 과도한 수축과 긴장을 완화시켜 주고 근육이 지나치게 약해져 있거나 이완 된 곳은 강화시키며, 또 근육의 작용방향을 조절하여 통증을 없애고 완화함으로써 인체의 전반적인 균형을 바로 잡아주는 것이다. 이와 같이 테이프를 붙여서 근육으로 인한 두통이나 목의 결림, 어깨 결림, 요통이나 상완, 좌골신경통을 치료하는 것을 '테이핑 치료'라 한다. 이러한 테이핑요법은 강직성척추염이나 만성디스크, 퇴행성관절염, 노인성척추의 압박골절, 척추관협착증 등 근·골격계 질환에 효과가 두드러지는 것으로 나타나고 있으며 천식, 불면증, 변비, 이명, 생리통, 두통, 구안와사, 손발저림 등에도 활용되고 있다.

2) 테이핑요법의 원리

치료에 쓰이는 탄력 테이프는 피부와 유사한 약 30%의 신축성이 있고 접착제만 붙어 있을 뿐 특수하게 약물처리가 되어 있지 않다. 통증부위의 근육을 최대한 늘리고 테이프를 늘리지 않은 상태에서 테이프를 근육에 붙이면 피부와 근육이 정상 위치로 되돌아 왔을 때 테이프를 붙인 부위에 굴곡이 생긴다. 테이프에 의해서 피부가 위로 들어 올려지게 되어 피부와 근육 사이의 공간은 커지게 되는데, 그 공간으로 혈액과 림프액의 순환이 증가하여 자연치유력이 높아져 통증이 사라지고 근육의 운동기능이 되살아나게 되어 정상적인 신체활동을 할 수 있게 한다.

그리고 관문통제이론으로도 설명되어 질 수 있는데, 피부에 붙여진 테이프는 피부에 지속적인 물리적 자극을 가하게 된다. 이러한 자극은 통증을 전달하는 섬유보다 먼저 척수에 도달하여 통증의 전달을 억제하기 때문에 통증을 못 느끼게 되는 것이다. 그 외 골지건, 근방추반사설로도 설명될 수 있다. 골지건은 근육과 건의 지나친 수축을 막아 주고, 근방추반사는 근육이 지나치게 늘어나는 것을 예방하여 근육의 긴장성 조절, 자세조절, 신체의 평행조절에 중요한 역할을 한다.

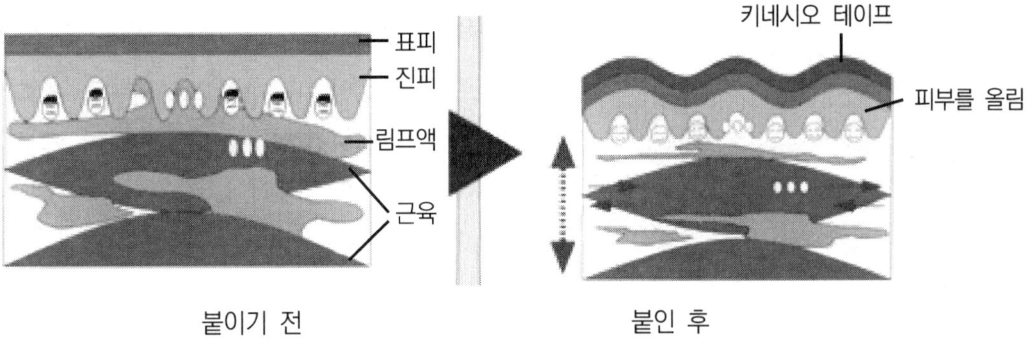

그림 1-2 테이핑요법의 원리

3) 테이핑요법의 효과

테이핑요법은 시술이 간단하고 사용 중 통증이나 부작용이 적으면서 효과가 지속된다는 장점이 있다. 약물사용이 곤란한 임산부, 노약자, 어린이에게도 적용이 가능하다.

(1) 통증을 완화시킨다.

통증이 있는 부위에 테이프를 붙임으로써 신경학적으로 통증을 없애는 효과가 있다.

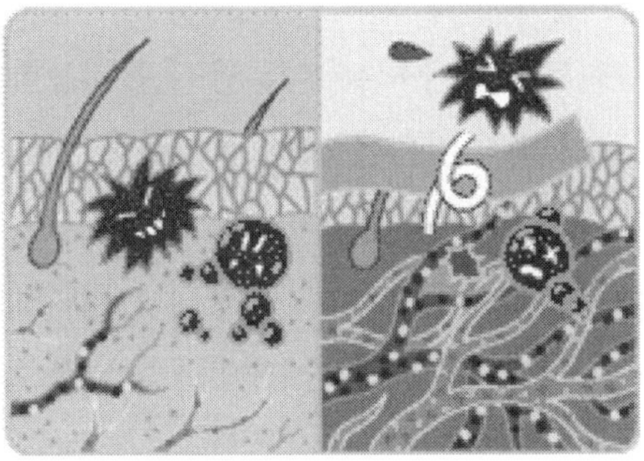

(2) 혈액, 림프액, 조직액 등의 순환을 돕는다.

테이프가 피부를 들어 올림으로써 국소에 고여 있던 조직액이나 삼출액 등이 빨리 배출되고, 혈액이나 림프액의 흐름이 원활하게 되어 각종 질환의 병세가 호전된다.

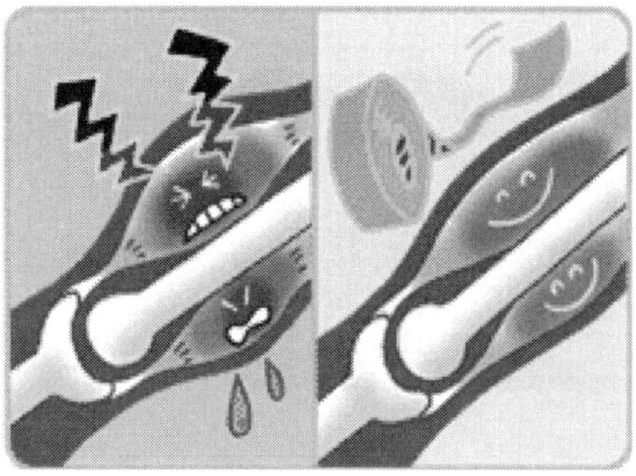

(3) 근육의 기능을 바로잡고, 2차 손상을 예방한다.

테이프가 갖고 있는 신축성으로 피부와 근육이 자극을 받음으로써 긴장되어 있던 근육이 원래의 상태로 되돌아간다. 통증이 있는 근육을 치료하지 않고 방치할 경우 주위의 다른 근육이 대신 작용을 하게 되므로 이 부담으로 2차 손상이 발생하거나 만성질환으로 이어질 수 있다. 따라서 테이프를 붙이는 것은 근육의 기능을 바로 잡는 것 외에 2차 손상을 예방할 수 있는 효과가 있다.

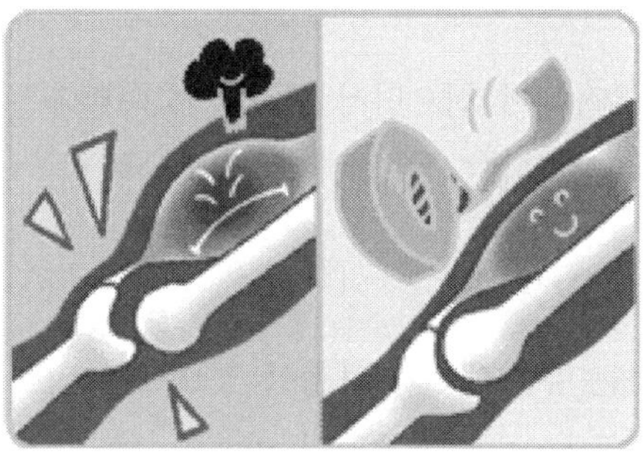

(4) 관절의 어긋남을 잡아준다.

관절부위의 근육이 과긴장되어 관절이 어긋나는 경우가 있는데 테이프를 붙임으로써 근육의 움직임이 원상태로 되돌아오므로 관절이 어긋나는 것을 예방할 수 있다.

4) 테이핑요법의 종류

(1) 키네시오

키네시오란 효율적인 신체운동과 통증부위의 기능 회복을 연구하는 학문인 운동기능학(Kinesiology)에서 따온 이름으로, 키네시오 테이프는 다른 테이프에 비해 통기성이 뛰어나 피부에 부작용이 없고, 신축성이나 접착성도 우수한 것으로 나타났다. 폭에 따라 2.5㎝, 3.75㎝. 5㎝, 7.5㎝의 4종류가 있으며, 테이프는 신체부위에 따라 여러 가지 형태나 길이로 잘라서 사용하고 있다. I자형, Y자형, X자형, 손가락형 등이 있다. 이 중 테이프를 반으로 자른 Y자 형태가 가장 많이 사용되어진다.

I자형

Y자형

테이프를 반으로 잘라 Y자 형태로 넓혀 사용한다. 가장 많이 사용되는 형태이다.

X자형

손가락형

주로 5센티 테이프의 양끝을 잘라 X자 형태로 사용한다.

키네시오 가위

키네시오 가위는 테이프 뒤의 끈끈이가 붙지 않도록 특수 코팅이 되어 있다. 일반 가위를 사용해도 무방하다.

(2) 스파이랄

스파이랄 발란스 테이핑은 비신축성 테이프를 피부표면에 붙여 주로 근육, 건, 관절 등의 통증이나 운동기능장애의 개선을 목표로 한 치료법이다. 통증이나 운동기능장애가 생긴 환부만을 치료하는 것이 아니라 통증이나 장애의 전부를 신체의 좌우, 전후, 상하 등 신체 전체의 발란스 이상의 문제로 생각하여 전체의 발란스를 조정한다는 것이다.

인체의 근육은 몸의 중심을 경계로 좌우 대칭적으로 존재하기 때문에 근육의 한 부분에 통증이나 긴장감이 발생하면 발란스를 유지하기 위해 반대편도 통증이 유발된다. 통증이 발생할 때마다 반대쪽에도 통증이 유발되므로 이 반응점을 이으면 스파이랄 모양, 즉 나선상의 모양이 된다. 반응점을 이은 스파이랄 모양에는 개인차이가 있기 때문에 테이프를 붙일 부위와 시간, 방향성이 중요한 의미가 있음을 보여준다.

5) 테이핑요법의 주의사항

(1) 심한 운동을 해야 할 경우 운동 전에 테이프를 붙이면 근육의 손상을 예방할 수 있고, 접촉이 빈번한 운동의 경우 스포츠 테이핑과 병행하면 효과적이다. 운동 후에도 붙이고 있으면 염분으로 인해 피부병이 생길 수 있으므로 샤워를 하고 잘 말려야 한다.

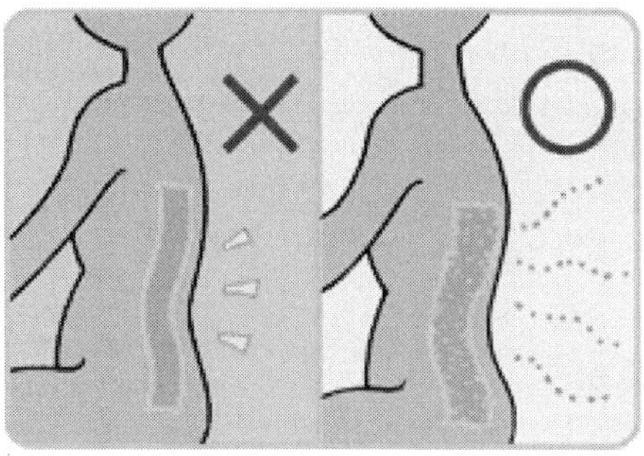

(2) 붙이고 난 뒤 잘 붙었는지 확인한다. 근육의 보통상태, 즉 원래의 근육으로 되돌아 왔을 때 테이프에 주름이 생기면 올바르게 붙인 것이다.

(3) 테이핑 후에 불편함이 느껴지면 떼어내고 다시 붙인다. 체질적으로 피부가 약한 사람은 하루 정도 붙여보고 피부가 빨갛게 되면 사용을 금한다.

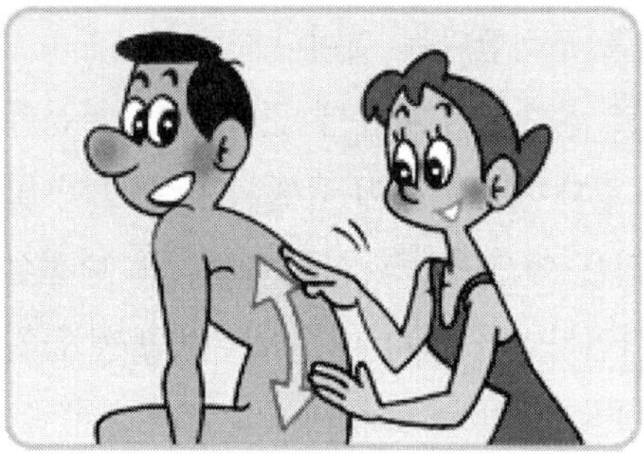

(4) 파스처럼 통증부위의 아무 곳에나 붙이는 것이 아니라 통증이 있는 근육의 시작부위와 끝부위를 정확하게 찾아서 근육의 크기 및 형태에 따라 붙여야 한다.

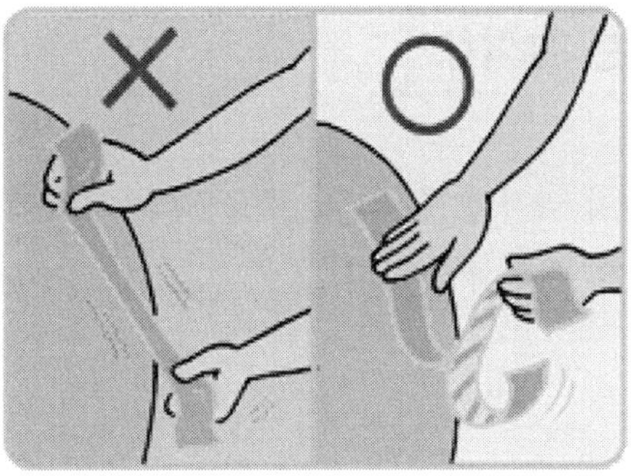

(5) 성별과 나이에 따라 근육의 길이가 다르기 때문에 먼저 붙이고자 하는 부위의 피부를 깨끗이 한 다음 근육을 최대한 늘린 상태에서 근육의 길이에 맞게 테이프를 자른다.

(6) 테이프에 붙어 있는 겉종이를 미리 벗겨 낼 경우 서로 달라붙을 수 있으므로 테이프를 피부에 붙여가면서 종이를 벗겨낸다.

(7) 근육을 늘린 상태에서 붙이되 테이프는 절대 늘어나지 않는 상태에서 붙여야 한다. 테이프를 잡아당겨 붙이게 되면 땀구멍이 좁아져 피부병의 원인이 되기 쉽다.
(8) 테이프를 붙인 채 목욕해도 떨어지지 않으며, 목욕 후에는 드라이기 및 수건으로 테이핑 부위를 말려줘야 한다.
(9) 테이프는 보통 2~3일 정도 붙이며, 통증이 남아 있으면 하루 정도 지난 후 다시 테이프를 붙인다.

06 무리한 체형관리를 할 때 나타날 수 있는 부작용

무리한 슬리밍 관리를 할 경우 다음과 같은 증상들이 나타날 수 있다. 주로 약의 부작용이나 저열량 섭취로 인한 부작용을 인지하고 올바르게 대처해야 한다.

1) 두통

저혈당으로 인한 증세일 수 있다. 1~2시간 후 사라질 수도 있으며 이때 혈당을 높일 수 있는 식품을 섭취한다. 심할 경우는 병원에 가서 진료를 받도록 한다.

2) 현기증과 머리 가벼워짐

초저열량 식이 섭취로 인해 수분이 감소함으로써 발생된다. 갑작스럽게 일어나는 동작은 피하고 이온음료수를 섭취한다.

3) 변비

배변은 적당한 양의 변이 직장에 머물러 감각이 중추신경계를 통하여 장의 운동을 자극하면 일어난다. 식이 섭취량이 줄어 자연적으로 변의 양이 줄어서 발생할 수 있다. 2~3일에 한번이라도 시원하게 볼 수 있다면 이것은 자연현상이므로 섬유질 섭취를 늘리거나 수분의 양을 약간 늘려주면 정상화될 수 있다. 그리고 적당한 복근운동을 하여 복근을 단련하고 옆구리 운동이 효과적이다.

4) 부종

저열량식이요법 후 조금만 과식하면 몸이 붓는 경우가 나타날 수 있다. 저열량식이요법을 하면 대부분 몇 주내로 5kg 이상의 체중감소결과를 본다. 이는 실제로 지방감소보다는 이뇨작용에 의한 수분의 급격한 감소로 인한 것이다. 이 상태에서 조금만 탄수화물 섭취를 늘리면 수분 재공급과 이뇨억제작용으로 곧 체중이 늘거나 붓게 된다. 이뇨제 사용은 금하고 서서히 탄수화물 섭취를 늘리는 것이 좋다. 부종이 계속 될 경우 전문의와 상의한다.

5) 위통과 속쓰림

식사섭취량의 감소로 위산과다분비가 나타난다. 공복에 나타나면 수분을 섭취하거나 위산중화제를 사용하면 감소된다.

6) 구취

음식섭취가 적어 침이 산성화되어 나타나거나 지방이 산화되어 케톤체가 형성되어 입냄새가 날 수 있다.

7) 피곤

저열량식이요법을 시작하면 몇 주 동안은 피곤을 느낄 수 있다. 이럴 경우 수분 섭취를 많이 하도록 한다.

8) 추위

체온 유지 역할을 하는 피하 지방이 감소되어 나타난다. 또한 현재 체중을 유지하기 위하여 갑상선기능이 저하되어 나타날 수도 있다.

9) 피부 및 체모의 변화

머리가 빠지거나 거칠어진다. 이럴 경우 단백질과 지방섭취량을 늘려주면 회복이 빠르다. 피부소양증이나 발진이 있을 경우는 약물부작용이거나 음식물 알레르기일 수 있다.

10) 근육통

글리코겐이 부족하여 생길 수 있고 근육은 쉽게 피로해진다. 심할 경우 전해질장애나 단백질 소모로 인해 근육의 파괴 가능성도 있으므로 전문의와 상의한다.

11) 성욕의 감소

식욕, 성욕과 관계있는 신경전달 물질인 세로토닌의 양이 감소함으로써 나타난다.

12) 수면장애

심리적으로 불안정하여 잠이 너무 오거나 전혀 오지 않은 경우가 나타난다. 약물 부작용인 경우도 있다.

13) 신경과민 및 신경질

일시적 저혈당증이 나타나는 경우이거나 자율신경항진제를 사용하는 경우에 나타날 수 있다. 소량의 당분을 섭취하도록 한다.

14) 감기

다이어트로 인한 단백질 결핍이 면역력 약화를 가져와서 감기에 자주 걸릴 수 있다.

CAHPTER 2

체형분석

01 인체의 구성

우리 신체(body mass)는 원자(atomic), 분자(molecular), 세포(cellular), 조직(tissue system) 및 전신(whole body)과 같은, 서로 다른 5가지 수준에서 살펴볼 수 있다. 전신 수준을 제외한 〈그림 2-1〉에서 볼 수 있듯이, 각각의 5가지 수준은 별개의 것으로, 각 수준마다 독특한 구성요소로 이루어져 있다.

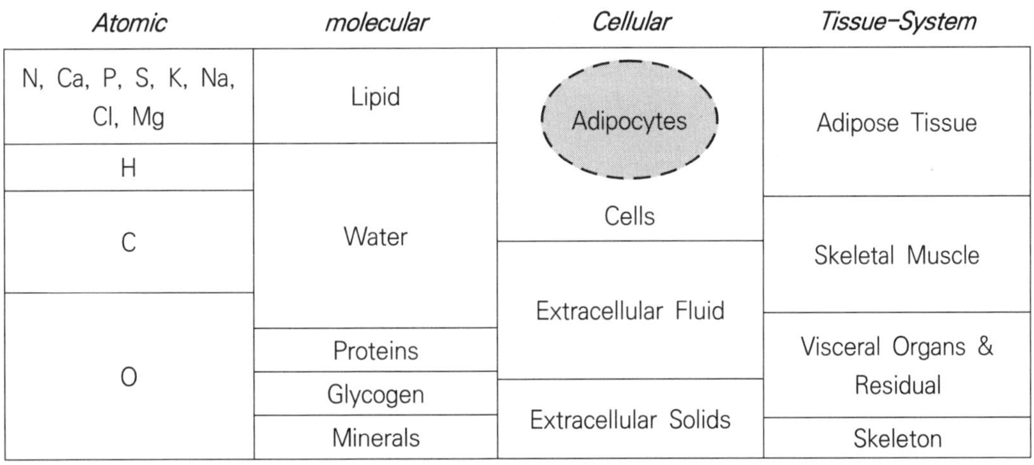

그림 2-1 4가지 체구성 수준

원자 수준에서 신체는 산소, 탄소, 수소 및 질소의 4가지 주요 요소로 이루어져 있다. 신체의 98% 이상을 9가지 요소로 설명할 수 있다. 중요한 9가지의 요소는 모두 전신 계산(whole-body counting)과 같은 다양한 기술과 중성자 활성도 분석(neutron-activation analysis)을 통해 생체 내에서 측정이 가능하다. 이 요소들은 더 높은 수준의 구성요소와 연계시켜줄 수 있기 때문에 의미가 있다. 예를 들어, 온 몸의 탄소, 질소 및 포타슘을 측정하면 전신의 지방, 단백질, 체세포량(body cell mass, BCM)을 양적으로 계산해 낼 수 있다.

분자 수준은 적어도 다음의 6가지 주요 구성요소로 이루어져 있다: 지질, 물, 단백질, 글리코겐 골 미네랄 및 연부조직 미네랄. 〈그림 2-2〉에 나타내었듯이, 이를 바탕으로 2가지에서 6가지 구성요소로 이루어진 다양한 분자 수준의 모델을 만들 수 있다. 이 중 신체를 지방과 제지방(fat-free mass, FFM)의 2가지 요소의 구성요소로 나눈 것은 인체구성 방법론에서 가장 널리 적용되는 모델이다. 3가지 이상의 구성요소로 만들어진 모델은 다중 요소 모델이라고 한다. FFM은 분자 수준의 체구성에서 활발히 신진 대사시키는 구성요소로 간주된다.

분자 수준의 구성요소 중 용어상 몇 가지 혼란스러운 점이 있다. 지질(lipid)과 지방(fat)이라는 용어는 흔히 서로 구분하지 않고 사용되지만, 그들의 의미는 매우 다를 수 있다. 지질은 에테르와 클로로포름과 같은 지질 용매로 추출한 물질 전체를 가리킨다. 여기에는 중성 지방, 인지질 및 비교적 생체 내에서 소량으로 발견되는 수많은 다양한 구조의 지질이 포함된다. 반면 지방은 대개 중성 지방으로 구성된 지질을 주로 의미한다. 중성 지방은 거의 대부분 지방세포에서 발견된다. 비록 이 용어가 통일된 것은 아니지만, 지질이라는 용어를 에테르와 클로로포름으로 추출 가능한 모든 지질을, 지방이라는 용어는 중성 지방을 언급하는 데 사용하겠다. 비록 여러 가지 식이요법이나 건강 상태에 따라 다르겠지만, 표준적으로 체내 지질의 약 90%가 중성 지방이다. 표준이란 20~30세 사이의 체중 70kg, 키 170cm로 평균 10~20℃사이의 기후에서 사는 백인으로 정의된다.

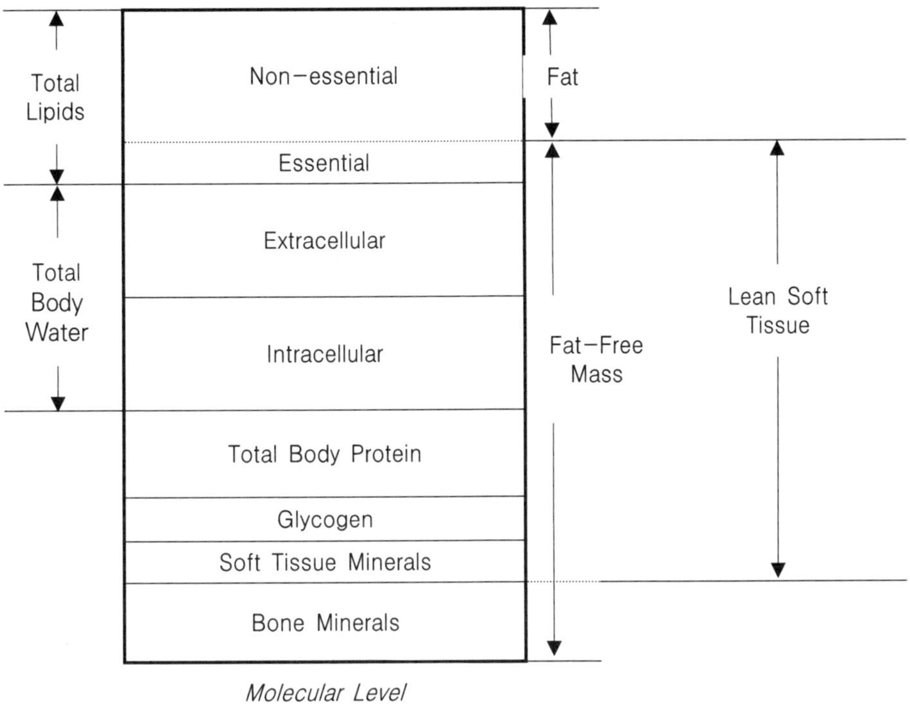

그림 2-2 분자 수준의 체구성 주요 구성요소

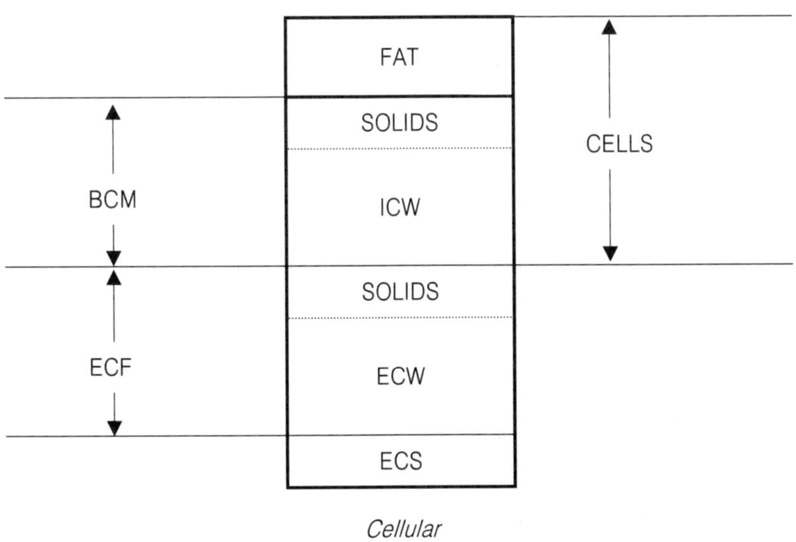

약어 : BCM, body cell mass (체세포량); ECF, extracellular fluid (세포 외액); ECW, extracellular water (세포외 수분); ECS, extracellular solids (세포외 고형); ICW, intracellular water (세포내 수분)

그림 2-3 세포 수준의 체구성 구성 주요 구성요소

세포 수준에서 인체는 다음의 3가지 요소로 구성 된다. 세포의 고형, 세포 외액(extracellular fluid, ECF) 및 세포량(cell mass)〈그림 2-3〉, 세포량은 부가적으로 다음과 같은 2가지 요소로 좀 더 나눌 수 있다. 지방세포량(fat cell mass)과 BCM. BCM은 세포 수준에서 활발히 신진 대사시키는 구성요소이다.

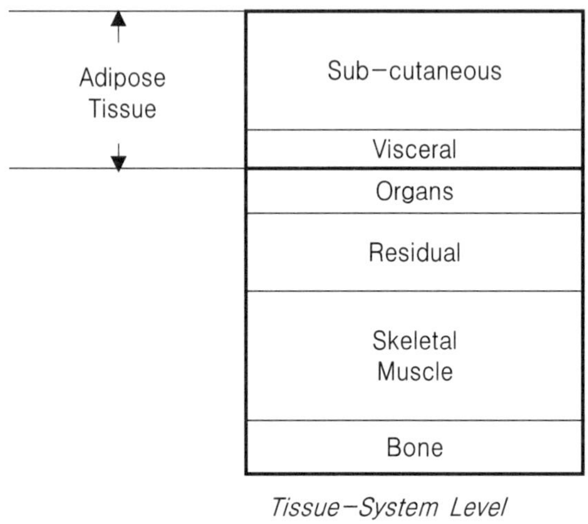

그림 2-4 조직-장기 수준의 체구성 주요 구성요소

〈그림 2-4〉에서는 조직 수준에서 체구성을 지방조직, 골격근, 내장기관 및 골격관 같은 주 요소로 구분하였다. 지방조직은 지방세포, ECF, 신경 및 혈관으로 구성된다. 식이 요법이나 건강 상태에 따라 다르겠지만, 지방조직의 약 85%가 지방 즉, 중성지방이다. 어떤 조직 수준의 구성요소는 뇌, 심장, 간 및 신장처럼 각기 분리되어 있지만, 지방조직과 골격근과 같은 다른 요소들은 몸 전체에 산재되어 있는 많은 다양한 구성요소를 포함하고 있다. 600개 이상의 각각의 골격근과 4가지 주요 지방조직 카테고리가 있다. 임상적으로 가장 중요한 지방조직 2가지는 피하조직과 장기 주위 조직이다. 피하 지방조직은 근육과 피부 사이에서 발견되는 반면에, 장기 주위 지방조직은 장기를 둘러싸고 있으며, 박리 시 쉽게 분리된다. 또한 지방조직은 골수, 장기와 조직의 사이질(interstitium) 안에도 분포되어 있다. 사이질 지방조직은 한 조직의 세포내에 여기저기에 너무 단단히 흩어져 있어서 박리시 조직 혹은 장기 쪽으로 포함될 수 있다. 각각 원자 수준의 지방조직 구성요소는 저마다 독특한 신진대사적 및 기능적 성격을 지닌다.

〈그림 2-5〉와 〈그림 2-6〉은 각각 사람의 복부와 하지에서 피하, 장기 주위(예, 신장피막, 신장 주위, 장간막 및 그물막), 사이질, 황색골수 지방조직 분획을 보여주는 그림이다.

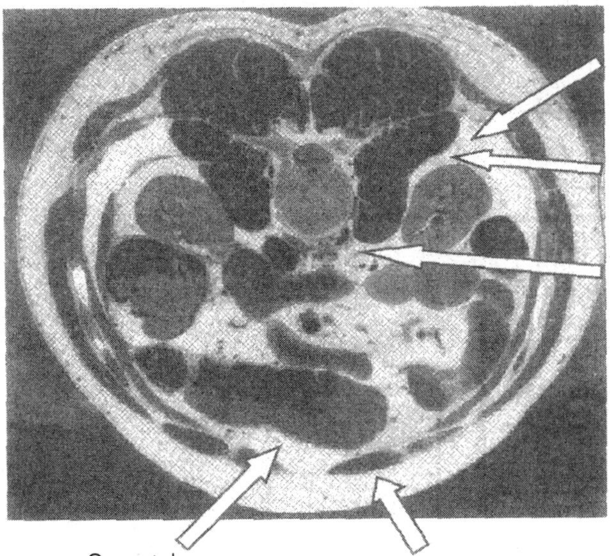

그림 2-5 복부 중간 부위의 지방조직 분획을 보여주는 가로 단면 사진

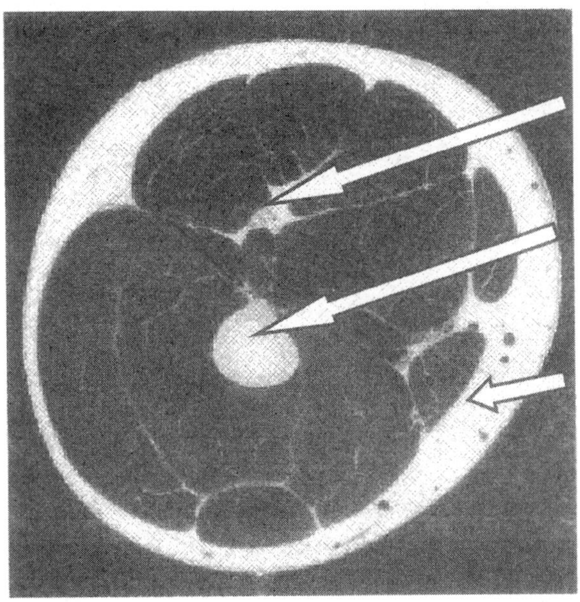

그림 2-6 하지 중간 부위의 지방조직 분획을 보여주는 가로 단면 사진

내장 지방조직이라는 용어는 흔히 CT나 MRI로 관찰되는 복벽 내부, 즉 복강내와 자궁내 지방조직을 지칭한다. 흔히 L4-5〈그림 2-7〉에서 촬영한다. 따라서 그물막, 장간막, 신장

피막, 신장 주위 및 간조직 내 지방조직과 같이 수많은 작은 부위가 내장 지방조직에 포함될 수 있다 내장지방조직은 또한 복막내와 후복막 지방조직으로 나눌 수 있다. 복막내 지방조직은 문정맥(portal vein)으로 배출되는 반면, 후복막 지방조직으로부터 나온 혈액은 하부 대정맥으로 흘러 들어간다. 비록 내장 지방조직과 심혈관계 질환의 위험 그리고/또는 인슐린 저항성 사이의 양과 관련성이 보고되었지만, 복강내의 분획 내 특정 부위에서 이런 작용이 일어날 가능성도 존재한다. 새로운 CT, MRI 및 더욱 향상된 영상 분석 소프트웨어가 이 가능성을 뒷받침 해준다. 더욱이, 건강과 질병에 관련된 골격근, 세포내 중성 지방 및 다른 지방조직에서 발견되는 사이질 지방조직에 관심이 더욱 집중되고 있다.

인체 구성의 다섯 번째이자 마지막 수준은 전신이다. 이는 충수돌기, 몸체 및 두부와 같이 나누는 것이다.

5가지 구성 수준의 각 구성요소들은 독특하며, 그것은 어떤 다른 구성요소와도 겹치지 않는다. 이점은 인체 구성 모델을 작성할 때 혼란스럽지 않게 해주므로 중요하다. 서로 겹치는 구성요소는 없으며, 따라서 여러 다양한 수준과 구성요소 모델 방정식에서 불필요하게 남는 요소도 존재하지 않는다.

체성분 분야에서 중요한 개념은 체중과 에너지 균형이 안정을 유지하는 동안에 구성요소들이 그 밖의 다른 구성요소들과 안정적인 관계를 유지한다는 점이다. 이러한 안정적인 구성요소 관계의 일부는 널리 사용되는 체구성 모델의 기초를 이루고 있다. 한 예는 FFM의 수화작용(예, 약 0.73), FFM의 포타슘 양(약 68mmol/kg)이다. 이와 같이 추정된 많은 "상수"는 다양한 체구성 모델에 사용된다.

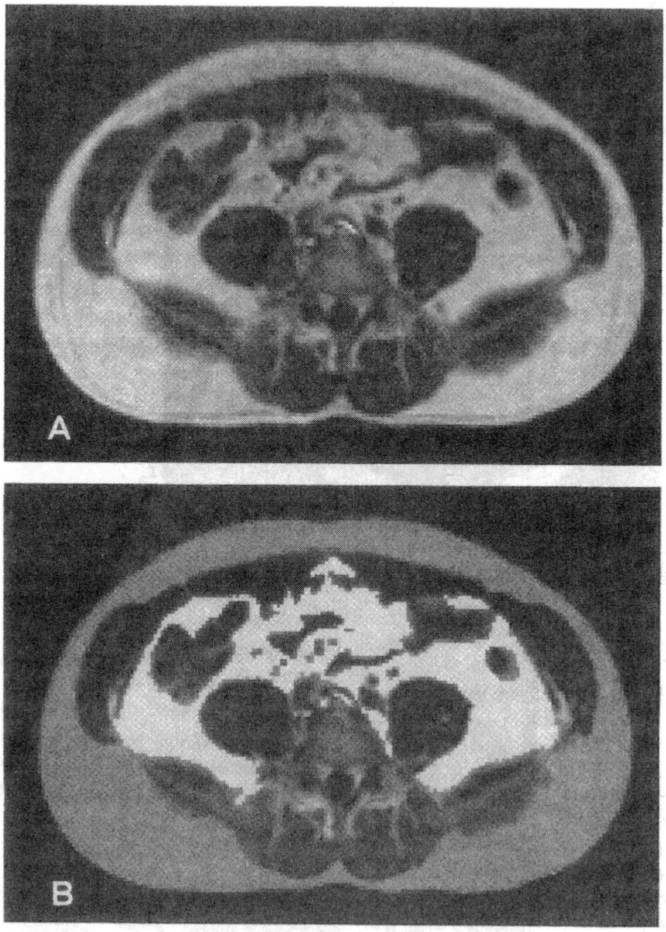

Color	Body Component	Area(cm³)	% of total adipose tissue
	Subcutaneous adipose tissue	167.8	62.1
	Visceral adipose tissue	102.3	37.9
+	Total adipose tissue	270.1	100

그림 2-7 L4-L5 위치에서 촬영한 컴퓨터 단층 가로 영상(A)과 분획별 영상 (B)

02 체형이란?

1) 체형(體型, somato type)

체형은 체격을 외견상의 특징에 의하여 분류한 유형이며 흔히 기질 · 성격과 결부시킨다. 체격은 신체의 형태학적 특성을 총칭하는 말이다. 신체의 형태를 고려하여 그 크기를 표현하고자 할 때 흔히 체격이라는 말이 사용되는데, 이 말은 골격· 근육 및 피하지방(皮下脂肪)의 상태에 관해서 표시되는 신체의 외관적 형상의 종합적인 표현이다.

E. 크레치머에 의하면 키가 낮고 어깨 폭이 좁은 데 비하여 몸통이 굵은 비만형(肥滿型), 키가 크고 뼈나 근육의 발달이 나쁜 세장형(細長型), 이 둘의 중간형으로 어깨 폭이 넓고 근골이 건장한 투사형(鬪士型)의 세 가지 형을 설정하였다. 비만형은 지방이 많은 것이 특징이고, 목이 짧고 몸통(軀幹)도 굵다. 세장형은 몸이 야위고 보기에도 약하며, 체중도 평균보다 가볍다. 투사형은 근육질이고 골격 발달도 좋으며, 이른바 남성미를 지녔다. 비만형의 기질은 명랑하고 사교적인 외향성이고, 세장형은 내성적인 기질과 결합되는 경향이 있다. 제2차 세계대전 후 미국의 W. H. 셸던은 체격을 결정하는 세 가지 기본적 요소로서 내배엽에서 유래하는 내장, 중배엽에서 발생하는 뼈나 근육, 또 외배엽에서 유래하는 피부 · 감각기관 · 신경의 발달에 주목하여 각각의 발달 정도를 조합시켜 여러 가지 체형으로 분류하였다. 그 극단적인 형으로서의 내배엽형 · 중배엽형 · 외배엽형은 각각 크레치머의 비만형 · 투사형 · 세장형에 대응한다.

그리고 인간의 체형을 근육형(muscular type)과 섬약형(asthenic type)으로 나눌 수 있는데 근육형은 운동기관 및 근육기관이 발달한 것이 특징이고 얼굴은 균형 있게 발육했으며, 어깨폭이 넓으며 동체의 균형이 잘 잡혀있는 형이다. 섬약형은 근육형과는 반대의 특성을 지닌다. 외배엽형, 세장형이라고도 하며 왜소형으로 피부와 신경체계가 발달되어있고 몸집이 여위고 섬세하며 소화기 질환, 정신질환 등에 걸리기 쉬운 경향이 있다.

또한 신체 구성성분의 함량정도에 따라 근육구성비가 80% 이상인 근육형, 지방구성비가 25% 이상인 지방형, 수분구성비가 65% 이상인 수분형으로도 나누기도 한다.

따라서 운동이나 체형관리의 중점사항은 개개인의 체형을 고려하여 실시하여야 한다.

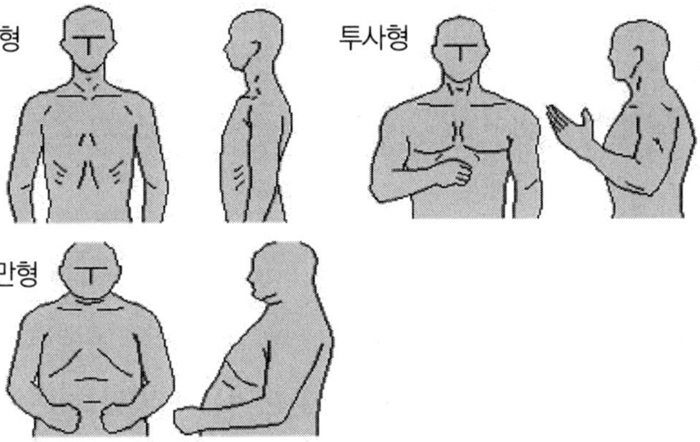

그림 2-8 크레치머의 3체형

2) 체형의 유형과 특징

(1) 내배엽형

내배엽형은 거대한 몸집을 가진 코끼리를 연상하면 된다.

살이 전체적으로 두툼하게 몸 전체에 걸쳐 올라와 있으며, 수분함량이 많아 몸이 둥글둥글하게 부드럽게 보인다. 골격의 형태가 피부 밑으로 숨겨져서 체격이 크게 보이지는 않지만, 옷을 벗고 보면 기골이 장대한 경우가 많다. 골격이 크기 때문에 비교적 무거운 중량을 들어 올릴 수 있겠지만 신진대사가 느리기 때문에 지방 연소는 훨씬 더 어려워서 힘들게 만들어 놓은 근육이 잘 드러나지 않는다.

내배엽형은 복부 운동 실시 전 유산소 운동을 40분 실시해 근육을 덮고 있는 피하지방의 두께를 먼저 줄인다. 웨이트 트레이닝(칼로리를 연소시키는 근육 조직을 형성해줌)과 유산소 운동을 병행하면 칼로리를 훨씬 더 많이 태울 수 있다. 또한 과체중으로 인한 질병, 예들 들어 심장병, 뇌졸증, 암, 당뇨 등을 예방하는데도 도움이 된다. 내배엽형은 보통 근육을 늘리는 데는 문제가 없다.

(2) 중배엽형

호랑이형으로 불리며 대체적으로 골격이 크다고 볼 수는 없지만, 골격 짜임새가 탄탄해 보이고, 은근히 근육들이 볼록하게 솟은 스타일이다. 몸이 약간 딱딱해 보이며 스피드 있는 인상을 주는 타입이다

중배엽형인 사람은 적어도 축복받은 이들이다. 멋지게 보일 뿐만 아니라 쉽게 근육을 늘리고 지방을 없앨 수 있으므로 균형을 이루고 있지만 부분적인 비만증이 있을 수 있다.

중배엽형인 사람들은 다른 체형과 비교해서 똑같을 자극(예 : 훈련량과 과부하)을 줘도 근매스(근육의 발달 정도, 근부피)가 훨씬 더 많이 발달할 수 있다. 결국 적게 훈련하고도 더 많은 성과를 올릴 수 있음을 의미한다. 중배엽 체형은 아래 복부운동을 먼저 실시해 아랫배가 처져 보이지 않도록 해야 한다.

(3) 외배엽형

일명 기린형이라고 하며 가늘고 긴 팔과 다리 등을 갖는다. 신진대사율이 매우 높아서 근육과 근력을 형성하기가 매우 어렵다. 체중을 줄이려는 비만인들 뿐 아니라 체중을 늘리려는 외배엽형이 직면한 문제도 중요하다.

외배엽형은 유산소 운동을 많이 해서 지방 연소를 극대화하는데 중점을 둬야 한다. 특히 옆면(측복부)의 근육을 기르는 데 중점을 둔다. 웨이트트레이닝(칼로리를 연소시키는 근육조직을 형성해줌)과 유산소 운동을 병행하면 칼로리를 훨씬 더 많이 태울 수 있다. 또한 과체중으로 인한 질병, 예들 들어 심장병, 뇌졸증, 암, 당뇨 등을 예방하는데도 도움이 된다.

외배엽형은 내배엽형보다 근육을 늘리는데 더 큰 어려움을 겪기 때문에 웨이트트레이닝을 할 때 인내심을 갖고 해야 한다. 근매스 형성이 비교적 느려서 많이 늘어봐야 일주일에 1-2파운드에 불과하다. 이보다 더 빠르게 체중이 느는 경우 체지방이 늘어나는 결과를 초래할 것이다. 몇 달 동안 그런 속도로 최적의 근육이 형성하기를 기대할 수 없다고 지적한다. 장기간에 걸쳐 훨씬 느린 속도로 체중을 늘려서 늘어난 체중의 대부분이 근육이 되도록 한다.

외배엽형은 고강도의 유산소 운동을 제한해야 한다. 매일 하지 말고 일주일에 3일 20분씩 하도록 한다. 걷기나 실내용 자전거와 같이 저강도의 유산소 운동이 좋다. 결국 외배엽형은 주요 근육군과 몸속 깊이 있는 근섬유를 자극하는 기본적인 근매스 형성 동작에 충실해야 한다.

그림 2-9 내배엽형 · 중배엽형 · 외배엽형

03 체형측정 방법과 평가

체형평가는 성별, 연령, 인종 등에 따라 다양하나 일반적으로 적용되는 표준자세를 설정하여 비교함으로써 자세에 대한 적절한 평가를 해야 한다.

1) 신체 부위의 측정

슬리밍관리를 하고자 할 경우 체중감량과 함께 신체 부분의 피하지방을 감소시킴으로써 원하는 몸매를 가꾸고자 한다. 우선 관리 전·후에 부위마다의 치수를 측정하여 관리효과에 대한 신뢰감을 주고 일상생활에서 준수해야 할 사항에 대해 더욱 강조하게 된다.

치수 측정 시에는 항상 신체의 일정한 부위를 측정하여야 정확한 결과를 얻을 수 있다.

(1) 신장(height)

신장계에 신발을 벗고 똑바로 서서 발을 모으고 시선을 정면으로 하며, 신장계의 수직면에 어깨, 엉덩이, 발꿈치가 모두 닿도록 몸을 펴고 곧게 선다. 팔은 자연스럽게 내리고 손바닥은 펴서 허벅지 쪽을 향하도록 한다.

(2) 체중(weight)

체중계를 평평한 곳에 놓고 무거운 옷을 입지 않은 상태에서 잰다.

식사 전 방광을 비운 상태에서 측정해야 하며 눈에 보이는 부종이 있을 경우에는 기록해 둔다. 체중도 밤낮의 차이가 있기 때문에 측정시간을 기록해 놓는다.

(3) 가슴둘레(bust)

유두를 기준으로 하여 수평으로 잰다. 젖꼭지점을 지나는 수평둘레를 재며, 혹은 가슴의 가장 두드러진 점을 지나가도록 측정한다.

지면과 수평을 유지해야 하며 너무 조이지 않도록 주의한다.

(4) 상완위(mid-upper arm)

가장 굵은 부분을 중심으로 해서 수평으로 잰다.

(5) 허리둘레(waist circumference)

앞쪽으로 보아 허리부분에서 가장 안쪽으로 들어간 부위를 수평으로 잰다. 옆 에서 보아 허리선이 위 혹은 아래로 처지지 않았는지 주의하며 계측한다.

(6) 아랫배 둘레(abdomen)

배가 가장 나온 부분을 중심으로 해서 수평으로 잰다.

(7) 엉덩이 둘레(buttock)

뒤 엉덩이의 제일 튀어나온 곳을 바닥과 수평으로 돌려 앞에서 잰다. 피부의 연조직이 눌리지 않도록 한다.

(8) 허벅지 둘레(thigh)

똑바로 섰을 때 제일 굵은 부분을 중심으로 해서 수평으로 잰다. 오른쪽과 왼쪽을 모두 잰다.

(9) 손목둘레(wrist)

손목의 가장 가는 부분을 수평으로 잰다.

(10) 종아리 둘레(calf)

종아리의 가장 굵은 부분을 수평으로 잰다.

(11) 발목 둘레(ankle)

복숭아뼈 바로 위의 가장 가는 부위를 잰다.

2) 신체 구성성분의 측정방법과 평가

신체 구성성분을 측정하는 것에는 체지방량(body fat)을 측정하는 것과 무지방량(fat-free mass, lean body mass)을 측정하는 것으로 나눌 수 있다.

체지방량은 과잉의 열량 섭취와 상관성이 있으며, 무지방량은 체내 단백질량을 추정하는 데 의미가 있다.

정확한 측정방법으로는 수중 측정법, 방사선 동위 원소를 이용한 희석법, 근육과 지방 사이의 전기 전도율의 차이를 이용한 전기 저항법(bioelectrical impedance analysis), 컴퓨터 단층 촬영법(computered tomography, CT), magnetic resonance imaging(MRI) 등이 있으나 방법 자체가 번거롭고 측정기 가격이 비싸므로 많이 이용되지 못하고 있다.

기존에 많이 이용되는 방법으로는 캘리퍼(caliper)를 이용하여 측정하는 피부두겹집기와 줄자를 이용한 신체의 각 부위의 둘레를 측정하여 이들 측정치를 이용하여 고안된 계산식에 의해 체지방량과 제지방량을 계산하여 도출한다.

(1) 체지방 평가

① 체지방이란?

체지방은 전체 체중에서 지방 무게가 차지하는 백분율(%)로 나타내며 정상치는 성인 남자의 경우 15-18% 여자의 경우 20-25%이다.

② 체지방의 평가

남자의 경우 25% 이상 여자의 경우 30% 이상을 비만으로 판정한다.

③ 체지방의 측정법

비만은 체내 지방이 과다한 상태를 의미하나 체지방량을 측정하기 위한 여러 방법들은 체지방을 직접 측정 한다 기에는 무리가 있다.

(2) 피부 두겹집기(skinfold thickness)를 통한 체지방 측정(피부 두겹두께의 측정)

우리 몸에 있는 지방의 1/2은 피부 밑에 분포되어 있으므로 피부 두겹두께를 측정하면 체지방과 더불어 지방이 축적된 위치까지 알아낼 수 있다. 기구(캘리퍼)를 이용하여 피부 두겹두께를 측정하게 되는데, 비교적 간단하고 빠르며 측정하는 과정을 연습하면 비교적 정확하게 측정할 수 있다. 최근에는 체지방을 측정하는 기기들이 많이 나와 옛날만큼 흔하게 사용되지는 않는다.

피부 두겹집기는 피하지방 두께를 측정하여 신체 내에 저장된 체지방을 측정하는 방법이다. 사용 기구로는 캘리퍼(caliper)이고, 측정 부위는 삼두근(triceps), 이두근(biceps), 견갑골하부(subscapular), 장골 윗부분(suprailiac) 등이 있으나 보편적으로 삼두근 부위의 측정을 많이 이용한다. 그 밖의 부위로는 배부위(abdominal)와 허벅지부위(thigh), 가슴부위(chest)를 측정하기도 한다.

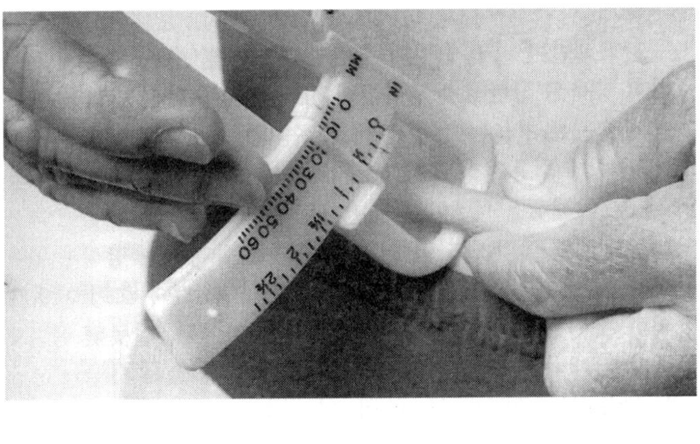

① **측정부위**

인체의 여러 부위 중에서도 삼두근, 이두근, 견갑골 하부, 장골상부를 가장 많이 측정한다.

· 남자의 경우 : 가슴, 복부, 허벅지에서 mm단위로 측정하여 체지방율(% fat)을 계산한다.

· 여자의 경우 : 삼두근, 허벅지, 장골윗 부분에서 mm단위로 측정하여 체지방율(% fat)을 계산한다.

② **측정방법**

캘리퍼를 사용하여 이두박근, 삼두박근, 견갑골 하부, 장골능 상부 등의 피부 두께를 측정하고 이를 더한 수치를 회기식으로 만든 표에 적용하여 연령에 따른 %체지방을 산출한다. 이 방법은 비용이 저렴하고 측정이 쉽다는 장점이 있으나 잘 훈련된 측정자가 아닐 경우 오차가 상당히 클 수 있으며 비만의 정도가 심할수록 또 내장지방량이 상대적으로 많은 비만인일수록 오차는 커진다.

측정할 때는 왼손의 엄지와 검지로 측정하고자 하는 부위의 1cm 위쪽 피부를 단단하게 잡아당긴 다음, 접힌 피부의 긴 축과 직각이 되도록 캘리퍼로 집는다. 캘리퍼의 끈을 측정점에 놓은 후 약 4초 뒤에 숫자판을 mm까지 두 번 측정하여 평균을 사용한다. 만약에 체지방을 잃게 되면 피부두겹두께 측정치가 내려가고 체지방이 올라가면 측정치가 올라가게 되며, 복부 주위에서 측정한 피부두겹두께가 삼두근이나 견갑골 하부에 비해 전체 체지방률을 잘 반영한다. 그러나 삼두근이 가장 측정하기가 쉬우므로 한 부위를 사용할 때는 삼두근 피부두겹두께를 사용하는 것이 좋다.

ⓐ 삼두근 피부두겹 두께

왼쪽 윗 팔뚝의 뒷부분 중 한가운데 부분을 측정한다.

ⓑ 이두근 피부두겹 두께

왼쪽 윗 팔뚝의 앞에 삼두근의 위치와 같은 수준에서 세로로 두겹을 잡아 두께를 측정한다.

ⓒ 견갑골 밑의 피부두겹 두께

조사대상자의 팔을 등 뒤로 하게 하여 어깨와 왼쪽 팔을 편안히 내린 후 왼쪽 어깨날의 각진 부분 바로 밑 1cm 아랫부분을 45° 방향으로 피부두께를 두겹으로 측정한다.

ⓓ 장골위 피부두겹 두께

팔을 약간 회전시킨 상태에서 겨드랑이 중앙선을 따라 내려오다가 장골 융선 바로 2cm 위 지점의 피부두께를 측정한다. 겨드랑이 중앙선보다 약간 위쪽의 피부를 집어 올리며 피부의 갈라지는 선과 평행하게 집는다.

ⓔ 배부위 피부두겹 두께

양 팔을 옆에 붙인 채 양 발에 체중을 고루 분산되도록 서서 복부를 이완시키고 숨을 쉬게 한 후 배꼽 중심 아래로 1cm, 옆으로 3cm 떨어진 부위를 세로로 집어 측정한다.

ⓕ 가슴부위 피부두겹 두께

양 팔의 긴장을 푼 채 똑바로 서서 남자인 경우 유두와 겨드랑이의 중간부위를 잡아 측정하고 여자의 경우는 겨드랑이에 가까운 부위로 주름이 가장 높은 부위를 잡아 측정한다.

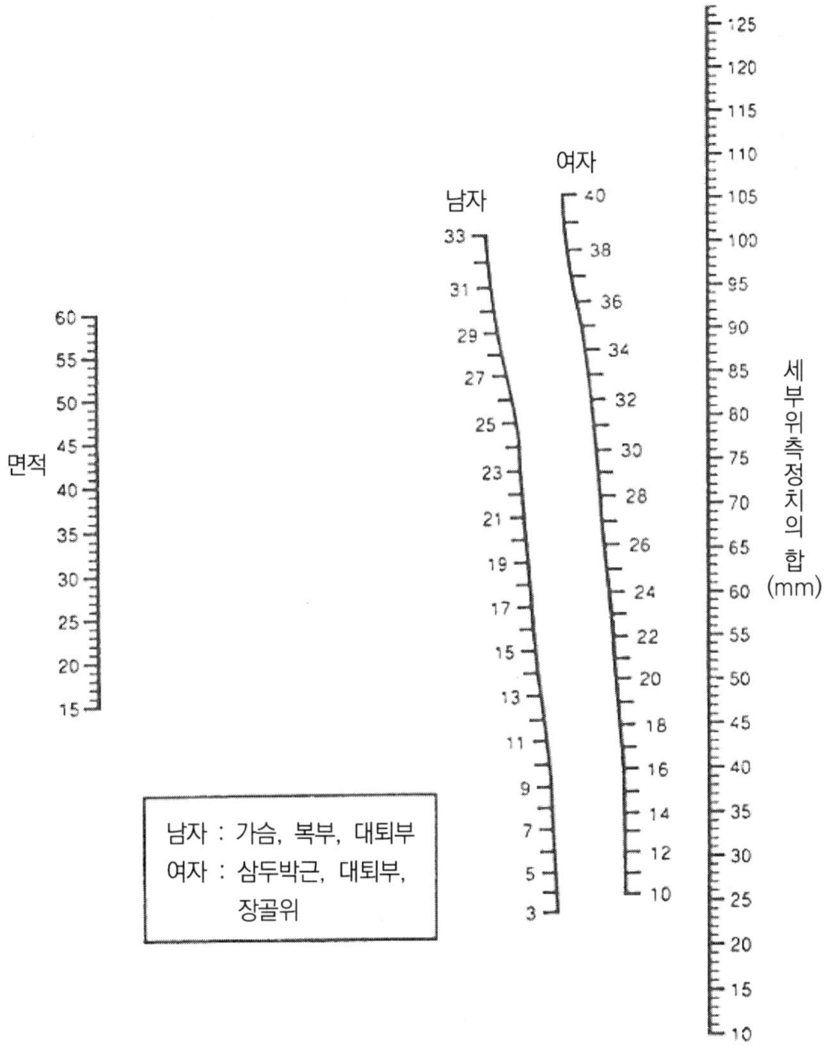

자료 : Rodert D.L., 1996.

그림 2-10 피부 두겹측정 세부위의 합으로부터 계산된 체지방 값

(3) 체지방 측정기를 이용한 체지방 측정

전기 저항법(Bioelectrical impedance)는 인체에 해를 끼치지 않을 정도로 교류 전기를 흐르게 하여 생체 전기저항을 측정하는 것으로 체내 지방은 전기가 흐르기 어렵고 체지방이 많으면 전기저항도 높아진다는 원리를 이용하는 방법이다.

표 2-1 성인의 체지방 평가

분 류	남 자	여 자
거의 없음(마른 편)	< 8%	< 13%
적정 수준(건강한 편)	8% – 15%	13% – 23%
약간 초과(통통한 편)	16% – 20%	24% – 27%
지방질(살찐 편)	21 – 24%	28% – 32%
비만(과지방)	> 25%	> 33%

(4) 신장과 체중에 의한 평가

① 표준 체중 계산법(Broca법에 의하여 표준체중을 계산하는 수식)

· 신장별로 나누어 계산하는 경우

신장이 161cm 이상인 경우 : (신장 cm - 110) × 0.9

160~150cm인 경우 : (신장 cm - 150)/2 + 50

150cm 미만인 경우 : (신장 cm - 100) × 1.0

· 신장을 고려치 않고 대략적으로 계산하는 경우

(신장 cm - 100) × 0.9

② 비만도를 판정하는 수식

· 비만도 = 현재체중 / 표준체중 × 100

표 2-2 비만도에 의한 평가

측 정 값	평 가
비만도 < 80	극심한 저체중
80 < 비만도 < 89	저체중
90 <비만도 < 109	정상범위
110 < 비만도 < 119	과체중
120 < 비만도	비만

③ 체중 - 신장 지수(weight - height ratio)

체중-신장 지수는 성인에게 주로 사용되는 지표로 비만이나 신체조직량의 추정치로 쓰이며 비만의 판정과 높은 상관성을 갖는다.

· Quetelet's Index (일명 Body Mass Index, BMI, 체질량지수)

BMI = 체중(kg) / 신장(m^2)

표 2-3 체질량지수에 의한 평가

측 정 값	평 가
BMI 〈 16.0	심한 저체중
16.0 〈 BMI 〈 19.9	경도 저체중
20.0 〈 BMI 〈 24.9	정상범위
25.0 〈 BMI 〈 29.9	1단계 비만
30.0 〈 BMI 〈 39.9	2단계 비만
40.0 〈 BMI	3단계 비만

(5) 허리, 엉덩이 둘레에 의한 평가

① 허리·엉덩이 둘레 비율(Waist-Hip Ratio, WHR)

허리와 엉덩이 둘레의 비는 체지방 분포를 간편하게 표시하는 것으로 총 체지방량이나 BMI(체질량지수)가 같더라도 축적된 체지방의 분포에 따라 외형상 차이뿐만 아니라 질병의 이환율에도 차이가 있다. 지방조직이 복부에 주로 분포된 내장형은 뇌졸중, 당뇨병, 허혈성 심질환과 사망률이 엉덩이와 사지에 주로 분포된 사지형보도 훨씬 위험성이 높다.

$$\text{허리·엉덩이 둘레비(WHR)} = \frac{\text{허리둘레 } cm}{\text{엉덩이둘레 } cm}$$

· 내장형 비만 성인 여성 〉 0.9
성인 남성 〉 1.0

· 사지형 비만 성인 여성 〉 0.75
성인 남성 〉 0.85

허리·엉덩이 둘레 비율은 복부 비만을 판정하는 지표로 쓰인다. 허리는 허리의 가장 약한 부분, 엉덩이는 가장 튀어 나온 부분의 둘레를 측정한다. 허리·엉덩이 둘레 비율은 남자 0.95 이상, 여자 0.85 이상이면 복부 비만으로 판정되며, 수치가 높을수록 당뇨병, 심장병 등의 질병 위험도가 증가한다.

· 허리 둘레 측정

숨을 내쉰 상태에서 팔을 내리고 장골상부의 가장 들어간 부분을 잰다.

· 엉덩이 둘레 측정

팔을 내리고 양쪽 팔에 몸무게가 고루 가도록 선 다음 엉덩이 둘레 중 가장 나온 부분을 줄자로 잰다.

② 허리둘레

최근 허리·엉덩이 둘레 비율보다 허리둘레 그 자체가 복부 비만 중에서도 내장지방축적(내장형 비만)과 관계있다고 보고되었다. 허리둘레는 전체적으로 비만이 아니라도 체중과 무관하게 비만과 연관된 합병증의 위험인자 판정에 쓰이고 있으며, 남자 90cm, 여자 80cm 이상일 때 비만으로 판정된다.

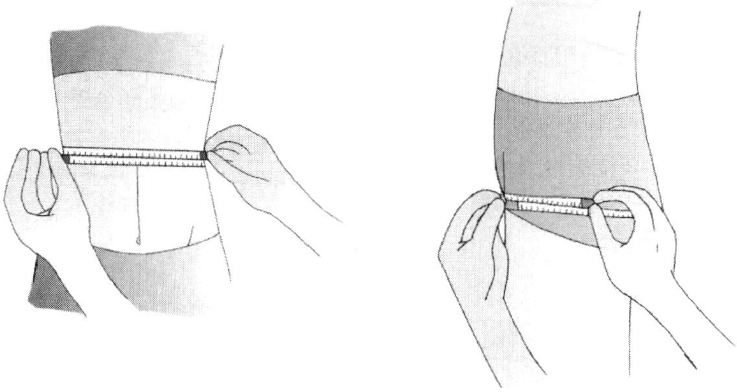

그림 2-11 허리 둘레와 엉덩이 둘레 측정

표 2-4 BMI와 허리 둘레에 의한 건강 위험도(아시아 성인)

분 류	BMI(kg/m^2)	허리둘레	
		≤ 90cm(남) ≤ 80cm(여)	> 90cm(남) > 80cm(여)
저체중	< 18.5	낮다	보통
정상체중	18.5~22.9	보통	증가
과체중	≥ 23		
위험 체중	23~24.9	증가	중등도
1단계 비만	25~29.9	중등도	고도
2단계 비만	≥30	고도	매우 고도

(6) 생체전기저항측정법

① 생체전기저항측정법의 원리

인체에 미세한 지방조직은 전기가 잘 통하지 않아 저항이 많이 발생하는 반면, 제지방조직은 체수분, 근육, 뼈로 구성되어 있고 근육에도 수분이 많이 포함되어 있어 전기가 잘 통하므로 저항이 적게 발생한다. 이러한 원리를 이용한 것이 바로 전기저항측정법이다. 따라서 전지저항 정도를 알면 식을 이용하여 그 사람의 체지방 비율을 알 수 있다.

생체전기저항측정기는 사람에게 해가 없는 미세한 전류를 4개의 전극을 통해 발과 손에 흘려 준 다음 되돌아오는 저항을 측정한다. 이때 전지저항값과 신장, 체중, 성별에 따른 회귀방전식을 사용하여 체수분량, 체지방 및 체지방을 계산하게 된다.

② 생체전기저항측정법에 의한 체지방 비율 평가의 원리

이 방법에서는 체수분을 측정한 다음 지방으로 환산하게 되므로 대상자의 수분 상태에 따라 오차가 날 수 있다. 그러므로 탈수되어 있는 상태에서 측정하면 체수분율은 감소하고 지방률은 높게 나타난다. 생체전기저항측정법을 사용하여 체지방 비율을 측정하는 방법은 3~4%의 오차를 나타내며, 근육이 많은 달리기 선수의 경우 체지방 비율이 실제보다 체지방 비율이 낮게 나오는 경향이 있다.

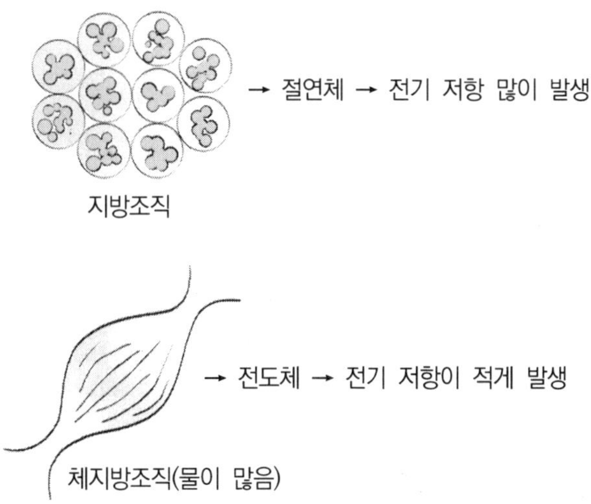

③ 생체전기저항의 측정순서

생체전기저항의 측정순서는 다음과 같다.

ⓐ 몸에 착용하고 있는 귀금속(반지, 귀걸이, 목걸이 등)을 모두 뺀다.

ⓑ 손, 발바닥이 마르지 않도록 전해질 물수건으로 닦는다.

ⓒ 생체전기저항측정기의 쇠 부분에 발바닥이 닿도록 올라가고 손잡이는 쇠 부분에 최대한 살이 닿도록 잡는다.

ⓓ 차렷 자세에서 측정하며 측정이 끝날 때까지 말을 하지 않는다.

생체전기저항측정 시 유의사항
· 공복이나 운동 전에 측정 · 옷은 최대한 가볍게 · 화장실을 다녀온 후 측정 · 검사 당일 샤워는 삼가 · 실내에 약 20분간 머물고 선 자세에서 약 5분간 있다가 측정

실제보다 체지방 비율이 높게 나타나는 경우
· 불충분한 수분을 섭취했을 때 · 심한 운동을 했을 때 · 카페인이나 알코올 섭취로 인한 이뇨작용이 있을 때

(7) 단층촬영법(Computer Tomograpy, CT)

단층촬영법은 X-ray가 체조직을 통과하면서 횡단 영상을 보여 주는 방법이다. 의학에서는 진단의 목적으로 사용되고 있으나, 최근에는 피하지방과 복강 재 지방(내장지방)의 상대적인 축적을 알아내는 데도 쓰이고 있다. 이 방법은 밖에서 보이지 않는 내장 깊숙이 자리한 지방 등의 지방 분포를 확실히 보여 주는 장점이 있다. 하지만 비용이 비싸고 방사선에 노출되므로 어린이나 임신부는 사용하지 말아야 한다.

건강체중이란?

보통 사람의 경우 주어진 키와 나이에서 어느 정도의 체중이 가장 적당한가 하는 문제는 간단한 것 같지만 사실 그렇게 간단한 문제는 아니다.

건강체중이란 가장 낮은 사망률과 관련되어 있는 체중을 뜻한다. 즉, 건강체중이란

· 주어진 키와 나이에서 제시된 범위 안에 있어야 하고,

· 가장 낮은 질병과 연관되어 있는 체지방 분포를 나타내야 하고,

· 의학적인 문제가 없어야 한다.

이러한 영역을 모두 충족시키는 사람들은 건강체중의 사람이므로 체중을 감소시킨다고 해도 건강면에서는 별로 이득이 없다.

04 체형과 요법

1) 신체부위에 따른 영역

신체 부위에 따라 안면관리와 전신관리로 구분한다. 전신관리로는 발 관리, 손 관리, 복부관리, 등 관리, 가슴관리, 비만관리, 튼살관리, 정맥류 관리 등이 있다.

2) 관리방법에 따른 영역

(1) 방향요법(aromatherapy)

아로마 입자가 후각을 통해 두뇌를 자극하여 감정적 변화를 조절함으로써 심신의 균형을 정상화 시켜주는 방법으로 대체의학 중 가장 잘 알려진 것이다. 피부미용에서 에센셜 오일은 신체와 마음에 모두 효과적이어서 여러 가지 문제를 두루 해결하는데 사용되며 대개 마사지와 결합되어 이용함으로써 스트레스와 긴장을 풀며 혈액순환을 높이고 피부의 각질을 제거하여 피부를 부드럽고 건강하게 도와준다.

(2) 림프마사지 요법(Lymphatic dranage)

림프 마사지는 1930년 덴마크의 생물학자이며 마사지사인 Emil Vodder에 의해 최초로 창안된 후 1957년 비엔나 시데스코(CIDESCO)세계대회에서 피부미용사들에게 소개되어 대중화되기 시작하였다. 에스테틱 마사지는 건강한 피부에 실시하며, 림프순환을 촉진시켜 우리의 체내에 쌓인 노폐물과 독소 배출에 도움을 주며 림프액을 깨끗이 하여 감기예방, 면역력 향상 등에 효과를 발휘하는 건강 마사지이다.

(3) 반사요법(Reflexology)

인체의 특정 부위를 자극하면 다른 부위에 반사반응이 일어나 자극을 준 부위뿐만 아니라 전신의 건강도 증진한다는 것을 바탕으로 하는 치료법이다. 중국에서는 이미 5000년 전에 이용했으며, 고대 이집트의 벽화에도 남아 있다.

반사점들은 손과 발에서 인체지도를 형성하는 방식으로 배열되어 있는데, 왼발은 몸의 오른편과 관련이 있고 오른발은 몸의 왼편과 관련이 있다. 이완상태를 유도할 뿐만 아니라 임파선과 혈액순환을 원활하게 하며, 등의 통증이나 편두통, 피로회복 · 월경전 증후군 · 소화불량에 이르기까지 광범위한 질병에 효과가 있다. 과학적으로는 검증되지 않았으나 대체의학의 하나로 널리 활용되고 있다.

(4) 해수 해양요법(Thalassotherapy)

바다를 의미하는 그리스어인 “thalassa”에서 유래한 것으로 이 요법은 인체의 치료능력을 높이기 위하여 바다에 관한 요소(해양성기후, 해수, 해저 진흙, 바다 동식물 등)을 이용하여 건강증진, 질병예방 치료를 하는 자연요법 이다. 최근 스트레스에 의한 현대병에 현저한 효과를 거두었으며, 전 세계에 해양요법시설이 늘어나고 있다. 이는 의료나 재활을 시작으로 예방의학, 건강증진, 여가활동에 효과가 있는 시설로서 많은 사람들이 이용하고 있다.

(5) 색채요법(Colortherapy)

색채요법은 대체 의학의 한 분야로서, 전 세계적으로 연구가 활발하게 진행되고 있는 분야이다. 진동요법의 보다 정밀한 한 갈래이기도 하며, 색채의 물리적인 측정보다는 감정적인 측정에 보다 관심을 가지고 발달해 왔다.

(6) 자연요법(Musictherapy)

화학요법이나 외과요법 등을 주류로 하는 현대의 임상의학과는 반대되는 요법으로서, 의료 및 건강법의 외부 요소이다. 대체요법, 보완의학이라고도 하며 각기 다른 방법으로 인체의 방어력을 강화하고 몸의 자기치료 기전을 촉진하며 인체의 에너지의 흐름을 원활하게 도와주어 인체 내의 독성을 제거하도록 해주는 방법이다.

(7) 카이로프래틱(Chiropratic)

1895년 미국의 데이비드 파머(D.D Palmer)박사가 창시한 것으로 질병의 치료를 위한 투약이나 수술을 거부하는 자연치료법이다. 카이로프랙틱은 그리스어인 손을 의미하는 ‘chiro’와 치료를 의미하는 ‘practice’라는 말의 합성어로서 약과 수술에 의하지 않고 질병을 의사의 손으로 치료한다는 의미를 가지고 있다.

(8) 온천요법(Spatherapy)

물의 열, 부력 및 마사지를 이용해 인체의 혈을 자극, 몸의 평온과 스트레스를 해소시키고 질병예방 및 인체 시스템에 균형을 부여하는 치료요법이다.

05 체중감소 프로그램

근래에 와서 체중감소를 위해 많은 음식물이 개발되어 보급되고 있다. 그러나 그것을 잘 분석해보면 옛것을 다소 변형, 보강 그리고 수정한 것에 지나지 않는다는 것을 알 수 있다. 건강관리 전문가들은 체중감소를 위해 사용될 수 있는 효과적 프로그램을 권장하고 있다. 이 프로그램은 신체적 운동과 수정된 음식선택법을 결합시킨 것이 특징이다.

체중감소 프로그램으로 체중을 감소시키는 것은 불가능하다. 다만 체중이 늘어나는 것을 막는 것이다. 즉 늘어나지 못하게 억제하는 것에 지나지 않는다는 점을 꼭 명심하고 있어야 한다. 체중감소를 목적으로 한 식이조절은 적절한 시기에, 그리고 합당한 이유가 있을 때 실시해야 한다는 것이 전문가들의 주장이다. 대개 바람직하지 못한 환경에서 식이조절을 시도하는 사람을 자주 볼 수 있다.

성공적 식이조절을 위해서는 마음의 준비태세, 동기, 생활환경 그리고 운동에 대한 태도 특징이 충분히 고려되어야 한다. 이에 대한 이해가 따르면 식이조절에 대한 성공률은 크게 기대할 수 있다. 체중감소뿐만 아니라 생에 대한 태도변화에 큰 도움이 되는 7단계 프로그램 하나를 소개하겠다.

첫째, 합리적 목표를 설정해야 한다. 자신의 체중을 표준체중치와 비교해보아야 한다. 이때 지방분의 수준까지도 고려해야 한다.

둘째, 현실적인 기대를 가져야 한다. 식이조절을 시도하는 사람은 곧 효과가 나타나기를 기대한다. 성급하게 체중을 감소시키면 지방수준에는 아무런 변화가 없고 수분만 상실되어 체중은 곧 이전의 상태로 돌아오기 쉽다. 점진적으로 그리고 천천히 주당 약 400~900그램씩 체중을 감소시킨다는 마음의 자세가 무엇보다도 중요하다.

셋째, 균형 있는 저지방 음식을 섭취해야 한다. 체중감소를 위해 어떤 프로그램을 따르더라도 양질의 영양섭취는 절대적으로 필요하다. 내가 필요로 하는 비타민, 칼슘, 철분 그리고 단백질을 충분히 섭취해야 한다. 주당 약 500그램의 체중을 감소시키려면 매일 500칼로리를 섭취해야 한다. 이는 필요한 칼로리에 미치지 못한다. 지방을 피하고 과일, 야채 그리고 곡물 등으로 영양을 충분히 섭취해야 한다.

넷째, 나쁜 섭식습관을 개선해야 한다. 약2주간의 섭식기록을 통해서 섭취 칼로리의 양, 시간, 장소, 일상 활동 글리고 자신의 기분상태에 대한 정보를 얻을 수 있다. 이것을 통해서 자신의 기분상태에 대한 정보를 얻을 수 있다. 이것을 통해서 자신의 생활패턴에 대한 정보를 얻어 고쳐야 할 것이 발견되면 나쁜 습관을 버리고 새로운 습관을 가져야 한다. 여기서 섭식과 감정과의 관계의 특징을 파악하는 것이 중요하다.

다섯째, 적절한 운동은 식욕에 큰 영향을 준다. 운동을 하는 사람은 운동을 하지 않는 사람보다 체중을 감소시킬 수도 있고 체중이 늘어나는 것을 억제할 수도 있으며, 섭식행동에 긍정적 변화를 가져올 수 있다는 신념을 가질 수 있다. 자기가 즐기는 운동 프로그램을 찾아 그것을 지켜나가면 된다. 급격한 변화보다는 점진적 변화가 바람직하다. 자기가 즐기는 오락프로그램을 찾아서 그것으로 생활을 즐긴다. 규칙적으로 운동을 해야 하는데 주당 3~5회의 운동이 바람직하다. 권태감이나 단조롭다는 생각이 들지 않게 계획을 조절해야 한다.

여섯째, 진전과정을 점검해야 한다. 주당 1회 이상 진전이 어떻게 되고 있는지 계속해서 추적하는 것이 바람직하다. 정기적으로 허벅지, 엉덩이 그리고 허리둘레 등을 재어 본다.

일곱째, 자신의 성공을 자축해야 한다. 신체의 지속적 변화를 위해서 자기 자신이 이룩한 변화에 대해서 스스로 보상을 주어야 한다. 체중이 어느 정도 감소되면 어떤 형태의 보상을 받는다. 프로그램이 완성되었을 때에는 지금까지 입고 있던 옷은 버리고 새로운 옷으로 산뜻하게 갈아입는 것도 좋은 보상이 된다.

CHAPTER 3

체형관리와 운동

01 체형관리 운동

체형이란 신체 균형을 유지하는 법이다.

수명(life span)이란 [얼마나 오랫동안 사는가?]이고 건강수명(health span)은 [얼마나 오랫동안 건강하게 잘 사는가?]의 개념이다. 우리가 좀 더 오랫동안 건강하게 살 수 있도록 생활습관을 선택할 수 있는 것이다.

전반전으로 줄어든 신체 활동과 불량한 자세로 인하여 시간이 흐를수록 근육의 불균형이 발생된다. 반복적으로 자주 사용하게 되는 근육은 과도하게 발달하게 되고 반면에 사용하지 않는 근육은 점점 더 약해지게 된다. 결국에는 관절들의 균형이 흐트러지게 되어 일부분의 관절에 과부하가 걸리게 되고 마침내는 상해가 나타나게 된다.

- **체형관리운동 정의 :** 자세근육에 스트레칭과 이완작용을 하는 수동적인 운동
- **체형관리운동 효과 :** 신체조정능력 향상 및 근육의 긴장 이완을 통해 신진대사 촉진

체형관리 운동의 수동적 그리고 저항성의 운동은 일반적인 운동과 마찬가지로 근육과 조직을 향상시키고 좋은 몸 상태를 목표로 하지만 근본적으로 아름다운 몸매를 위한 자태의 향상에 중점을 두고 있다. 흉한 몸매는 오랫동안 축적되어온 나쁜 자세 때문이므로 체형 운동을 통하여 이런 자세를 고치면 몸매는 쉽게 좋아 진다. 몸 전체의 근육조직에 영향을 미치는 체형관리 운동을 통하여 전체적인 근육과 근육단위들이 향상되고 다듬어진다.

자세교정을 위한 운동의 원리는 과도하게 사용되는 근육은 스트레칭으로 풀어주고 사용하지 않고 소홀하였던 근육은 강하게 움직여 주는 것이다.

02 운동의 정의 및 효과

운동을 정의해 보면 "운동이란 몸을 단련하거나 건강을 보호하기 위해 몸을 움직이는 일"이라고 말할 수 있다. 그렇다고 모든 운동이 건강에 이로운 것은 아니며 운동을 하고 난 다음날 몸이 피곤하다고 느낀다면 그건 자신의 몸 상태에 맞지 않는 운동을 했거나 너무 지나친 운동을 했기 때문에 나타나는 증상이다.

또한 운동 후 지나치게 숨이 찬 것은 몸속에 대사폐기물이 만들어져 근육을 피로하게 만들고 있다는 것이다.

근육이 일을 하려면 근육 세포는 영양소를 태워 에너지를 만들고 일을 하는 동안 근육 세포에는 노폐물이 생겨나게 된다, 그래서 지나친 운동을 하게 되면 근육이 회복할 수 있는 시간이 부족해지기 때문에 근육 세포는 대사작용으로 생겨난 노폐물로 꽉 차게 되는 것이다. 이것이 근육 피로의 가정 큰 원인이라고 볼 수 있다.

그러므로 자신의 몸 상태에 맞는 적당한 운동형태, 운동시간, 운동 강도, 운동 빈도를 골고루 갖춘 운동이 건강에 유익한 운동이라고 할 수 있다.

1) 체형운동이 건강수명에 영향을 미치는가?

우리의 신체는 움직이는데 대한 기본적인 욕구를 가지고 있다. 운동을 통하여 근육은 강화되지만 운동을 하지 않으면 약해지는 것이다. 관절이 뻣뻣하거나 문제가 발생되는 것은 관절이 전 가동범위에서 잘 움직이지 못했다는 것을 의미한다. 이러한 제한적인 움직임으로 인하여 그 관절을 움직이는 근육이 약화되는 것이다.

흔히 듣는 이야기인 "사용하지 않으면 잃게 된다"는 말이 있다. 체중의 반은 근육, 뼈, 관절이고 이들의 목적은 움직이도록 되어 있다. 우리가 우리의 신체를 계속 움직이지 않으면 움직이는 능력은 점차 사라질 것이다.

2) 운동이 인체에 미치는 영향

(1) 심폐지구력을 길러준다.

규칙적인 운동은 우리 몸의 신진대사를 원활하게 해주고 모든 병의 발생위험률을 낮춰주며, 특히 심폐지구력을 향상시켜준다.

심폐지구력은 장시간 운동 시 필요한 영양분이나 산소를 근육에 공급하는 순환계의 효율적인 능력을 말하는 것으로 최대 산소섭취량이 높은 사람은 힘든 일을 하더라도 쉽게 피곤해 하지 않으며 피로회복도 빠르다.

(2) 골다공증과 근골격계질환을 예방한다.

나이가 들어 폐경기가 되면 호르몬 부족으로 인해 골다공증이 생길 수 있고 운동을 하지 않고 누워만 있을 경우에도 여러 가지 광물질이 빠져나가게 되면서 골다공증이 오게 된다.

적당한 운동은 근육과 뼈를 튼튼하게 하고 엔도르핀의 분비를 증가시켜 호르몬의 생성을 활발하게 하여 언제나 젊음을 유지할 수 있게 만들어 준다.

(3) 혈액을 깨끗하게 만든다.

사람의 체온 중 약 40% 이상이 근육에서 만들어진다. 또한 운동을 하게 되면 근육이 수축되거나 확장되면서 체온이 올라가기 때문이며 체온이 올라가면 사용되고 남은 영양분을 태워주게 되어 남은 노폐물을 세포 밖으로 배출하는 일을 돕는다.

운동으로 이와 같은 일을 해주지 않는다면 혈액은 점점 탁해지면서 체지방이 몸 구석구석에 남게 되어 당뇨나 심장질환, 뇌졸중, 암 등과 각종 성인병을 유발할 가능성이 높아진다.

(4) 기타 규칙적인 운동의 효과

- 심장과 폐기능이 좋아져 힘든 산행을 해도 거뜬하다.
- 혈액량이 증가하고 대사기능을 향상시킨다.
- 근력과 근육의 에너지 이용 능력이 향상되어 체온 조절기능이 좋아진다.
- 노화를 지연시켜 나이보다 훨씬 젊어 보인다.
- 체지방 감소로 질병 예방을 돕는다.
- 피로를 덜 느끼게 하고 회복도 빠르다.
- 체형 및 자세가 좋아져 늘 당당한 모습이 된다.
- 성장발달을 돕는다.
- 소화와 배설기능을 좋게 하여 피부를 맑게 한다.
- 긍정적이고 적극적인 사고를 갖게 한다.

03 운동처방시 주의사항

아무리 건강에 좋은 운동이라 할지라도 때와 장소 그리고 본인의 몸 상태에 맞게 해야 좋은 운동이라 할 수 있다.

고혈압이나 뇌졸중, 심장질환 등 성인병을 가진 사람이나 그럴 가능성이 있는 사람, 고령자 등은 겨울에 운동하는 것을 주의해야 한다. 겨울에는 감기 바이러스, 차가운 공기로 인한 뇌졸중, 골절상 등을 일으키기 쉬우므로 공기가 찬 아침시간은 되도록 피하고 낮 시간에 운동하는 것이 좋다.

특히 고령인 사람들은 젊은 사람에 비해 추운 환경에 적응하는데 시간이 오래 걸리고 신진대사가 낮기 때문에 잠에서 바로 깨어나 찬 공기를 쐬면 여러 가지 질환을 가져올 수 있다.

허리통증이나 무릎통증 등 근골격계질환이 있는 사람은 특히 유연성운동에 중점을 두어야 한다. 허리통증의 경우 가장 큰 원인 중 하나는 등뼈가 약해져서 배가 나오는 것이고, 또 하나는 허리의 주변근육이 굳어져 유연성이 결핍되었기 때문이다.

어깨나 무릎통증을 가진 사람 역시 통증 부위를 짚어보면 근육이 굳어져 골격의 형태가 변형된 경우가 많다. 이런 경우에는 몸 전체의 근육과 관절을 늘려주어 유연성을 회복시키는 것이 우선이므로 유연성운동을 철저히 한 후 근육강화운동으로 척추와 무릎주변의 근육을 탄탄히 해야 한다.

척추 주변의 근육강화는 허리통증의 치료와 예방에 필수적이므로 안정적이고 효과적인 운동처방으로 단련시켜야 한다. 척추가 변형된 사람이나 근력이 약한 사람, 다리길이가 다른 사람 등이 운동처방 없이 심하고 강도 있는 운동을 지속할 경우 마치 기울어진 토대 위에 건물을 쌓아 올리는 것과 같이 위험한 상황을 만들어 낼 수 있다.

그러므로 운동을 시작하기 전에 자신의 척추와 골반에 이상이 없는지를 먼저 확인한 뒤 이상을 바로 잡은 후 운동처방을 받아 지속적으로 운동하여 몸을 단련시킨다.

표 3-1 활동의 종류별 소비열량

활동의 종류	시간당 소비열량(Kcal)
제자리 뛰기	650
달리기(16Km/시)	1,280
수영(23Km/시)	275
수영(46Km/시)	500
단식 테니스	400
자전거 타기(10Km/시)	240
자전거 타기(20Km/시)	410
스키	700
걷기(3.2Km/시)	240

04 운동관련 용어

용 어	의 미
복 근	복부 근육의 준말. 배 윗부분(위)과 지방이 많은 아래 배 사이의 근육벽
에어로빅	'공기로'를 의미한다. 유산소 운동은 신선한 산소가 풍부한 피를 근육과 장기로 공급하는 것을 말한다. 걷기, 달리기, 수영, 자전거 타기 혹은 기타 최소 20분간 심장을 뛰게 만드는 운동은 모두 유산소 운동이다
an-에어로빅	'공기없이'를 의미한다. 역도, 코어 트레이닝, 요가, 등척 운동(특정 부위 근육 강화 운동)등이 이에 해당한다.
바벨	벤치 프레스(bench press)를 할 때처럼 양손으로 드는 긴 웨이트 바
번(burn)	지진다(feeling the burn)와 같은 뜻. 그렇다고 당신이 녹는 느낌은 아닐 것이다. 이것은 근육이 지치고 피곤을 느낄 때 종종 나타나는 느낌이다.
심장 운동	유산소 운동의 모든 형태
코어(core)	코어 트레이닝은 무거운 기구를 사용하지 않고, 유연성, 민첩성, 균형감각, 체력 강화 훈련을 합친 새로운 형태의 운동이다. 코어는 직장 복근, 내외 복사근, 발기근 움직임을 전달하고 위아래로 서로 힘을 전달하는 모든 신체 중간 부위의 근육을 말한다.
컷(쪼개지거나 찢어진)	지방이 적고 보기 좋게 균형 잡힌 근육을 가진 사람을 말한다(켈빈 클레인과 같은 사람을 말함. 속옷 모델 같은 사람).
덤벨	한 손으로 잡을 수 있는 만큼 짧은 역기
형태(form)	올바르게 운동하는 것
심박율(최대)	심근이 이론적으로 최대한으로 빠르고 힘차게 움직일 수 있는(수축할 수 있는)것. 개인의 한계점. 최대 심박율은 나이를 먹으면 떨어지지만 건강하다면 그렇게 빨리 떨어지지 않는다. 남성의 경우 최대 심박율의 평균적 기준치는 '220 - 나이'이며, 최대 심박율은 유전적으로 결정되므로 오차는 10 - 15이다
과도한 훈련 (오버 트레이닝)	너무 장시간 운동하여 몸이 더 이상 회복할 수 없는 것. 힘들고 피곤하고 아프지만 운동을 멈추려고 하지 않는다. 우리가 알고 있는 한 섹스는 오버 트레이닝 될 수 없다.
펌프(pump)	근육이 혈액으로 채워지고 단단하고 굳게 느껴지는 것. 만약 당신이 펌프 되었다면, 이것은 근육 섬유를 정확히 공격하고 있다는 것을 말한다. 이것은 좋은 느낌이다.
모션의 범위 (range of motion)	운동 모션의 완전한 경로. 시작점에서부터 근육 수축 그리고 다시 시작점까지. 그러나 새로운 연구에 따르면 부분적인 모션의 범위(지속적인 활 모양)가 더 안전하고 효과적이라고 한다.

용 어	의 미
랩스(Reps)	반복(repetitions)의 줄임말. 연속적으로 운동을 몇 번 반복하는가를 의미한다.
세트/슈퍼세트 (set/super sets)	세트는 하나의 반복(reps) 그룹을 말한다. 슈퍼세트는 쉬지 않고 계속적으로 하는 다른 종류의 2가지 운동 세트를 말한다.
스트레칭	멈춰서 약간 지속해야 할 때까지 근육과 부드러운 세포를 길게 늘이는 것. 가장 안전한 방법은 차분히 정적으로 움직이는 것이다. 가장 위험한 방법이 탄도식이다. (당신의 체중을 스트레칭을 통해 튕기는 것)
식스 팩 (six pack)	복근에 지방이 하나도 없는 모습
스포팅 (spotting)	아내에게 이 용어를 물어보고 그녀의 표정을 살펴보라. 체육관에서 스포팅이란 바벨을 들고 있는 사람이 도움이 필요한 경우를 대비해서 안전요원으로서 옆에 서 있는 것을 말한다. 만약 누군가가 스포트 해 달라고 요청하면 바벨을 드는 동안 옆에서 있어라. 하지만 그가 사용하는 바나 바벨을 건드리지는 마라. 정신만 바짝 차리고 있어라. 웨이트 리프팅 속도가 줄어들면 가볍게 손가락이나 손을 이용하여 속도를 유지하도록 도와주라. 갑자기 바벨을 잡거나 들어올리지도 말고 너무 오래 기다리지도 마라.
스트립(strip)	어느 도시보다 달라스에 인구 일 인당 스트립 바가 많은 것을 알고 있는가? 주제가 벗어났는데 웨이트 룸에서 스트립이란 웨이트 플레이트를 바 끝 쪽이나 기계로부터 떼어서 적합한 선반(rack)에 갖다놓는 것이다. 다 놓고 난 후 장난감을 치우는 것과 같다. 덤벨이나 양손에 들고 있는 작은 바벨로 마찬가지로 치우면 된다. 원래 있던 자리에 돌려놓고 땅 바닥에 그대로 두지 마라.
웜 업(warm up)	어떤 운동이던 시작 전 최고 10분간 가볍게 운동하는 것(걷기, 스트레칭, 고정되어 있는 자전거 타기 등)
워킹 인 (working in)	'워크 인'이란 교대로 장비를 다른 사람과 함께 사용하는 것이다. 만약 당신이 기구를 사용하고 있는데, 이 질문을 하고 갑자기 당신의 벤치로 돈다면 겁먹지 말고 비켜주라. 이들은 정중히 당신에게 장비를 사용해도 되냐고 묻는 것이다. 단지 옆으로 물러나서 그 사람이 운동하도록 하게하고 당신 차례가 될 때까지 물러서서 기다린 후 끝나면 재빨리 교대하라. 다른 사람이 쓰고 있는 기구를 써야 할 때 이 질문을 하는 것을 두려워하지 마라. 웨이트 리프팅 같은 것을 할 때 그 사람이 휴식을 취할 때까지 기다린 후 질문을 하라. '워크 인'해도 될까요?

05 체형관리에 관계되는 운동

1) 유연성운동

유연성운동은 유산소 운동이나 근유강화운동을 시작하기 전과 끝나 후에 반드시 실시해야 하는 것으로 근육과 관절을 이완시켜 근육경련이나 관절이상을 예방할 수 있는 중요한 처방이다.

이 과정은 심박수를 올려주고 근육에 혈액을 원활하게 공급해 주어 나머지 운동을 무리 없이 진행시켜 줄 것이다.

유연성이란 관절을 정상범위 내에서 움직이게 하는 능력의 기준이다. 관절은 늘 움직일 수 있는 최대 범위까지 움직여주지 않으며 관절의 운동 범위가 점점 좁아져 각종 질환을 유발하게 된다.

유연성 부족으로 가장 쉽게 찾아오는 질환은 요통이다. 요통은 오래 서 있거나 앉아 있는 사람에게 많은데 이것은 척추를 늘려주고 줄여주는 운동이나 동작 없이 한 가지 자세를 오랫동안 취하기 때문에 척주관절이 늘 피로해 있기 때문이다.

준비운동은 관절의 움직임을 부드럽게 하는 약체를 내보내고 관절의 연골을 부풀려 신체활동으로 인해 받게 되는 충격을 흡수함으로써 동적인 운동을 무리 없이 하는데 중요한 역할을 해준다.

유산소 운동이나 근육강화운동이 끝난 후의 유연성 운동은 일반인들이 소홀히 할 때가 많은데 이런 방식으로 처음 운동을 시작할 때는 잘 모르겠지만 장기간 진행되면 근육이 피로해지고 근섬유가 짧아지게 되어 전체근육이 다시 긴장상태에 놓여 유연성을 잃게 된다는 것을 기억하기 바란다.

2) 유산소 운동과 무산소 운동

유산소 운동이란 근육에 산소가 공급되도록 움직이는 동안에 계속 숨을 쉬며 하는 운동이다. 대표적인 운동으로는 걷기, 조깅, 자전거타기, 줄넘기, 등산 등이 있다.

이러한 운동을 규칙적으로 하게 되면 혈액 내의 좋은 HDL콜레스테롤을 상승시키고 악성콜레스테롤인 LDL콜레스테롤을 내려가게 함으로써 심장질환 및 고혈압을 예방할 수 있다.

또한 운동은 뼈에서 광물질이 줄어드는 노화현상인 골다공증을 방지하고 체지방을 감소시켜 비만을 방지하며 스트레스 및 우울증을 완화해 준다.

(1) 유산소 운동과 무산소 운동

왜 무산소 운동(anaerobic), 유산소 운동(aerobic)으로 분류가 될까?

리듬 혹은 음악에 맞추어 전신 운동을 하는 것을 연상시킨다. 그러한 운동에 붙여진 이름이 에어로빅이지만 정확한 의미는 산소를 쓴다는 뜻이다. 에어로빅의 종류에는 에어로빅, 수영, 줄넘기, 등산, 자전거 타기, 걷기, 조깅, 러닝, 댄스 등이 있다. 즉, 유산소 운동을 말한다.

에어로빅의 반대는 산소를 쓰지 않는 다른 뜻의 anaerobic이 있다. 이것은 웨이트 트레이닝 혹은 중량 운동, 바벨 운동, 덤벨 운동, 기구 운동이라고 예기를 하면 이해가 빠를 것 같다. 이런 운동의 대표적인 에너로빅, 즉 무산소 운동이다.

시간상의 분류로 나누어 보자면 10초 미만 동안 일어나는 운동은 무산소 운동에 많이 속하며, 5분 이상을 지속하게 되는 운동의 경우는 유산소 운동에 속하게 된다. 이러한 분류는 시간에 따른 에너지 구성의 변화에 따른 것이다. 운동을 시작하게 되면 초기에는 무산소성 에너지를 주로 쓰지만 시간이 흘러 갈수록 유산소성 에너지를 쓰는 비율이 높아진다.

가령 달리기를 1시간 했다면 초기에는 무산소성 에너지를 쓰는 비율이 높지만 1시간이 된 시점에는 98% 정도의 비율로 압도적으로 유산소성 에너지를 더 많이 쓰게 된다. 웨이트 트레이닝의 경우는 길어야 한 세트의 운동이 30초 정도 밖에 되지 않으므로 1시간 동안 운동을 한다고 했을 때 거의 무산소성 에너지만을 쓴다. 하지만 서킷 트레이닝의 경우 1세트를 하는데 종목 수에 따라서 틀려지겠지만 대략 5~10분 동안 쉬지 않고 중량을 다루게 되므로 무산소와 유산소의 에너지 비율이 거의 반반 정도가 된다.

무산소 운동과 유산소 운동의 명확한 구분은 무산소성 에너지를 쓰는 것은 무산소 운동, 유산소성 에너지를 쓰는 것은 유산소 운동이다. 그것이 구분은 에너지가 산소와 결합을 하느냐 하지 않느냐 하는 것이다. 즉 호흡을 하느냐 하지 않느냐의 문제가 아니라 에너지 시스템들이 산소와 결합을 하느냐 하지 않느냐에 따라 무산소냐, 유산소냐를 결정하는 것이다.

수영 역시 어떻게 하느냐에 따라 무산소 운동이기도 하고 유산소 운동이기도 하다. 천천히 하면 유산소 운동으로 들어가지만 조금 빠른 속도로 물의 저항을 충분히 이용하면서 하게 되면 무산소성이 가미가 되기도 한다.

무산소 운동이든 유산소 운동이든 호흡은 중요하다. 일반적인 웨이트 트레이닝의 경우, 즉 무산소 운동의 경우는 힘을 쓸 때 날숨을 쉬고 힘을 쓰지 않는 때는 들숨을 쉰다. 유산소 운동의 경우는 대체적으로 몸의 움직임에 따라 리드미컬하게 하면 된다. 수영을 제외한 대부분의 유산소 운동의 경우는 두 번 내쉬고 두 번 들이 마시는 형태를 취하는 것이 좋다.

끝으로 지방을 가장 효과적으로 제거하고, 몸을 적당하게 가꾸어주고, 노화를 방지하는 가장 이상적인 운동법으로는 바로 무산소 운동과 유산소 운동을 병행하여 시행하는 것이라 할 수 있다. 이 두 가지가 만나면 가장 이상적인 몸매 관리 운동이 되는 것이라 할 수 있다. 단지 운동의 순서는 반드시 무산소 운동을 한 후 유산소 운동을 할 수 있다. 이는 운동의 효율성과 지방의 효과적인 분해를 위해서라고 할 수 있다.

무산소 운동과 유산소 운동 중 어느 쪽이 칼로리가 더 소비가 되느냐에 대한 관심이 많다. 전체적으로 유산소 운동 쪽이 칼로리 소비가 높다. 하지만 무산소 운동의 경우는 운동 중 칼로리 소비뿐만이 아니라 안정시 칼로리 소비도 높여준다는 것이다. 이것은 유산소 운동의 경우는 할 때만 칼로리를 소비하지만 무산소 운동의 경우는 근육을 발달시켜 안정시에도 칼로리를 소비하지만 무산소 운동의 경우는 근육을 발달시켜 안정시에도 칼로리를 소비를 촉진시킨다. 이는 근육이 많아짐에 따라 세포의 수도 늘어나기 때문인데 이 세포가 지방을 분해하기 때문이다. 결국 칼로리 소비는 전체적으로 봤을 때 무산소 운동을 했을 때의 결과가 더 좋겠다.

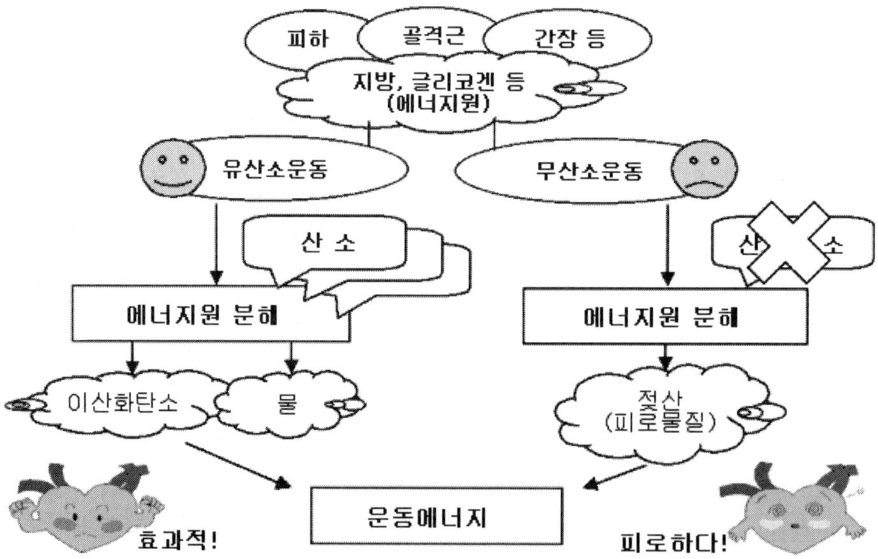

그림 3-1 유산소 운동과 무산소 운동의 각각의 에너지 대사

(2) 유산소(심폐 기능) 운동

심장 혈관/유산소 운동은 신선한 산소가 풍부한 피를 근육과 장기에 공급하는 것이다. 이것은 지구력을 결정하고 생명을 유지시켜 주는 것이다.

유산소 운동의 목표는 최소 40분 동안 최고 심박률의 60~80%로 심장 박동율을 유지시켜 주는 것이다.

주의할 점은 운동을 시작하기 전에 의사와 상의를 하는 것이다. 목표 최고 심박률은 쓰러지지 않고 1분간 심장이 박동할 수 있는 이론적인 최대의 수치를 말한다.

심장 근육은 우리가 나이를 먹을수록 줄어든다. 그러므로 220에서 당신의 나이를 빼면 된다. 이것이 당신의 개인별 최대심박률이다.

최대라는 의미는 운동하는 동안 꼭 도달해야하는 것이 아니다. 정상적인 유산소 운동을 하는 동안 최대 심박률의 60~80%를 유지하도록 전문가들은 권장하고 있다. 그러므로 35세의 남성(220~35=최대 185)은 분당 111~148의 심박률을 유지하며 운동해야 한다.(185× 0.8=148). 이제 막 운동을 시작하는 초보자들은 이보다 더 낮은 심박률을 유지하며 운동해야 한다.

그런데 쉬는 상태의 대부분의 성인들의 심박률은 일 분간 60~95이다. 그러나 상태가 좋고 지구력이 강한 운동선수들의 안정시 심박률은 일 분간 35~55이다.

자신의 심박률을 체크해 보라. 시계를 갖다 놓고 아래 지시대로 할 때 60초간 심장 박동수가 얼마인지 세어 보라.

- ■ 인지, 중지를 한쪽 목에 대고 큰 동맥을 찾는다(의사들은 이를 경동맥이라 부른다).
- ■ 가슴 외쪽에 손바닥을 댄다(의사들은 '심장'을 찾을 수 있을 거라 말한다).
- ■ 의사들이 경백(엄지 아랫부분과 손목 사이)이라 부르는 조그만 정맥이 있는, 엄지 아랫부분과 손복사이에 인지, 중지를 갖다 댄다.

이제 맥박이 어디 있는지 알아내고 또 유산소 운동을 할 때 꼭 그것을 체크해보려고 노력해야 함을 알게 되었다. 목표 심박률을 더 오래 유지하면 더 많은 지방을 소비하게 된다.

유산소 운동의 리스트를 적어 놓았다. 아무것이나 골라라. 모두 골라라. 그러나 어떤 것을 고르더라도 일주일에 4번 각기 최소 40분 이상 하라. 40분간 빠르게 운동할 수 없다면 천천히 하되 쉬지 말고 하라. 당신의 방식대로 하면 된다.

대도시에 살고 있다면 오후 5시에서 7시 사이에 실외 유산소 운동을 하는 것은 삼가라. 러시아워 동안의 공기는 그 시간대의 교통보다도 더 나쁘다. 그리고 당신이 마시는 일산화탄소는 운동 효과보다 더 크게 악영향을 미친다. 이것은 마치 싸구려 여송연을 피우면서 테두리 모양 연기를 만들려는 것과 같다.

① Walking

유산소 운동의 가장 대표적인 것이며, 그야말로 어렵지도 않고 비용도 필요 없는 걷기에 대해 알아보자

- 시간운동 시간은 총 30분에서 1시간 사이가 적당하다. 운동 목적에 따라 다르지만 적어도 일주일에 3번 이상은 해야 효과를 볼 수 있다. 걷기도 다른 운동과 마찬가지로 처음에는 강도를 약하게 하다가 차차 늘려나간다. 사실 빠르게 단시간 뛰는 것 보다는 빠른 걸음으로 오래 걷는 것이 살을 빼는 것에는 더 유리하다고 할 수 있다.
- 강도처음에 걷기를 시작하기 전에는 간단한 스트레칭으로 몸을 풀어주는 것이 좋다. 그 다음에 걷기 시작하는데 처음 10분 정도는 천천히 걷는다. 몸에 조금 열이 오른다 싶어지면, 강도를 올려준다. 경보식으로 빠르게 걷거나, 거의 걷는것에 가까운 수준으로 뛰는 것이 좋다. 이 상태로 계획한 운동시간의 1/4 정도만 남기고 계속 유지한다. 숨이 조금 차고 등에 땀이 송송 고일 것이다. 이 때 다시 강도를 약하게 해서 마무리한다. 스트레칭으로 마무리해주면 더욱 좋다.
- 자세시선은 정면을 향하고, 목과 허리는 바로 펴고 활기차게 걷는다. 걸을 때 팔을 최대한 휘두르면서 걸으면 운동 효과가 더욱 좋다. 또한 내딛는 다리를 툭 던지듯 하면서 걸어보자. 허리를 풀어주는 효과가 있으므로 걷기 운동의 마무리 단계에서 2~3분 정도 해주면 좋다.

② Jogging

조깅은 전신운동으로 심장과 폐에 긍정적으로 자극을 주어, 심폐기능을 향상시킨다. 그러므로 조깅은 체지방소모에 의한 비만의 해소뿐만 아니라, 심혈관질환 등에도 효과가 있는 좋은 운동이다.

- 시간뛰기의 경우 처음에는 15~20분 정도만 실시하다가 몸이 적응이 되가는 상태를 봐서 30~60분으로 시간을 늘려나가는 것이 좋다.
- 강도처음부터 뛴다거나 조깅을 하는 것은 아니다. 우선 약간 빠르게 걷는다는 느낌이 들 정도로 하다가 차차 강도를 늘려나간다. 개인에 따라 몸이 적응되는 추이를 보면서 강도를 조절하는 것이 좋은데, 4주에 한번씩 강도를 높여준다는 생각으로 운동을 하면 된다. 뛰기에 있어, 운동의 강도란 얼마나 빠르게 뛰냐는 것이다. 런닝머신을 사용할 때라면 뛰기 운동 초기에는 시속 6.5~7km 정도를 생각하면 된다. 차차 속도를 높이는데 운동이 많이 익숙해진 이후에는 8.5~9km 속도로 1시간 가량을 해주는 것이 좋다.

- 자세자세는 목과 허리는 바로 펴고, 팔은 양 가슴 높이로 자연스럽게 붙여 구부린다. 팔은 활기차게 흔들고, 무릎은 최대한 높이 올리면서 뛰면 운동 효과가 더 좋다. 몸통은 바닥에 직각이 되도록 세우고 정면을 바라보면서 뛴다.

③ Swimming

수영은 전신운동으로 지방질을 잘 연소시켜 주고, 호흡기계 발달에도 유리한 운동이다.

- 시간수영을 할 때는 반드시 준비운동을 해야 한다. 준비운동으로는 간단한 기본 스트레칭이나 국민체조 등이 적당하다. 준비운동을 통해서 근육을 풀어주고 체온을 높여줌으로써 다음에 할 운동에 쉽게 적응시켜 주기 때문에 운동효과를 높일 수 있다. 준비운동 후 수영을 시작하는데, 주 3~4회, 30~50분 정도 지속적으로 해주는 것이 좋다.
- 강도수영에는 자유형, 평영, 접영, 배영이 있는데 운동효과가 좋기로는 접영이지만 난이도가 높으므로 초보자에게는 접합하지 않다. 평형이나 자유형을 익혀서 하도록 한다. 배영의 경우에는 허리가 약한 사람에게 적합한 운동이다. 요통이나 관절염이 있을 경우에는 심한 걷기나 뛰기 운동은 오히려 무리가 될 수 있다. 이런 경우에는 허리나 관절에 무리를 주지 않는 수영이 가장 적합하다.

④ Cycle

자전거타기는 심폐기능을 향상시켜 주며, 혈관의 수축과 이완을 원할히 해 주는 기능을 한다. 일반적인 유산소 운동의 잇점 외에도, 자전거타기는 하체를 주로 사용함으로 인해, 근력 운동의 효과가 있다. 하체에 근육을 만들어 줌으로 인해 지방을 더 잘 태워버릴 수 있게 된다.

- 시간자전거타기는 달리기나 수영에 비해서 소모 열량이 많지는 않지만, 힘을 많이 들이지 않고 할수있는 운동이다. 자전거타기는 걷기나 조깅에 비해서 운동량이 많지 않으므로 강도보다 시간에 신경을 써야 하는데, 걷기나 조깅을 30분~1시간씩 했던 사람이라면 그 2배, 즉 1~2시간은 운동을 해야 동일한 효과를 볼 수 있다.
- 강도자전거타기의 운동 강도는 저항과 회전수로 판정하는데, 이런 것에 유의하기 보다는 숨이 약간 찬 상태에서 10분만 더 한다는 생각으로 하면 된다. 속도를 빠르게 해서 단시간에 일정한 거리를 주파하겠다는 목적을 가지는 것보다 시간을 늘리는 것에 목표를 두는 것이 바람직하다.

- 자세상체는 앞으로 약간만 숙이고, 아랫배에는 힘을 준다. 발바닥은 페달에 딱 붙이는 것이 좋다.

⑤ **Aerobic**

에어로빅은 춤과 음악을 곁들여 하는 운동으로 심폐기능 향상 뿐만 아니라, 스트레스 해소에도 도움이 된다.

- 시간에어로빅은 한번에 1시간 이상 하는 것이 좋다. 유산소 운동을 통해 체지방을 소모하려면 이 정도는 해주는 것이 좋다. 주당 3~5회 정도 하는 것이 적당하다.
- 강도에어로빅도 다른 운동과 마찬가지로 약한 강도에서 시작한다. 자신이 할 수 있는 운동량의 70% 수준 정도로 운동을 해주는 것이 좋다. 차차 강도를 늘리는 것이 좋으며, 운동의 강도보다는 시간을 늘려주는 것도 좋은 방법이다.
- 주의사항에어로빅을 심하게 하게 되면, 무게가 실리는 부위 특히 관절에 심한 무리가 될 수 있다. 그러므로 관절염 환자의 경우 에어로빅 보다는 수영이나 자전거 타기, 걷기 운동을 하는 것이 좋다. 그리고 에어로빅을 할 때는 땀 흡수력이 좋은 운동복을 입고, 신발은 에어로빅 전용의 부드러운 것으로 신는다. 또 관절 보호대를 착용하는 것도 좋다.

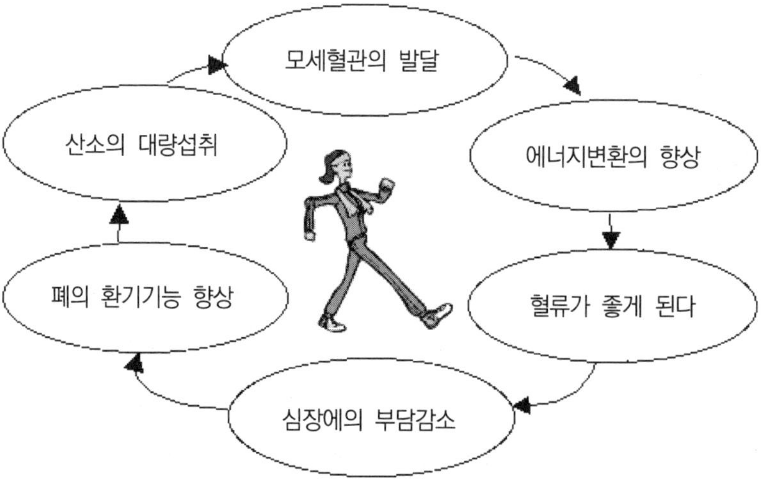

그림 3-2 유산소 운동이 신체에 좋은 이유

(3) 무산소 운동

운동을 개시하면 근육 중에 축적되어 있는 글리코겐이 분해된다. 글리코겐은 산소가 없어도 에너지로 전환될 수 있다. 단, 젖산이라고 하는 잘 배출되지 않는 피로물질이 축적되기 때문에 단시간 밖에 계속될 수 없다.

무산소 운동은 우리가 운동할 때 필요한 에너지를 산소 없이 생성하는 운동으로 피로 물질인 젖산이 축적되는 단점이 있다. 그러나 무산소 운동은 근육의 크기와 힘을 증가시키므로 유산소 운동과 함께 꾸준히 해 주면 체력을 향상시킬 수 있다. 무산소 운동은 순간적인 에너지를 낼 수 있는 힘을 만들며, 근육을 강화시켜 일상생활에서 쉽게 피로하지 않도록 해준다. 또한 몸을 탄탄하게 하여 탄력적으로 보일 수 있게 한다. 우리가 주변에서 쉽게 할 수 있는 무산소 운동으로는 100m 달리기(전력질주), 골프나 테니스의 스윙동작, 근력 트레이닝(아령, 덤벨운동) 등이 있다.

굳이 운동하면서 구분을 짓는 것이 귀찮다면, 주변의 사람들과 어울려 구기종목에 도전해 보는 것은 어떠한지. 우리가 흔히 축구, 농구, 배구, 탁구, 테니스 등의 구기 운동은 유산소·무산소 운동이 혼합돼 있다고 할 수 있다.

표 3-2 유산소 운동과 무산소 운동의 비교

	유산소 운동	무산소 운동
에너지 변환속도	늦다. 에너지가 생산되는데 산소공급의 시간이 필요.	즉효성이고 돌발적인 운동에도 반응한다.
에너지의 지속성	장시간 지속한다.	단시간밖에 지속하지 못한다.
산소의 필요성	필요	불필요
에너지원이 되는 것	글리코겐, 지방	글리코겐
대사산물	이산화탄소, 물	젖산(유산)
운동의 예	조깅, 걷기, 천천히 하는 수영, 자전거 타기 등	단거리주, 덤벨, 복근 운동

표 3-3 지방 분해 유산소 운동

운동 종목	소모된 칼로리 (40분)	1주일 4회 실시, 8주 경과 후 체중 감량치
달리기(4분/Km)	656	2Kg
줄넘기	524	1.6Kg
계단 오르기	540	1.7Kg
농구	472	1.4Kg
테니스	460	1.4Kg
자전거 타기(14mph)	440	1.4Kg
수영	408	1.3Kg
도보(4mph)	312	1Kg
골프	272	0.9Kg
79kg의 남성 기준		

3) 근육강화 운동

유연성운동으로 뻣뻣하던 몸의 관절이 부드러워지고 유산소 운동으로 적당한 땀을 흘렸다면 이젠 조금 강도를 높여 퇴화해가는 근육을 크고 단단하게 단련시킨다.

적절한 운동량이 없으면 매년 1% 정도의 근육양이 감소한다고 한다. 몸의 기초인 골격을 지지해주는 근육이 약해진다는 것은 정상적인 골반과 척추를 변형시키고 내부 장기들의 기능을 떨어뜨리는 것이다.

근육강화운동은 이러한 손실을 예방하면서 노화를 지연시킬 수 있을 뿐 아니라 정신적 육체적 스트레스에 대항할 힘을 길러준다.

현대인에게 특히 권하고 싶은 근육강화운동은 하체를 단련하는 운동이다. 쉽게 지치고 피곤해 하는 사람은 대부분 하체근력이 많이 떨어진 사람이고 상체에 비해 하체가 왜소한 경우가 많다. 흔히 말하는 물살을 가진 경우이다.

근육은 사용하면 할수록 그 기능이 좋아지며 사용하지 않으면 점점 퇴화되고 만다. 그러므로 근육은 노력에 의해서 더욱 커지고 강해질 수 있는 것이다.

자신의 하체 근력이 어느 정도인지 지금 당장 알아보자.

두 손을 깍지 낀 후 머리 뒤에 대고 "앉았다 일어서기"를 3분 안에 50번을 해보자. 숨이 차면 2번으로 나누어 5분 안에 50번을 하면 된다. 운동을 꾸준히 했던 사람도 다리가 묵직해지면서 얼얼한 느낌이 들 것이다. 그러나 전혀 운동을 하지 않은 사람이라면 20번을 체하기도 전에 숨이 차고 다리가 후들거리면서 무릎에 통증을 느낄 것이다.

이 운동을 일주일만 해보면 허벅지 근육이 단단해지면서 근육이 커지는 것을 알 수 있다. 그러면서 무거웠던 몸이 가벼워지고 머리가 상쾌해질 것이다.

이렇게 운동을 계속하면서 강도는 조금씩 높여 가면 근육은 서서히 그 강도에 적응을 하게 되고 몸의 체형에도 많은 변화가 생기게 된다.

4) 스트레칭 운동

스트레칭은 근육을 이완시키고 늘려주며, 운동전 부상방지와 또한 유연성을 길러주어 바른 체형을 갖기 위한 운동요법 중 가장 많이 쓰이고 손쉽게 어느 곳에서나 할 수 있는 운동이다. 하지만 스트레칭 운동 시에도 몇 가지 주의해야 할 점이 있다.

① 편안한 기분으로 실시한다.

스트레칭은 조급하거나 초조하게 해서는 안 된다.

편안한 기분으로 마음의 여유를 가지고 실시해야만 한다.

② 자연스럽고 부드럽게 실시한다.

마음의 이완은 물론 신체의 불필요한 긴장을 없애고 근육을 이완시켜야 한다.

③ 신체를 온도를 어느 정도 올린 후 실시한다.

④ 간단한 것에서 시작하여 어려운 것으로 해 나가 단계적, 순차적으로 행한다.

⑤ 탄력을 이용하지 않는다.

반동을 이용하지 않는다.

⑥ 스트레칭 시 호흡은 자연스럽게 한다.

⑦ 스트레칭한 자세를 짧은 시간동안 계속 유지시켜야 한다.

최대한으로 또는 급격히 행하는 것은 안 되고, 여유를 갖는 범위 내에서 10~30초 정도의 시간으로 계속하는 것을 목표로 세워서 실행하도록 한다.

⑧ 개개인의 정도에 따라 자기에게 맞게 실시한다.

⑨ 매일, 가능하면 하루 중 몇 회라도 꾸준히 하는 것이 좋다.

⑩ 스트레칭 하는 근을 항상 의식하면서 한다.

⑪ 각 동작은 가능하다면 천천히 그리고 정확하게 실시한다.

⑫ 분산을 적용시킨다.

기상직후, 근무 중, 낮 휴식 중, 입욕 후, 취침전 등에 조금씩 분산해서 실시한다. 운동 시에만 집중되지 않고 하루의 전체 스트레칭의 양을 증가시킨다고 생각하면 좋다.

⑬ 즐겁게 실시한다.

▶ **스트레칭의 효과**

- 근육의 긴장을 풀어 편안한 느낌을 갖게 한다.
- 관절의 가동범위를 증가시켜 조정력을 향상시킴으로써 동작이 자유롭게 한다.
- 정신적 긴장을 풀어준다.
- 혈액순환을 촉진시키고 기분은 좋게 한다.
- 근 조절력을 향상시킨다.
- 근육의 상해를 미연에 방지하여 근육의 저항력을 크게 한다.
- 신경반사작용을 통해 격렬한 운동도 무리 없이 할 수 있게 한다.
- 바른 자세 유지에 도움을 준다.
- 요추나 어깨, 목 부위 등에 오는 무리한 비이상적인 근 긴장에 대한 해소가 되게 한다.
- 신체의 과도한 사용에 의한 근육통증을 완화시켜준다.

▶ **스트레칭을 하는 동안 상해 가능성을 줄이기 위한 예방책**

- 스트레칭 전에 천천히 조깅을 하거나 빨리 걷기를 실시하는 등 워밍업을 한다.
- 저항의 한계를 느낄 때까지만 스트레칭을 한다. 스트레칭이 고통스러워서는 안된다.
- 스트레칭을 하는 동안 반드시 정상적으로 호흡을 한다. 숨을 멈추지 않는다.
- 통증이 느껴지는 관절을 둘러싸고 있는 근육을 스트레칭 할 때는 주의한다. 고통은 무언가 잘못되고 있다는 증거이다. 절대 무시해서는 안 된다.

5) 근력 트레이닝

근력 트레이닝으로 등의 근육을 단련시키고 그리고 뼈의 단단함을 증가시키는데 도움이 되므로 체형관리 운동에 필수적인 운동이다. 하지만 근력 트레이닝을 실시할 경우에는 꼭 전문가의 도움을 받아야 하며, 특히 요통환자나 근력이 약한 사람일 경우, 근력 운동이 오히려 해가 될 수 있으므로 자신에게 맞는 근력 운동 프로그램을 실시해야한다.

6) 수중운동

물의 부력은 체중이 가해지는 관절에 미치는 스트레스를 감소시키며 동작을 보다 편안하게 만들어 준다. 물은 또한 모든 동작에 가벼운 저항성을 제공해 주어 근육을 부드럽게 운동시켜 준다. 물이 따뜻하면 근육을 이완시키기가 쉬우며 따라서 근육의 스트레칭에 도움이 된다. 지상에서의 경우와 마찬가지로 만일 아픔을 느낀다면 물에서의 운동을 계속해서는 안된다.

7) 척추강화 운동

같은 동작을 3~5회 반복하고 10~20초간 유지합니다.

① 양 무릎을 세운 채로 배에 힘을 주고 허리 전체를 바닥에 붙이는 느낌으로 아래로 당긴다.

② 양무릎을 붙이고 머리를 들어 상체를 세운다. 이때 팔도 같이 뻗는다.

③ 통증 없는 범위 내에서 팔꿈치를 펴고 팔을 뻗는다.

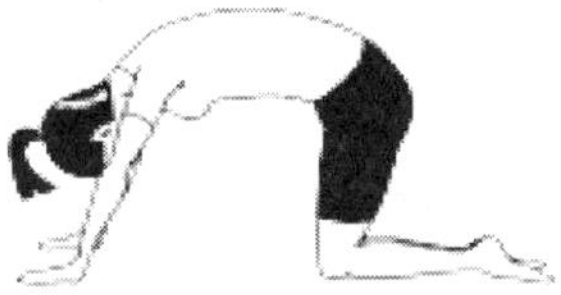

④ 양팔꿈치를 어깨 넓이로 벌리고 등을 최대한 들어 올린다(고양이 자세).

⑤ 숨을 내쉬며 허리를 최대한 내린다.

8) BALL을 이용한 신체교정 운동

간단한 운동으로 전신을 스트레칭할 수 있는 다이어트 기구, 신체의 유연성과 탄력성을 기르는데 좋으며 복근 운동에 좋다. 짐볼 위에 앉아 있는 것만으로도 자세 교정 효과가 있다. 여러 가지 활용 동작으로 다양한 효과를 볼 수 있다.

06 근육만들기

1) 근육만들기의 중요성

유산소 운동이나 지구력운동이 체중과 체지방을 줄이기 위한 운동으로 자리잡으면서 오랫동안 붐을 이루었다. 그러다가 최근에 유산소 운동 못지않게 무산소 운동 혹은 근력 운동의 중요성이 부각되기 시작했다. 유산소 운동이 체지방을 연소시켜 없애 주는 데 효과적이라면, 근력 운동은 지방을 연소시키는 기관, 즉 근육을 늘려 기초대사량을 증가시키는데 효과적이다. 따라서 근육 만들기가 다이어트나 다이어트 후의 체형 유지에 필수적이라는 사실이 알려지면서 근력 운동을 통한 근육 만들기에 대한 관심이 매우 높아졌다.

근육은 지방조직에 비해 대사가 활발하고 속도도 빠르기 때문에 시간당 에너지 소비량이 많다. 따라서 몸의 근육 비율이 높다는 것은 그만큼 에너지를 잘 태울 수 있는 엔진을 많이 가지고 있다는 것과 마찬가지이므로 기초대사량이 높아지게 된다.

저칼로리 식사를 이용한 다이어트 시에 가장 문제가 되는 것은 체중이 감소되는 과정에서 체지방보다는 근육 분해로 인한 체단백질 감소가 먼저 일어나고 시간이 지나야 지방이 분해되어 쓰이기 시작한다는 점이다. 따라서 다이어트 시 빠진 체중의 많은 부분이 근육을 이루는 물과 단백질이며 체지방이 차지하는 비율은 낮다. 따라서 다이어트를 반복하면 할수록 전체 체중은 낮아질지 모르나 체지방률은 늘어나고 근육 비율은 줄어들어 몸은 점점 에너지를 쓰기 힘든 기관으로 바뀌게 된다. 즉, 체중 감소가 점점 힘들거나 다시 살이 찌기 쉬운 체질로 된다. 다이어트 시에 유산소 운동은 체지방 감량에 더욱 효과적이며, 근력 운동은 다이어트 시에도 제지방량(근육량)을 최대한 유지시켜 기초대사량 감소를 최대한 예방하면서 에너지를 부가적으로 더 소모시키게 된다.

2) 멋진 근육을 만드는 과정

(1) 근육유지(체중 · 체지방 · 제지방 유지)

현재 가지고 있는 체구성비를 유지하는 과정이다. 즉, 근육이 줄어들거나 체지방이 증가되는 것을 막는 것이다.

· 근력 운동을 주로 하며 약간의 유산소 운동을 병행한다.

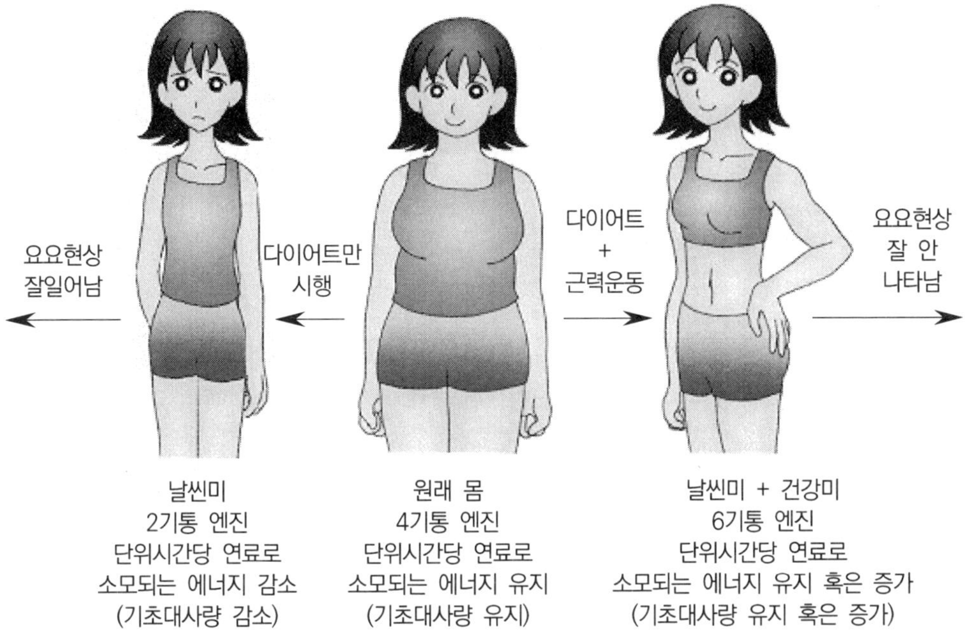

그림 3-3 근육 만들기의 중요성

(2) 근육만들기(체중 · 제지방 증가)

- 제지방(근육)을 축적시키면서 체중을 증가시키며 체지방 증가는 최소로 해주는 과정이다.
- 근력 운동이 주가 된다. 하루에 2번하며 일주일에 5~6일 실시한다.

그림 3-4 여성의 근육 만들기는 다이어트에 있어 남성보다 더 중요

(3) 근육 다듬기(체지방 감소, 제지방 증가)

◦ 근육을 유지하거나 약간 늘리면서 체지방은 감소시키고 근육의 모양은 선명하게 드러나게 하는 과정이다.

◦ 이 시기에는 근력 운동을 계속하면서 유산소 운동을 많이 증가시켜 체지방이 연소되는 것을 도와주어야 한다.

(4) 체중 줄이기(체중 · 체지방 감소)

◦ 체중 줄이기는 근육 다듬기가 완전히 성공하지 않았을 때 하는 과정으로, 마지막으로 원하지 않는 지방을 없애 주는 과정이다. 섭취 에너지는 최소로 해 주고 근력 운동이나 유산소 운동을 높게 유지해야 한다.

(5) 최적의 운동

근력 운동		유산소 운동		
· 효과 : 근육크기 증가, 근력증가, 기초대사량 상승 · 에너지 사용 : 유산소 운동의 1/3~1/4 사용		· 효과 : 체지방 감소, 심장 기능 향상, 혈관 기능 향상, 기초대사량 상승 · 에너지 사용 : 7~10kcal/1분		
	+		=	최적의 운동

3) 근육만들기와 영양소 필요량

근육을 만들 때 에너지 섭취는 낮게 시작해서 서서히 높여주는 것이 근육의 합성을 최대한 증가시키고 체지방을 최소량 증가시키는 데 효과적이다. 만약에 근육이 0.5kg 정도 늘어나는 것을 원한다면 이를 위해 더 필요한 칼로리는 2500~3500 kcal이다. 따라서 1주일에 0.5kg 정도의 근육이 만들어진다는 것은 하루에 500kcal 정도를 더 소모하는 것이 된다. 또한 근육이 20% 정도가 단백질이므로 1주일에 0.5kg의 근육을 늘리기 위해서는 하루에 약 13g의 단백질이 추가로 필요하다. 웨이트 트레이닝을 하는 사람이나 바디빌더의 경우 근육을 늘리는 과정부터 시작할 때는 하루에 1.4g/kg 정도로 고단백질을 섭취하며, 근육을 다듬고 체중을 줄일 때는 1.8g/kg 정도의 고단백질을 섭취한다. 이때 탄수화물은 지방 분해를 촉진하면서도 근육의 글리코겐을 채워 줄 정도로 충분한 양인 5~6k/kg/day로 해야 한다. 지방은 단백질과 탄수화물로 얻은 에너지를 뺀 나머지 부분으로 한다.

(1) 근력 유지, 건강을 위해 운동할 때

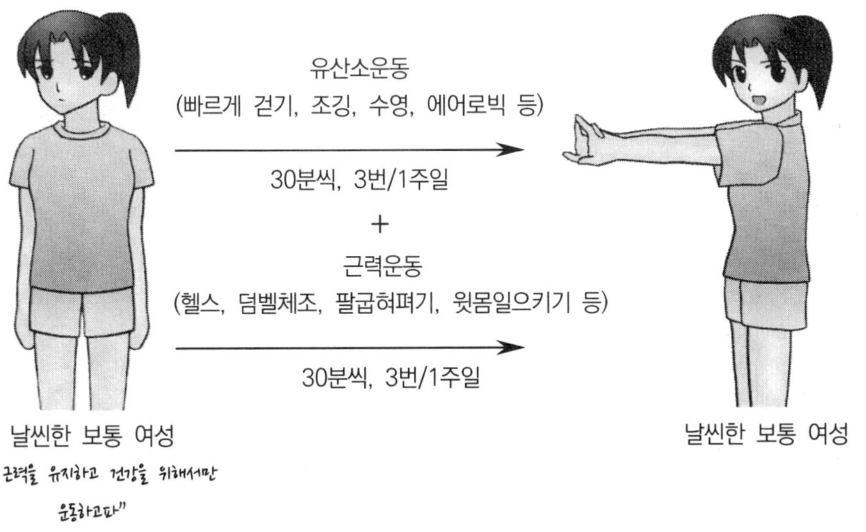

그림 3-5 근력만 유지하고 싶을 때

(2) 운동을 통해 체중 감량을 하고 싶은 경우(식이요법 병행)

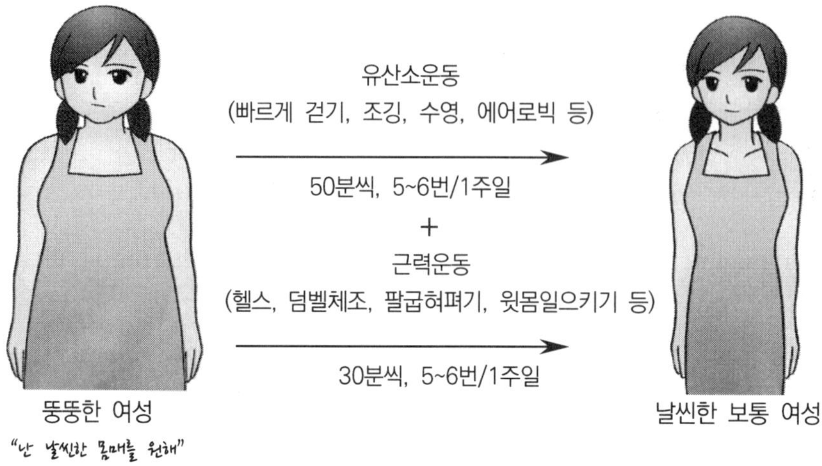

그림 3-6 체중을 감량하고 싶을 때

(3) 운동을 통해 체중 감량과 약간의 근육질 몸매를 원하는 경우(식이요법 병행)

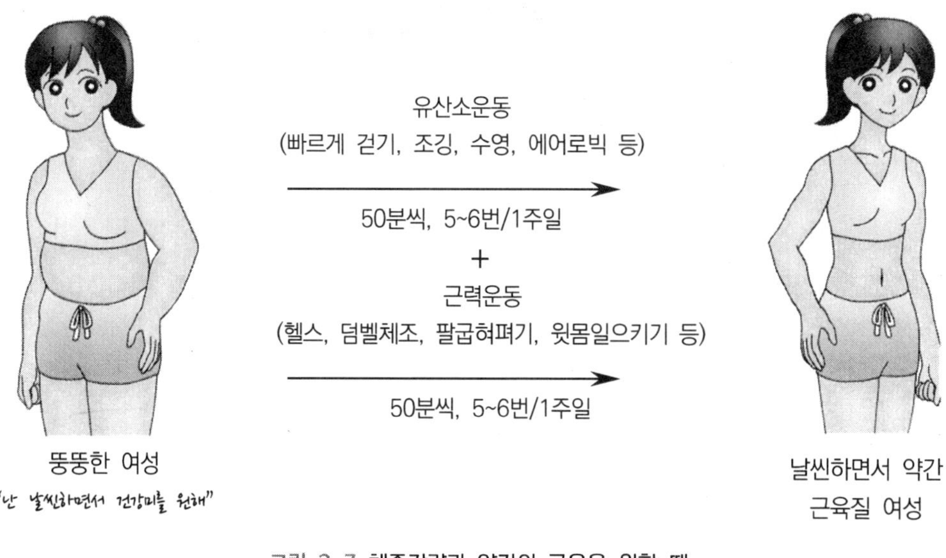

그림 3-7 체중감량과 약간의 근육을 원할 때

4) 효과적인 운동을 위해서 고려해야 할 사항

(1) 식전운동과 식후운동

① 식후운동은 운동 에너지와 더불어 식품의 열 생산 에너지를 같이 쓸 수 있고 산소 소비량을 늘려 같은 운동을 하더라도 운동 시 소모하는 에너지 소모량은 더 많다.

② 반면에 식전운동은 식후운동에 비해 식욕 감소에는 더욱 효과적이나 배가 고픈 상태에서 오랫동안 운동을 하면 혈당이 떨어져 지치기 쉽다.

③ 많은 양의 식사 후에 운동을 하면 운동에 필요한 혈액을 근육에 공급하기 위해 소화기관으로 가는 혈액의 양이 줄어들어 소화가 잘 안 된다.

④ 고섬유식은 운동 도중에 장의 움직임을 자극하여 복통을 가져올 수 있고 너무 당이 농축된 식사는 삼투압을 일으켜 물을 소화기로 끌어들여 복통, 경련, 메스꺼움을 가져온다. 따라서 식사는 운동 1~2시간 전에 주로 복합 탄수화물로 구성된 식사를 가볍게 하는 것이 좋다. 왜냐하면 운동 시에는 위가 비어 있어야 하지만 배가 고프지는 말아야 하고 음식물이 소화되기 쉬워야 하기 때문이다.

(2) 아침운동과 저녁운동

① 아침운동을 하면 운동 시에 높아진 신진대사가 그 이후에도 지속되는 효과가 있어 기초대사량을 높여준다. 또한 아침운동은 모임이나 다른 활동에 의해 방해받지 않으므로 계속하는 것이 가능하다.

② 저녁운동은 잠들기 전에 에너지 소모를 함으로써 저장되는 에너지를 낮추어 주는 효과가 있다. 그러나 저녁운동은 잦은 모임이나 다른 약속 때문에 취소되는 경우가 많아 오래 계속하기가 힘들다.

5) 운동화 고르기

(1) 에어로빅용

워싱턴 D.C의 J.Lynn & Co. Endurance Sports의 사장인 J. 린 리스(J. Lynn Reese)는 에어로빅댄스를 위한 신발을 선택할 때 다음을 살펴봐야 한다고 충고한다.

- 발의 가장 넓은 폭 부위에서 신발의 폭을 점검한다. 신발 바닥이 발바닥 넓이와 같아야 한다. 윗부분이 옆으로 넘어가서는 안 된다.
- 가죽이나 나일론으로 구성된 상부를 확인한다. 가죽은 내구성이 있고 발을 잘 받쳐주어야 하며 신축성이 있어야 한다. 나일론은 펴지지 않고 발은 잘 받쳐주지만 내구성이 약하다. 일반적으로 캔버스는 발을 잘 받쳐주지 않는다.

◦ 폴리우렌탄이나 블랙 카본 고무바닥보다는 그냥 고무 소재를 찾는다. 바닥은 발 앞쪽이 아주 편평하여야 한다. 만약 카펫 위에서 춤을 춘다면 트레드가 적은 것으로 할 수 있다. 그러나 체육관 바닥 위에서 춤을 춘다면 더 좋은 트레드가 필요하다.
◦ 유연성 : 런닝용보다 발가락 밑 부분의 둥근 부분에 더 많다. 코트용 신발이나 육상용 신발보다 유연성이 덜하다. 밑바닥은 육상용 신발보다 더 단단하다.
◦ 상부 : 대부분 가죽 또는 가죽 강화 나일론으로 되어 있다.
◦ 뒤꿈치 : 플레어가 없거나 적다.
◦ 밑바닥 : 목재 마루에서 춤을 춘다면 고무, 다른 표면에서는 폴리우레탄.
◦ 쿠션 : 코트용 신발보다 더 많다. 육상용 신발보다 적다.
◦ 트레드 : 아주 평탄해야 하며, 특히 앞발에서 그렇다. 회전을 위하여 발가락 밑의 둥근 부분에 '점(dot)'이 있을 수도 있다.

(2) 농구화

농구화를 고를 때 가장 중요한 것은 무엇인가? 'Sports Authority'의 존 버레슨(John Burleson)은 다음과 같은 충고를 한다.

◦ 쿠션 : 쿠션은 앞발 부분에서 특히 중요하다. 각 신발 메이커는 고유한 '쿠션 시스템'을 가지고 있다. 예를 들면 나이키는 '에어'를 가지고 있고, 리복은 육각형의 공기 방으로 도니 헥사라이트(Hexalite)를 판촉하고 있다.
◦ 측면 받침 : 가로 방향 또는 중간 지지라고도 불려지는 측면 지지는 신속한 방향 전환에 중요하다.
◦ 발꿈치 컵의 적합성 : 신발을 신어보고 발꿈치 뒤에 작은 손가락을 넣어서 그 정도 간격이 되면 편안하게 잘 맞는 것이다.

◦ 트랙션 : 가장 자주 운동을 하는 표면을 염두에 둔다. 딱딱한 목재보다는 아스팔트에서 더 많은 트랙션이 필요하다.
◦ 양말은 통풍성이 있어야 하고 발의 습기를 제거할 수 있어야 한다.
◦ 조임 끈의 레이스가 꼬인 것이 일반적인 평탄한 것보다 더 편리하다. 왜냐하면 한번에 당기는 것이 신발 전체를 조여 주기 때문이다.
◦ 밑바닥 : 내구성을 위해서는 고무로, 경량 쿠션을 위해서는 EVA, 경량과 내구성 둘 다를 위해서는 폴리우레탄으로 만들 수 있다.
◦ 유연성 : 점프를 하기 위해 앞발에 가장 유연성이 있어야 한다.
◦ 쿠션 : 점프한 후 착지를 위해 발가락 밑 부분의 둥근 부분에서 충격을 흡수해야 한다.
◦ 뒤꿈치 : 발목을 제자리에 유지하기 위해서는 느슨하게 맞는 뒤꿈치 컵이 필수적이다. 신발의 높이는 원하는 발목 받침 정도에 따라 높거나, 중간이거나, 낮을 수 있다.
◦ 트레드 : 야외운동을 위하여 더 딱딱해야 하며 트레드는 더 깊어야 한다. 보다 부드러운 트레드가 코트운동에 더 잘 맞는다.
◦ 상부 : 내구성을 위해 가죽으로 만들 수 있으며, 통풍성을 위해 나일론 또는 기타 합성물질로 만들 수 있다.

(3) 런닝용

새로운 런닝용 운동화가 필요한가? 올림픽 육상선수이며 애틀랜타에 본부를 둔 Phidippides 국제 에어로빅스포츠점 사장인 제프 갤러웨이(Jeff Galloway)는 다음과 같이 충고한다.

- 시간적 여유를 가지로 전문 판매원을 찾아라. 좋은 조언이 필수적이다.
- 자기의 발이 느슨하거나 딱딱한지 확인하기 위해 신던 신발의 모양을 살펴본다. 느슨한 발을 가진 육상선수의 신발은 발바닥 안쪽과 바깥쪽 모서리가 닳는다. 딱딱한 발을 가진 선수는 발바닥, 특히 바깥쪽 모서리가 잘 닿는다. 느슨한 발을 가진 선수는 쿠션보다는 받침을 강조하고 딱딱한 발을 가진 선수는 받침보다는 쿠션을 강조한다.
- 발이 곡선인지 직선인지를 알아보고 곡선이 높은 평발인지 알아본다. 신발은 발의 모양에 맞아야 한다.
- 뒤꿈치 : 플레어는 보다 넓고 보다 안정적인 기저감을 준다.
- 밑바닥 : 보다 긴 내구성을 위해서는 보통 카본 소재로 한다.
- 쿠션 : 코트용 신발보다 더 많다. 특히 뒤꿈치에서 그렇다.
- 트레드 : 여러 표면에서의 미끄럼 방지를 위해 '와플(Waffle)' 또는 다른 깊게 판 트레드를 사용하다.

(4) 워킹용

체력단련을 위해 걷는 수백만의 인파에 참가해본 적이 있는가? 만약 워킹용 신발을 찾는다면, 신발제조회사 나이키에서 말해주는 충고를 기억해라.

- 걸을 때 당신의 체중 대부분이 실리는 곳에 유의한다. 당신은 뒤꿈치로 착지하는가, 또는 앞발로 착지하는가? 이것이 바로 쿠션이 필요한 부위이다.
- 모든 스포츠용 신발의 경우와 같이, 유용한 조언을 줄 수 있는 전문 판매원을 찾는데 시간을 투자한다.
- 편안한 것을 목표로 한다. 당신의 보통 걷기 속도에서 여러 가지 형태의 신발을 신고 걸어본 뒤 가장 편안한 신발을 찾는다.
- 체중의 많은 부분을 감당할 앞발 부분이 편안한 신발을 선택한다.
- 대부분의 걷는 사람들에게는 상부가 전부 가죽으로 된 것이 알맞다. 만약 심하게 걷는 사람이라면, 상부가 망과 같은 재료로 된 통풍성이 좋은 신발을 선택한다.
- 쿠션 : 앞발 및 뒤꿈치일 수 있으며, 주로 앞발 또는 뒤꿈치이다.
- 뒤꿈치 : 약간의 플레어를 가질 수 있으며. 런닝용과 비슷하다.
- 트레드 : 트래킹을 위해서는 약간의 트레드가 필요하지만 런닝용보다는 약간 편평해야 한다.

(5) 다목적용

다목적용 신발은 농구나, 역도, 가벼운 트레일 하이킹과 같은 다양한 체력단련운동에 참여하는 사람들을 위한 것이다. 만약(농구와 같은)한 가지 형식을 전문으로 하는 경향이 있다면, 그 운동을 위하여 특별히 설계된 신발(예를 들면 발목 지지를 위해 상부가 높게 되어 있는 농구용 신발)을 사기를 권한다. 나이키에서 다목적용 신발을 사려는 이들에게 다음 사항을 권장한다.

- 재강조하지만 편안한 것이 최고이다. 신발에 맞출 때 코트 스포츠처럼 옆으로 굴러본다든지, 걷기나 달리기를 위한 빠른 동작을 해본다든지, 가벼운 하이킹으로 경사를 올라간다든지 하여 실제 운동을 흉내내본다.
- (달리기와 같이)한 가지 운동을 더 추가하기를 원하면, 그 운동을 뒷받침해주는 다목적용 신발을 구한다.(예를 들면 달리기를 위한 뒤꿈치 및 앞발의 쿠션).
- 코트 스포츠나 에어로빅 교실과 같이 옆으로 하는 동작이 많은 운동을 위한 신발을 신고자 한다면 측면 지지가 좋은 것을 찾는다.
- 쿠션 : 앞발 및 뒤꿈치일 수 있으며, 주로 앞발 또는 뒤꿈치이다.
- 트레드 : 중간 또는 아주 많을 수 있다.

07 체력만들기

체력은 '건강한 사람이 피로 없이 레크리에이션과 레저 활동은 물론 일상생활에 적응할 수 있는 신체'로, '각각의 기능과 계통이 건강하고 효율적으로 작용할 때'달성이 된다. 여기서는 심장호흡 지구력, 근력, 근지구력, 유연성 및 신체 조성에 초점을 맞추어 논의하고자 한다.

1) 심장호흡 지구력

한 가지의 체력요인만을 증진할 수 있다면 근력, 근지구력 또는 유연성 중에서 어느 것을 택할 것인가? 마라토너는 어느 것을 선택할까? 또 전문가는 어느 것을 추천할까?

전문가, 즉 운동생리학자들은 아마도 다른 체력 분야가 앞서 열거한 것들보다 훨씬 더 중요하다고 말할 것이다. 그들은 심장, 폐, 혈과 기능의 개선을 체력프로그램의 핵심으로 간주하고 있다. 그러나 심장호흡(심폐) 지구력(cardiorespiratory endurance)이야말로 전신 건강의 기초가 된다.

심장호흡(심폐) 지구력은 장시간의 운동 수행능력을 향상시켜 준다. 즉 신체가 보다 오랜 시간 동안, 보다 큰 운동량을 수행하도록 하는 능력이다.

신체는 장기간의 활동에 필요한 에너지를 항상 보유하고 있을 수는 없다. 어떤 활동은 수축하는 근섬유로 산소를 수송하는 심장호흡계의 능력을 초과하는 강도의 운동 수행을 요구할 수도 있다.

이처럼 근육으로의 산소 수송이 수요를 충족시키지 못하면 산소부채(oxygen debt)현상이 일어난다[운동 후 초과 산소섭취량(EPOC)]. 이러한 수준의 운동강도는 산소에 의존하지 않고 에너지를 화학적으로 생성한다. 산소 없이 에너지를 생성하는 과정을 무산소성 에너지 생산(anaerobic energy production)이라 부르며 이는 강도가 높은 단시간 운동에 사용되는 연료 형태이다. 예를 들어 줄넘기나 역도, 단거리 달리기 등은 단시간 지속운동으로 근육피로 역시 단시간에 유발된다. 이들이 일반적으로 무산소성 운동으로 분류된다.

무산소성 에너지 생산과 관련이 적은 것(걷기, 장거리 조깅, 자전거여행)은 강도를 증가시키거나 장시간 지속할 경우 무산소성 대사에 의존하게 된다.

만약 낮은 강도로 장시간 작업이나 운동을 한다면 유산소성 에너지 생산(aerobic energy production) 능력을 개선해야 한다.

이같이 산소 수송이 충분한 운동 모드로 운동하는 한 더 이상 무산소성 에너지 생산으로 전환되지는 않는다. 그러므로 이러한 패턴의 운동은 피로가 중요한 요인이 될 수 없다. 마라톤 선수나 조깅매니아, 장거리수영과 사이클 선수, 에어로빅 댄서들은 매우 개선된 유산소성 체력으로 해당 운동을 수행한다. 산소의 섭취와 수송, 그리고 이용 측면에서 유산소적으로 적응된 사람들은 심장호흡 지구력의 효율이 가장 뛰어나다.

앞에 언급한 활동 외에도 유산소성 훈련, 심장호흡 지구력의 훈련 등은 삶의 다른 영역에 영향을 미치는 구조적, 기능적 이점을 제공해준다. 즉 유산소성 체력은 평균 수명을 연구시키고 결장(대장), 심장, 자궁, 자궁경부 및 난소의 암 발생률을 줄여준다는 사실이 이미 입증되었다.

2) 근력

근력(muscular strength)은 신체의 움직임에 필수적이다. 자세를 유지하고, 걷고, 들어올리고 당기고 하는 능력(근력)은 수축을 유지하거나 증가시키기는 근육운동의 일반적인 예이다. 근력이 강할수록 근수축력은 커지며 작업과제를 완전히 수행할 수 있는 충분한 수축력을 유지할 수 있다. 근력은 과부하의 원리(overload principle)를 이용한 훈련에 의해 가장 잘 개선될 수 있다. 과부하나 부하, 물체 또는 중량을 점차 증가시킴으로써(점증부하) 근력을 증가시킬 수 있다. 다음 세 가지 운동 유형은 과부하의 원리에 바탕을 두고 있다.

등척성 운동(isometric exercises)에서 움직일 수 없는 목표물에 대해서 수축 근육은 길이가 증가하지 않으며 저항이 증가한다.

훈련효과를 정확하게 평가하기가 어렵기 때문에 등척성 운동은 근력 증진을 위한 주요 방법으로 이용되지 않는다. 또 이러한 형태의 운동은 고혈압이 있는 사람들에게는 위험할 수 있다.

등장성 운동(isotonic exercises) 또는 등부하 운동(same-tension exercises)으로도 불리는 점증저항운동(progressive resistance exercises)은 현재 가장 인기 있는 근육 강화 운동이다. 점증저항운동에는 Universal, Body Master 및 Nautilus와 같은 운동기기는 물론 전통적인 프리웨이트(덤벨 및 바벨)가 이용된다. 점증저항운동은 특정 고정 저항이나 중량을 들어올리기 위하여 각종 근육을 이용한다. 주어진 반복운동을 하는 동안 중량 저항은 동일함에도 불구하고, 요구되는 근육 수축 노력은 운동 범위와 관절의 각도에 따라 달라진다. 또 동작의 시작과 끝에서 최대의 노력이 요구된다.

등속성 운동(isokinetic exercises)은 동작의 전체 범위에 걸쳐 근육에 일관적으로 과부하 저항을 제공하는 기계적 장치를 사용한다. 이 저항은 가해지는 힘에 관계없이 미리 설정된 속도로만 움직인다. 따라서 효과적으로 운동을 하기 위해서 사용자는 최대의 근력을 사용해야 한다. 등속성 훈련은 정교한 고가의 장치가 필요하다. 따라서 이 같은 장치는 일부

체육팀, 진료센터 또는 재활클리닉에서만 이용할 수 있다는 단점이 있다. 가장 일반적인 등속성 운동기구에는 Cybex, Trthotron, Biodex, Mini-Gym 및 Exergenie 등이 있다.

기기나 프리웨이트 중 어떤 것이 더 근력 강화에 더 효율적일까?

둘 다 근력을 개선시키는 데 도움이 된다. 몇몇 사람들이 기계장치를 선호하는 이유는 사용이 편리하고, 중량을 올려놓을 받침대가 필요 없으며, 균형적이며, 떨어뜨려 다칠 위험도 적기 때문이다.

프리웨이트를 선호하는 사람들은 중량 지탱 시 균형을 유지하기 어려운 사용자에게 도움이 되므로 이를 선택한다.

3) 근지구력

근지구력(muscular endurance)은 근력과 연계된 체력의 한 구성요소이다. 근육들이 수축할 때 개개의 근 섬유가 단축하기 위해서는 에너지가 필요하다. 에너지 생산을 위해 근육으로 공급되는 산소와 영양분을 필요로 하고, 이들 생성물이 각 근육 세포에 의하여 에너지로 변환될 때 생성되는 독성 가능성이 있는 폐기 부산물을 제거해야 한다.

아마추어와 전문 운동선수들은 가끔 스포츠 활동과 관련된 특정근육군의 지구력을 늘리고 싶어하는데, 이것은 주어진 운동의 반복 횟수를 점차적으로 늘리는 운동으로 달성할 수 있다. 그러나 근지구력이 심장호흡 지구력과 생리적으로 같은 것은 아니다. 예를 들면 심장호흡 지구력이 고도로 발달되고 다리 근육의 지구력이 뛰어난 세계적인 장거리 주자라 해도 그에 걸맞은 수준의 복근지구력을 가지고 있지 않을 수도 있다.

4) 유연성

관절을 최대 가동 범위로 움직일 수 있는 능력이 유연성(flexibility)의 척도이다. 이는 구조와 기능적 측면에서 신체 부위에 따라 다르며 개인차도 있다. 몸에 있는 모든 관절이 (설계에 의해서) 시간이 경과함에 따라 사용하는 곳과 사용하지 않는 정도에 따라 유연성이 다 달라진다. 성별, 나이, 유전학적 요인과 현재의 체력수준 또한 유연성에 영향을 미친다.

노화와 활동성 저하가 유연성의 저해요인임을 명백하다. 관절을 규칙적으로 사용하지 않으면 결합조직에서 탄력성이 사라지고 관절과 관련된 기능도 급속도로 감소한다. 유연성이 뛰어나면 균형감각이 좋고 운동능력도 상승하며 요통 등의 위험은 감소한다.

젊은 체조선수들에게서 흔히 볼 수 있는 유연성은 스트레칭을 포함하는 규칙적인 운동프로그램에 의해서 고도로 발달되고 유지될 수 있다. 스트레칭은 상해 위험을 감소시키는 데에도 도움이 된다. 트레이너들은 일반적으로 동작 범위를 개선시키고 싶어 하는 사람들에게 밸러스틱 스트레칭(ballistic stretching)보다는 정적인 스트레칭(static stretching)을 더 권장한다.

5) 신체조성

신체는 근육, 뼈, 지방 및 기타 요소로 이루어져 있다. 그 중 특히 체지방과 제지방 비율이 건강 전문가들에게는 특별한 관심사이다. 건강 전문가들은 과체중(overweight)이거나 비만(obese)인 사람들을 특히 우려하고 있다. 심장호흡 체력 분야의 트레이너들에게서 신체 조성의 중요성을 인식하는 추세가 증가하고 있으며 체지방을 낮추기 위하여 근력 강화운동을 포함하는 경우도 늘고 있다.

08 일상에서 작은 운동하기

1) 엘리베이터를 타지 않는다.

매일 최소한 3차례 층계를 오른다. 5분간의 층계 오르기로 당신은 엘리베이터나 에스컬레이터를 타는 것보다 42칼로리 이상을 더 소모할 수 있다.

2) 먼 길을 택한다.

만약 당신이 책상을 떠나 화장실에 갈 경우 다음 층에 있는 화장실로 가고 층계를 이용하라.

3) 주의를 집중해서 서있기

전화기가 울릴 때마다 일어서서 전화를 받는다. 그리고 대화를 할 때도 걸으며 말한다.

4) 가슴 누르기

마치 기도를 하는 것처럼 두 손을 모아 턱 밑을 받친다. 다음으로 팔꿈치에 힘을 가해 가슴을 누른다. 이렇게 10초간 숨을 멈춘 다음 이완시킨다.

5) 어깨 들기

두 손의 손가락을 끼워 교차시켜 무릎에 올린 상태에서 손가락은 단단히 끼고서 팔꿈치를 들어라. 그리고 무릎 위에 단단하게 묶어 내려놓는다.

6) 허벅지 꼬기

다리를 최대한 쭉 뻗는다. 다리의 앞 근육에 힘을 주어 비튼다. 이렇게 10초를 버틴다.

7) 다리 확장

수축의 결합-책상에 앉아 있을 때, 왼쪽 발뒤축을 오른쪽 발가락에 올린다. 천천히 오른쪽 다리를 뻗은 후 다시 뒤로 밀면서 왼쪽 다리로 약간 버티는 운동을 한다. 다리를 일단 완전히 뻗고 나면 반대 방향으로 한다. 왼쪽 다리를 뒤로 밀면서 오른쪽 다리로 다시 원점에 돌아올 때까지 버틴다. 이 운동은 허벅지 전방 근육(사두박근)을 부드럽게 할 뿐 아니라, 넓적다리 뒷부분 근육도 그렇게 한다.(오금)

8) 쪼그리기

의자에 똑바로 앉는다. 무릎을 완전히 뻗은 상태로 고정시키거나 하부 등을 너무 둥글게 하지 않도록 주의한다. 그렇게 하면서 엉덩이를 수축하거나 비튼다. 동작이 정상에 달했을 때 엉덩이를 더 강하게 조이고 등을 낮추고 다음 동작을 반복하기 위해 일어서기 전에 엉덩이를 살짝 의자에 댄다.

9) 장딴지 들기

복사기 앞에서 200매가 넘는 서류의 복사를 기다리면서 서 있는 동안, 장딴지 들기를 할 수 있다. 해야 할 동작이라고는 발가락을 드는 일뿐이다. 15번을 반복한다. 호흡을 조절하여 다시 반복하면 된다. 여러 번 반복을 해도 견딜 수 있다. 왜냐하면 걸음을 걸을 때마다 장딴지를 사용해야 하기 때문이다. 그러나 역시 너무 무리하지는 말라. 그렇지 않으면 며칠밖에 할 수 없기 때문이다.

10) 당신의 무릎을 벌려서 천천히 앞으로 기댄다. 가슴을 허벅지에 갖다 대려고 노력하면서 등을 수평이 되게 한다. 호흡을 규칙적으로 하면서 20초간 멈춘다.

11) 어깨를 시계 방향으로 천천히 돌리며 어깨와 목을 뻗어본다. 각 방향에서 시계 반대 방향으로 10번을 한다.

12) 무릎 전방으로 몸을 축 놓으면 등 하부를 뻗는다.

13) 다리 뒤를 스트레칭 하기 위해 다리를 넓히고 의자에 기대어 팔을 발쪽 으로 뻗는다. 발가락을 공중으로 드는 동작을 통해 스트레칭의 효과를 증가시킬 수 있다.(양쪽 모두 반복함)

09 간단한 전신운동 하기

1) 파워워킹

걷기는 미국이나 유럽에서는 달리보다 더 대중적인 운동으로 자리 잡아 가고 있다. 파워워킹은 조깅만큼이나 많은 칼로리를 소비하고 순환기의 활동의 돕는 좋은 유산소 운동이다. 특히 살을 빼려는 사람들에게는 빨리 달리는 것보다 걷기나 천천히 달리기가 훨씬 더 유리하다. 파워워킹 요령은 다음과 같다.

(1) 허리를 곧게 세우고 가슴을 펴고, 아랫배에 힘을 준다.

(2) 다리는 마치 허리에서 시작되는 느낌을 가지고 허리를 축으로 곧게 뻗으며 암앞으로 걸어 나간다. 그러면 자연스럽게 엉덩이 부분이 들리면서 앞으로 걸어 나간다. 그러면 자연스럽게 엉덩이 부분이 들리면서 속도가 붙을 것이다.

(3) 다리는 양 무릎이 스칠 정도로 거의 일자에 가깝게 움직인다.

(4) 발은 천천히 달리기 할 때 보다는 뒤꿈치 부위가 더 가파르게 지면에 닿도록 한다.

(5) 시선은 전방 20~30m 앞을 향하거나 더 멀리 본다.

(6) 팔은 90도 각도로 구부리고 어깨를 축으로 앞뒤를 움직인다. 달리기 할 때의 팔 동작과 거의 같다.

(7) 주먹은 가볍게 쥐고 가슴 중심선을 중심으로 조금씩 교차되게 움직인다. 주먹과 가슴 사이의 거리가 30cm 이상 떨어지지 않도록 한다. 그냥 매달려 있는 것처럼 힘이 없거나 팔을 좌우로 심하게 흔들어서도 안 된다.

2) 줄넘기 10분은 달리기 30분

줄넘기는 체중을 손쉽게 감량할 수 있는 아주 효과적인 운동으로, 줄넘기를 10분 동안 하는 것은 30분 동안 5km를 뛰는 것과 같은 효과가 있다. 다음은 줄넘기를 시작하기 전에 알아 두어야 할 주의사항이다.

(1) 줄의 길이는 팔을 몸에 붙여서 엉덩이까지 오는 길이가 가장 좋다.

(2) 다리보다는 허리를 이용해서 뛰는 것이 좋다. 유연한 허리가 줄을 잘 돌아가게 하기 때문이다.

(3) 너무 높게 뛰면서 에너지를 낭비하지 말고 가볍게 뛰는 것이 좋다.

(4) 30회 하고 15초 걷고 또 다시 30회씩 하는 것이 가장 바람직하며 줄넘기를 45회, 60회씩 늘려 나가면 결국 10분 동안 줄넘기를 할 수 있게 되어 단시일에 칼로리를 줄이 수 있다.

3) 자전거 타기

자전거 타기는 심폐기능은 향상시켜 주며, 혈관의 수축과 이완을 원활히 해준다. 일반적인 유산소 운동의 이점 외에도, 자전거 타기는 하체를 주로 사용함으로써 근력 운동의 효과가 있다. 하체에 근육을 만들어 주어 지방을 더 잘 태워 버릴 수 있게 된다. 또한 걷기나 조깅에 비해 관절에 하중이 덜 실리므로 퇴행성관절염에 효과적이다.

CHAPTER 4

체형관리와 영양소

01 영양소의 종류와 작용

1) 영양소 종류

(1) 탄수화물

탄수화물은 될 수 있는 대로 복합 당질, 즉 도정하지 않은 전곡류(현미밥, 잡곡밥 등), 과일, 채소로부터 섭취한다. 탄수화물을 적게 섭취하면 케톤산 혈증이 생기고 수분 손실이 와서 탈수되기 쉬우며, 탄수화물 식품에 대한 갈구가 일어나 끊임없이 군것질을 하게 된다. 따라서 하루 최소한 탄수화물 100g은 꼭 먹어야 한다. 탄수화물 100g을 섭취하기 위해서는 식빵 5쪽, 밥 1/2공기, 시루떡 4쪽(200g), 감자 5개, 크래커 25개(250g)가 적당하다.

① 탄수화물이 반드시 필요한 이유

ⓐ 에너지의 공급

a. 당질의 주요한 기능은 에너지의 공급이다. 기타 영양소에 비해 소화 흡수율이 높아 98%로, 섭취한 당질 거의 전부가 체내에 이용된다.

b. 섭취되어서 소비될 때까지의 기간이 짧기 때문에 급히 피로회복을 필요로 할 때 당분을 섭취하면 매우 효과적이다.

- 배가 고프고 피로할 때나 운동, 등산시에 사탕, 초콜렛 등을 먹는 것은 이런 의미에서 효율적이다.

c. 혈관 glucose의 양이 정상이하로 감소되면, 뇌의 유일한 에너지 급원인 glucose가 결핍되고, 이로 인해 뇌의 기능이 불균형 상태가 되므로 경련성 증세를 보이게 된다.

d. 신경조직과 폐조직도 glucose를 연소시켜 에너지원으로 사용하나 이런 조직은 아미노산과 지질로부터 gluconeogenesis를 통해 얻은 glucose를 에너지원으로 사용하기도 한다.

e. 근육조직도 glucose를 에너지원으로 사용하는 것이 지방을 에너지원으로 사용하는 것보다 더 효과적이다.

ⓑ 필수 영양로서의 당질

a. 에너지의 급원으로 당질대사가 지방과 단백질로서 대치되면 여러 가지 비정상적인 증후가 발생된다.

b. 당질을 제한하고 단백질과 지방만의 식사를 하면 오랫동안 기아 상태로 인해 발생되는 여러 가지 증상과 같은 증후가 나타난다고 한다.

- 다량의 나트륨(Na)의 손실로 인해 체단백질의 소모가 일어나고 또 지방대사의 중간 산물인 ketone체가 혈액 내에 증가함으로써 ketosis가 발생한다.

c. 식사에서 당질을 제한한 피실험자는 모두 허약, 피로, 탈수현상을 경험하였다고 한다.

d. 1일에 60~100g의 당질이 최소한 필요하다.

ⓒ 단백질의 절약작용

a. 식사에서 적절한 양의 열량을 공급받지 못하여 요구량에 미달될 때는 체구성과 보수에 사용하여야 할 단백질을 열량원으로 사용하게 된다.

- 이러한 사실은 체중을 줄이기 위해 열량을 제한하고 있는 과정에서나 또는 반기아 상태에서도 관찰할 수 있다.
- 즉, 신체가 생리적 기능을 수행하는데 우선적으로 사용되는 것이 에너지이며, 이것이 충당된 다음에야 영양소는 기타 목적을 위해 쓰인다.
- 그러므로 열량원으로 당질을 섭취함으로써 단백질의 절약작용을 할 수 있다.

ⓓ 혈당관계

a. 혈당은 항상 0.1%의 농도로 유지되고 있다.

b. 즉 100㎖에 대하여 100㎎ 내외로 변하는 포도당의 일정한 농도가 항상 혈액에 필요하다.

c. 혈당량은 간에 의해 유지되는데 혈당량이 약 80㎎% 이하로 내려갈 때 간의 glycogen은 glucose로 분해되어 그 형태대로 혈류 속에 유리된다.

② 당질의 지방합성

ⓐ 포도당이 체내에서의 산화과정에서 형성되는 물질에서 지방산 및 지방을 형성한다고 한다. 즉 당질의 중간대사 산물인 초성포도산을 경유하여서 acetyl Co A가 되며, acetyl기가 축합하여 2n, 즉 짝수개의 탄소 탄소원자를 가진 지방산이 된다.

ⓑ 또 당질의 해당작용의 중간산물로 glycerol이 생성되어 지방산과 glycerol에서 지방이 합성된다.

ⓒ 포도당은 간장에서 산화되어 energy를 공급하는 한편 glycogen 혹은 지방으로 합성되어 저장되지만 일부는 혈액 중에 들어가서 다른 조직에 운반되어 energy를 공급하거나 지방으로 변하여서 저장된다.

ⓓ 세포내에서 포도당은 혐기성 산화분해 과정을 밟아 pyruvic acid를 생성하며 이 과정을 glycolysis라 한다.

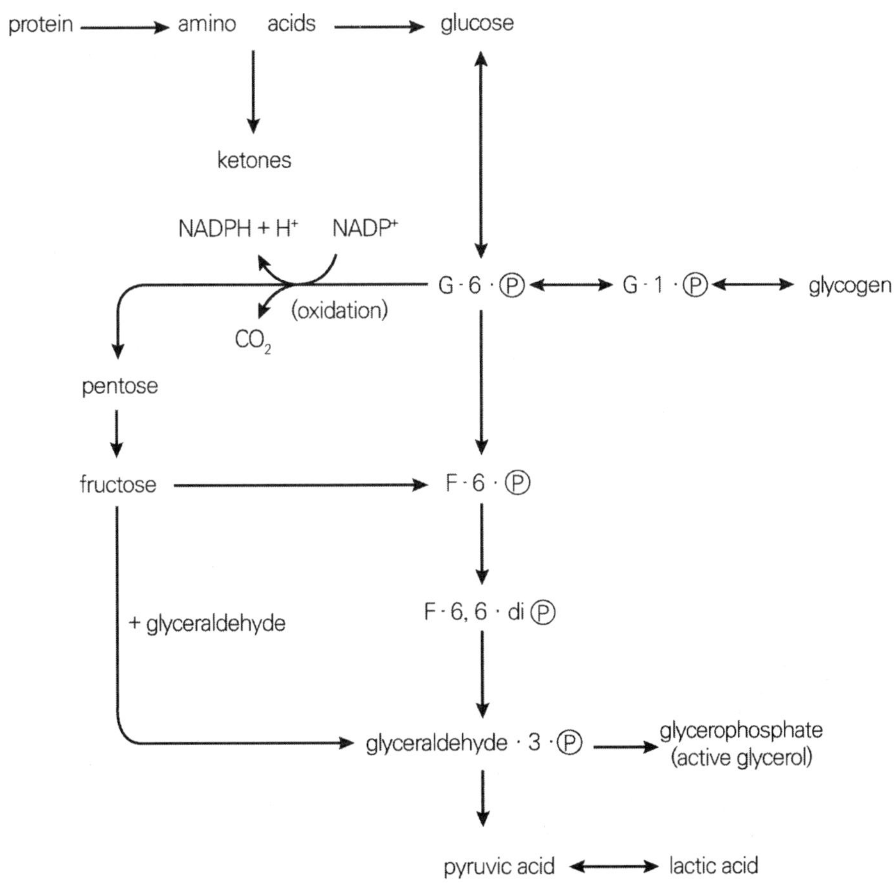

F ; fructose, G ; glucose, P ; phosphate, NADP ; niacin adenine dinucleotide phosphate, NADPH는 NADP와 같으며 H를 운반함

그림 4-1 The Embden-Meyerhof glycolytic pathway(Glycolysis)

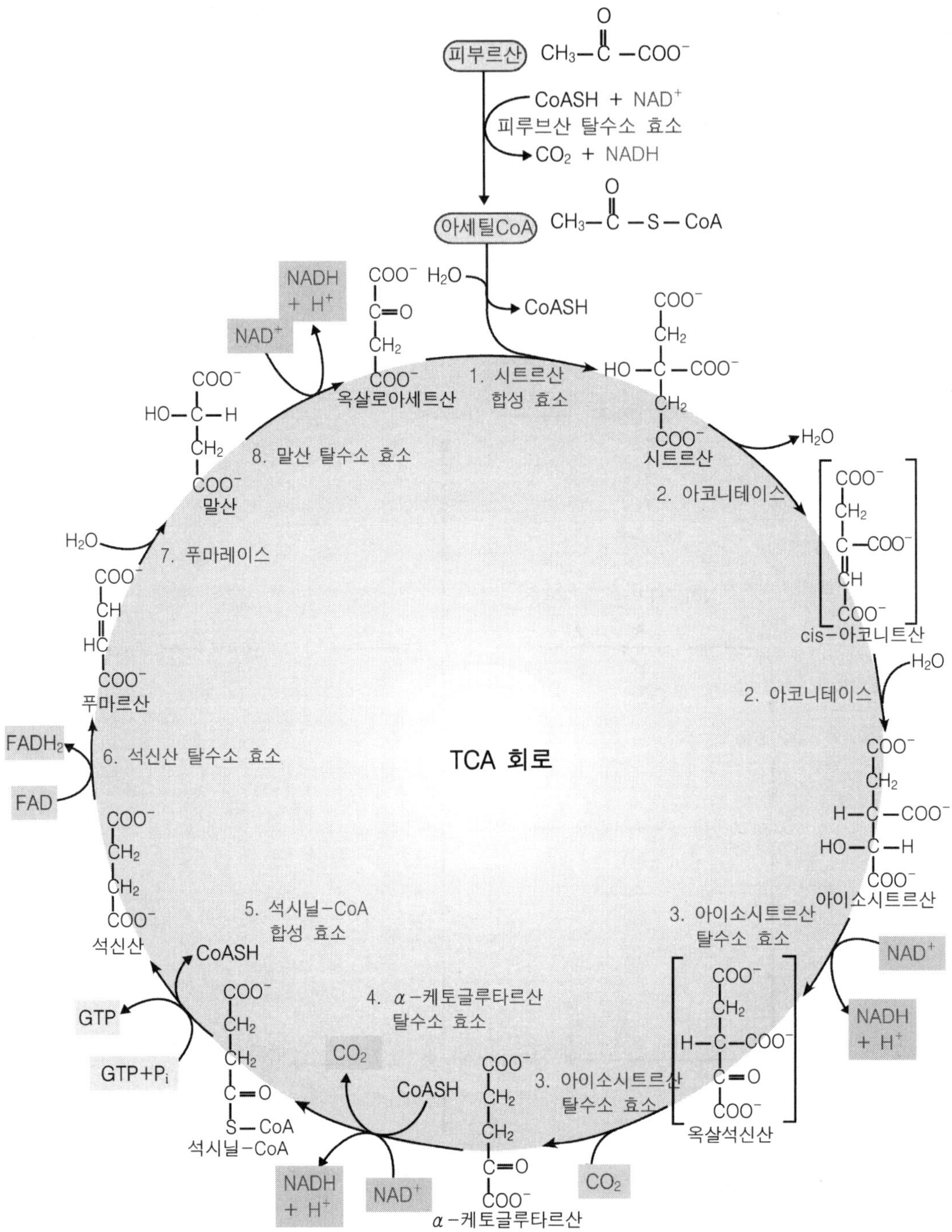

그림 4-2 The Krebs cycle(TCA cycle)

ⓔ pyruvic acid는 pantothenic acid, thiamin과 lipoic acid 등의 Coenzymes에 의해 활성화된 acetyl CoA를 형성하여 oxaloacetic acid와 결합하여 energy 방출대사과정의 최종 회로인 TCA cycle을 돌게 된다.
당질 뿐만 아니라 지방 및 단백질도 TCA cycle에 의하여 완전대사 과정을 밟는다.

ⓕ 간장에 저장되는 glycogen의 양은 간장 중량의 약 6%에 달하며, 근육 내에는 이의 2% 정도가 최고라고 한다.
그러나 간장과 근육의 중량비에 있어서 근육이 훨씬 크므로 저장되어 있는 glycogen 총량에서 보면 근육내에 훨씬 더 대량으로 저장되어 있는 것이다.
전신 중에 저장되어 있는 glycogen의 양은 약 300~400g이며, 저장량을 넘어서 다량의 당질이 공급되었을 경우에는 지방이 되어 침착 저장된다.

(2) 지방

지방은 1g당 9kcal를 내는 고칼로리 영양소로서, 단백질이나 탄수화물이 1g당 4kcal를 내는 데 비해 두 배나 높은 칼로리를 낸다. 따라서 양에 비해 만복감은 적으면서 고에너지를 공급하게 된다.

고칼로리 식품을 섭취했다고 해서 무조건 배가 부른 것은 아니다. 지방이 농축되어 있는 식품은 맛이 있고 만복감은 별로 없어 자신도 모르는 사이에 고열량을 섭취하게 되는 경우가 많다.

지방은 전체 에너지의 20% 정도가 적당하다. 따라서 하루에 적어도 30g 이상의 지방은 섭취해야 한다(1200~1300kcal 기준). 지방이라고 해서 모두 나쁜 건 아니다. 불포화지방산이면서 오메가 3지방산이 풍부한 식물성 유지나 호두, 잣 같은 견과류 소량은 우리 몸에서 필요로 한다.

실제로 우리는 고기, 생선, 콩 등으로부터 4~18g, 곡류, 과일, 채소로부터 10g 정도는 섭취하므로 조리에 쓰는 옥수수유, 면실유, 콩기름 등은 약 9g(2작은 스푼) 정도만 섭취하면 된다. 따라서 튀김, 볶음, 덮밥, 볶음밥 등은 가능한 한 피해야 한다. 튀김 1개를 먹어도 1일 필요로 하는 유지류는 충족이 되는 셈이다.

▶ 유지

- oil – 상온에서 액체상태로 있는 것.
- fat – 고체상태의 것

▶ 지방산

- 포화지방산 - 탄소수가 증가함에 따라 물에 녹기 어렵고 융점이 상승한다.

◦ 천연유지 중에 함량이 많은 것으로 palmitic acid, stearic acid 등이 있다.
◦ 불화지방산 - 이중결합을 함유하고 있으므로 할로겐(halogen)을 첨가하거나, 혹은 수소 첨가에 따라 포화지방산이 될 수도 있다.
◦ 필수지방산 - 일부 동물 등에 있어서 정상적인 건강을 유지하기 위하여 반드시 필요한 지방산이 있다. 이러한 지방산은 조직 속에서 합성되지 않고 식사로 공급되어야 하므로 필수 지방산이라 한다.
linoleic acid, linolenic acid, arachidonic acid 등을 필수지방산이라고 할 수 있다. arachidonic acid는 동물체조직에서 합성되며, 또한 linoleic acid, linolenic acid에 의해 생합성 된다. 그러므로 가장 중요하고 식사에서 결여되어서는 안 되는 필수지방산은 linoleic acid이다.
이의 1일 필요량을 총 열량 섭취의 2%로 권장하고 있다. 필수지방산은 성장인자 및 항 피부병 인자로서의 기능을 소유할 뿐만 아니라 여러 가지 중요한 요소로서 중요시되고 있다.

① 필수지방산의 기능

ⓐ prostaglandins의 합성

prostaglandins은 필수지방산에 의해 생합성된다.

심장과 혈관의 근육 수축을 조절하며 정상적인 혈압을 유지하도록 도우며, 신경의 자극전달의 정상화 소화 효소의 분비억제, 생식기능의 증진 등의 기능이 있다.

ⓑ 필수지방산의 대사

a. 필수지방산의 대사속도는 불필수지방산의 대사 속도에 비해 서서히 진행된다. 이는 동물이 필수지방산을 아껴 체내에 더 오래 보유하려는 노력이 있기 때문으로 여겨진다.
b. 필수지방산이 부족하면 세포막과 세포내의 mitochondria의 구조와 효소의 기능에 변화가 일어남을 지적하고 있다.

◦ 포화지방산 섭취가 증가되면 필수지방산의 섭취도 증가시켜야 한다.
◦ 다불포화지방산이 혈청 콜레스테롤의 농도를 저하시키는데 효과적이다.
◦ 다불화지방산은 불안정하고 산화되기 쉬운 2중결합을 많이 지니고 있으므로 다불포화지방산 섭취량의 증가는 천연항산화제인 비타민E의 필요량을 자연히 증가시킨다.

ⓒ 급원식품과 결핍증

인체는 ω-3, ω-6계 지방산을 합성할 수 있는 효소체계가 없지만 항체 형성, 정상적인 시력 유지, 세포막 형성 호르몬 물질 생성 등 주요 대사에 관여하므로 반드시 급원식품으로 섭취하여야 하기 때문에 필수 지방산이라 한다. ω-3, ω-6계열 지방산의 급원식품은 다음과 같다.

ω-6계열 지방산에 속하는 linoeic acid은 습진성 피부염에 효과적으로 나타나서 항피부염 인자로 작용하고 세포막 구조 및 기능을 유지하는데 필요한 C_{20}계열 지방산을 합성한다.

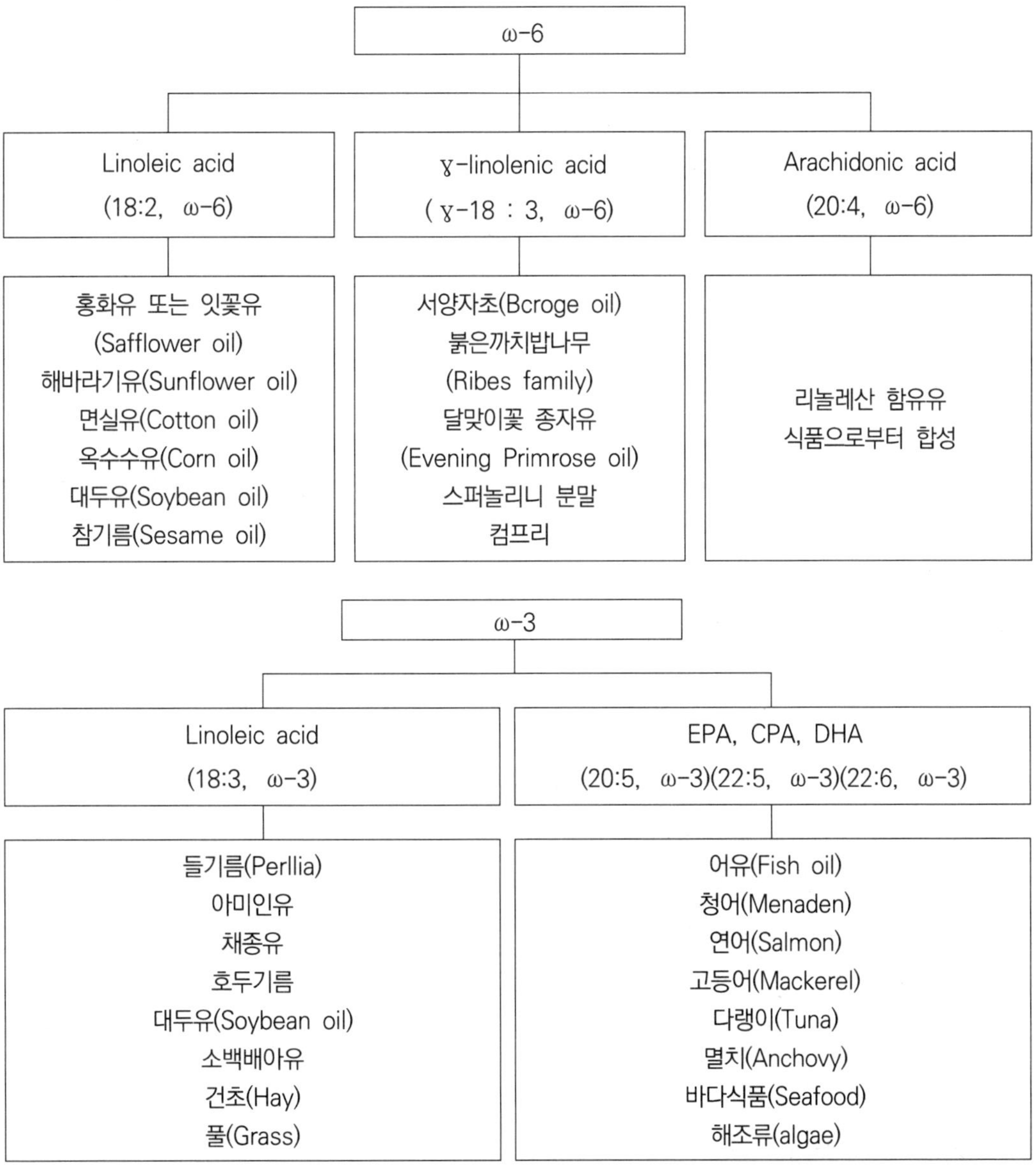

ω-3계열 지방산에 속하는 linoeic acid은 총 섭취열량의 1~2%로 정상적인 신체기능을 유지할 수 있는 ω-3계열의 대표적 지방산이며 부족시 신경성 시력장애를 보이며 체내에서 C_{20} 혹은 C_{22}을 합성할 수 있다. 최근 어류에 많이 함유된 DHA는 눈의 망막과 대뇌 피질에서 활성을 나타내고 있어서 임산기와 수유기의 DHA 공급의 중요성이 시사되고 있다.

② 지질의 기능

ⓐ 효과적 에너지원

지질은 당질과 단백질의 2배 이상의 열량을 발생하기 때문에 열량의 체내 저장에 지방질이 중요한 역할을 한다.

→ 다량의 열량을 필요로 하는 중노동자의 열량원으로 지방이 적합하다고 본다.

→ 그런데 우리나라의 중노동자는 유지류의 섭취량이 적고 주로 당질에서 열량을 섭취하고 있기 때문에 음식의 용량이 너무 많아 소화기에 부담을 주므로 위장장애가 많이 일어난다.

ⓑ 인지질 및 Cholesterol은 세포의 구성성분으로 특히 뇌, 신경계통, 간장, 기타 인체의 주요 기관에 많이 존재하여 중요한 역할을 하며, 기아상태에 달하여도 이들은 감소하지 않는다.

ⓒ 지방질은 복강 안에 있는 중요한 장기를 외부에서 오는 충격으로부터 보호한다.

ⓓ 지방질은 열의 부도체로서 열의 방산을 막는 작용을 하므로 체온유지에 필요하다.

ⓔ 지방질은 각 세포막조직의 필수적인 구성요소가 된다.

ⓕ 비타민 B_1의 절약작용

당질의 체내산화에서는 비타민 B_1을 많이 필요로 한다. 이에 비해 지방질은 체내 산화에서 비타민 B_1의 필요량이 적기 때문에 열량원으로 지방을 섭취할 때에는 당질을 주열량원으로 할 때보다 비타민 B_1을 절약할 수 있다.

ⓖ 인지질은 모든 동물 체내에서 합성되므로 음식에서 섭취하지 않아도 무관하다.

ⓗ 음식 조리 시 유지를 사용하면 음식의 맛을 향상시키는데 크게 효과적이다.

ⓘ 식사 중에 충분한 유지를 공급받게 되면 소화액 분비가 촉진된다.

지방은 비교적 서서히 소화되며 그 시간은 3.5시간가량이 걸린다. 그래서 지방질이 많은 음식을 먹었을 때는 오래도록 만복감을 지니게 된다.

십이지장에 지방이 머물러 있는 동안에도 위를 자극하여 공복감을 억제하는 호르몬을 분비하여 공복감을 지연한다.

③ 가수소화 : Hydrogenation

수소를 화학적 수단에 의하여 주입, 이 작용에 의하여 상온에서 액체상태의 기름이 고형으로 변한다.

마아가린은 油類와 피이넛油를 가수소화하여 만든 것이다.

④ **산패 : Rancidity**

유지류는 공기와 접촉하면 산화되어 특유의 불쾌한 냄새를 내며 산패가 증가 되는 현상을 말한다. 산패는 공기, 광선, 세균 등의 작용에 의한다.

지방질을 저장하는 데는 산패를 방지하도록 함이 중요하다.

⑤ **지방질의 필요량**

ⓐ 전체열량의 20~25%를 지방으로부터 얻는 것이 건강에 좋다.

ⓑ 고지방 섭취가 체중 초과의 위험을 주고 혈청 cholesterol 양을 증가시킨다. 이런 일은 포화지방산의 섭취가 높을 때 발생한다.

ⓒ 전체열량의 2%는 필수지방산인 linoleic acid로 섭취하여야 한다.

ⓓ 튀긴 음식, 버터, 마아가린, 크림 등을 적합하게 먹어야 한다.

ⓔ 총열량이 정상이고 지방의 섭취량이 많을 때는 지방의 연소에 필요한 당질이 상대적으로 부족한 상태를 일으키므로 지질 연소가 불완전해져서 ketone 혈증이 일어난다. 또 체내에서는 대상이상을 일으켜 오줌에서 acetone을 확인할 수 있다. 지질이 많으면 총열량도 증가하여서 여분의 지방을 체내에 축적하게 되므로 비만증과 지방성 간경화증, 동맥경화증 등을 일으킨다.

⑥ **심장순환 계통의 질병과 cholesterol과의 관계**

ⓐ 혈청 cholesterol 량이 정상치보다 높은 사람에게 심장병의 발생률이 높다.

ⓑ cholesterol은 간장에서 합성되고 또 많은 동물성 식품에 함유되어 있는 것으로 동맥혈관내벽에 침작하여서 동맥경화증의 주요한 원인이 되고, 혈관을 아주 막는 경우도 있다.

ⓒ 심장병의 발생률은 전체 열량에 대한 포화지방산의 비율이 높은 국민들이 불포화지방산의 섭취를 많이 하는 국민들보다 높은 것으로 판명되었다.

ⓓ 식사로 인한 혈청 내의 cholesterol양과 중성지방량이 동시에 높은 사람에게 심장병이 잘 일어난다는 것이 발견되었다.

a. 중성지방은 식사에서 많은 양의 지방질을 섭취한 다음에 혈액내에 나타나며

b. 또 당질 섭취가 초과됨으로 인해서 간 혹은 소장 벽에서 지방이 합성될 경우에 이 영향이 나타난다.

c. 당질 중 전분보다는 설탕의 섭취가 더 중성지방의 합성을 자극한다는 것이 알려져 있다.

d. 당질의 섭취량을 조절하고, 포화지방산을 보다 많은 다불포화지방산으로 대치하는 것이 혈청내의 cholesterol 양과 중성지방량을 감소시키는데 효율적이다.

e. 달걀, 육류, 간 등의 섭취량을 제한함으로써 식사 중의 cholesterol량을 제한하는 것으로 혈청내 cholesterol 함량을 줄일 수도 없으며, 또 심장병의 발생률이 감소되지는 않는다.

⑦ 지질의 대사

ⓐ 흡수(吸收)

지질(脂質) 소화산물(消和産物)은 두 가지 과정에 의해 흡수된다.

a. 지방산(脂肪酸)과 monoglyceride는 물에 풀리지 않으므로 담즙(膽汁)과 십이지장액의 알칼리 염류와 결합해서 지방산(脂肪酸)의 알칼리 염류, 즉 비누가 되어 이 상태에서 물에 풀려서 흡수가 된다. 따라서 담즙산염은 지방의 소화뿐만 아니라 흡수(吸收)과정에 있어서도 중요한 역할을 한다.

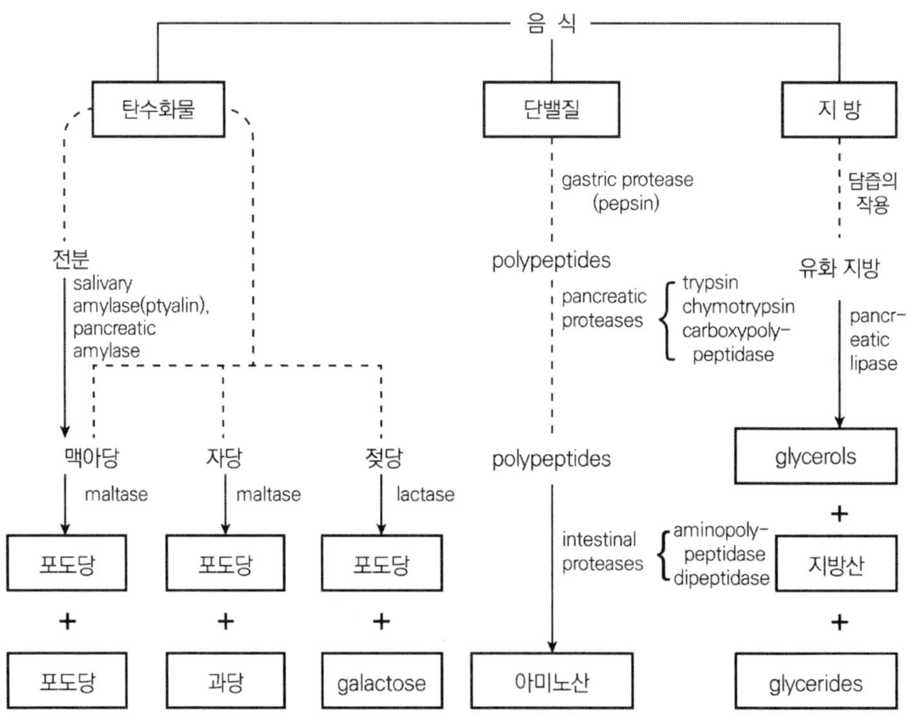

그림 4-3 당질, 단백질, 지질의 소화과정 요약

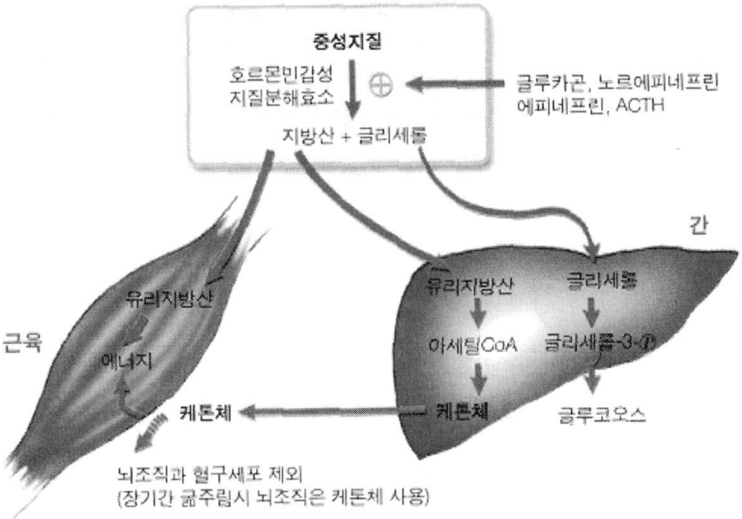

그림 4-4 지방대사와 조직

b. 탄소(炭素)의 길이가 짧은 지방산(short chain fatty acid, 탄소수(炭素數)가 10개 또는 그 이하의 지방산)과 glycerol은 담즙산염과 혼합(混合)되어 장벽(腸壁)을 통해 혈류(血流)에 흡수되어 간(肝)에 이송된다.

c. 탄소(炭素)의 길이가 긴 지방산(탄소수(炭素數)가 12개 또는 그 이상의 지방산)은 장벽점막(場壁粘膜)을 통과하면 곧 glycerol과 또는 monoglyceride와 결합하여 다시 mono, di 또는 triglyceride로 된다.

d. 흡수(吸收)된 약 70%의 지방은 triglyceride로 재합성(再合成)된다. Triglyceride로 재합성(再合成)된 지방은 1%의 단백질(蛋白質)과 결합(結合)하여 물에 쉽게 용해되는 소립자(小粒子)로 되어서 혈관(血管)으로 용이하게 이송된다.

e. 이러한 현미경 소립자(小粒子) 상태의 lipoprotein을 chylomicrons 라고 말한다. Chylmicrons는 유미관(乳糜管)을 통해 임파 조직으로 이송되며, 임파 조직을 통해 흡수된 지방은 혈관(血管)으로 이송된다.

f. 지방을 섭취한 후 곧 채혈한 혈청(血淸)이 투명하지 않고 탁한 것은 농후한 chylomicrons 때문이다.

g. 흡수된 지방산이 지방으로 합성될 때는 동시에 흡수된 glycerol이 사용되지 않고 포도당의 분해에서 일어난 삼탄당인산에서 생성되는 것이 사용된다.

h. 지방중(脂肪中)에서는 융점(融點)이 50℃이하인 것이 소화가 잘 된다고 하며, 융점(融點)이 높은 지방은 유화(乳化)하기가 어렵다.

i. 지방의 조리 온도가 높으면 분자간의 결합, 즉 중합(重合)현상을 일으켜 중합이 계속됨에 따라 소화율이 저하된다.

j. 단백질(蛋白質), 당질(糖質), 지질(脂質) 등의 영양소 중 당질이 가장 빨리 위를 떠나고 다음이 단백질이며 지질은 가장 오랫동안 위에 정체한다.

k. 또 지질 중에서도 유화된 것이 유화되지 않은 것보다 빨리 위를 떠나게 된다.

ⓑ 대사(代謝)

a. 혈액(血液)은 흡수된 지방의 유일한 운송 수단이며, 지방은 혈액이 순환함에 따라 간과 adipose 조직에 도달하여 지질대사 과정을 밟게 된다. 새로운 지질의 합성(lipogenesis)과 지방의 분해(lipolysis)는 이 두 기관에서 계속 이행된다.

b. 간과 adipose 조직(組織)은 지방 대사 과정을 이행하는 주요기관(主要器官)이다.

c. 지방은 물에 용해되지 않으므로 단백질과 결합하여 용해성의 상태로 되어 혈액내에서 각 조직에 운반되며 또 혈청내 주요 지질의 함량은 두 종류의 lipoprotein에 의해 구성되어 있다.

d. High density 또는 α-lipoprotein은 높은 비율(比率)의 단백질, cholesterol과 phospholipids를 함유하고 있으며 식사의 내용이나 연령 등에 의해서 크게 영향을 받지 않는 비교적 항양(恒量)을 유지하는 종류이다.

e. Low density 또는 β-lipoprotein은 여러 종류의 비중이 다른 지질을 내포하고 있다. 즉 triglyceride, cholesterol, phospholipids와 단백질이며 β-lipoprotein의 양은 식사의 내용, 연령(年齡)에 따라 쉽게 영향을 받는다. 혈액순환기 계통의 질병, 당뇨병, 신장병, 갑상선 기능 저하, xanthomatosis 등의 질환을 가진 사람의 혈액내에는 β-lipoprotein의 양(量)이 증가하는(hyperlipoproteinemia) 현상을 관찰할 수 있다.

f. 음식으로 섭취된 유지(油指) 및 축적지방은 대부분 열과 일의 에너지원이 된다.

g. 축적지방이 에너지원이 되기 위하여 지방은 조직 내에서 다시 glycerol과 지방산으로 분해되어(소화관내(消和管內)에서 가수분해(加水分解)되는 것과 같이) glycerol은 당질의 대사에서와 마찬가지로 glyceraldehyde에서 초성포도산 acetaldehyde를 경유하여 물과 탄산가스로 연소 분해된다.

h. 지방산은 연소하여 최후에 탄산가스와 물이 되는데, 이 연소 과정에서 에너지를 발생한다.

i. 지방산 산화 양식으로는 β산화설 외에 γ, δ산화설 등이 있다. 이중에서도 β산화(탄소 2개씩 손실되는 산화)설이 유력한 것은 자연계에서는 지방산은 물론 체내에 존재하는 지방산도 탄소수가 모두 짝수라는 사실에서 지지될 수 있다. 지방산은 연소하여 최후에 탄산가스와 물이 된다. 이 연소 과정에서 에너지를 발생한다.

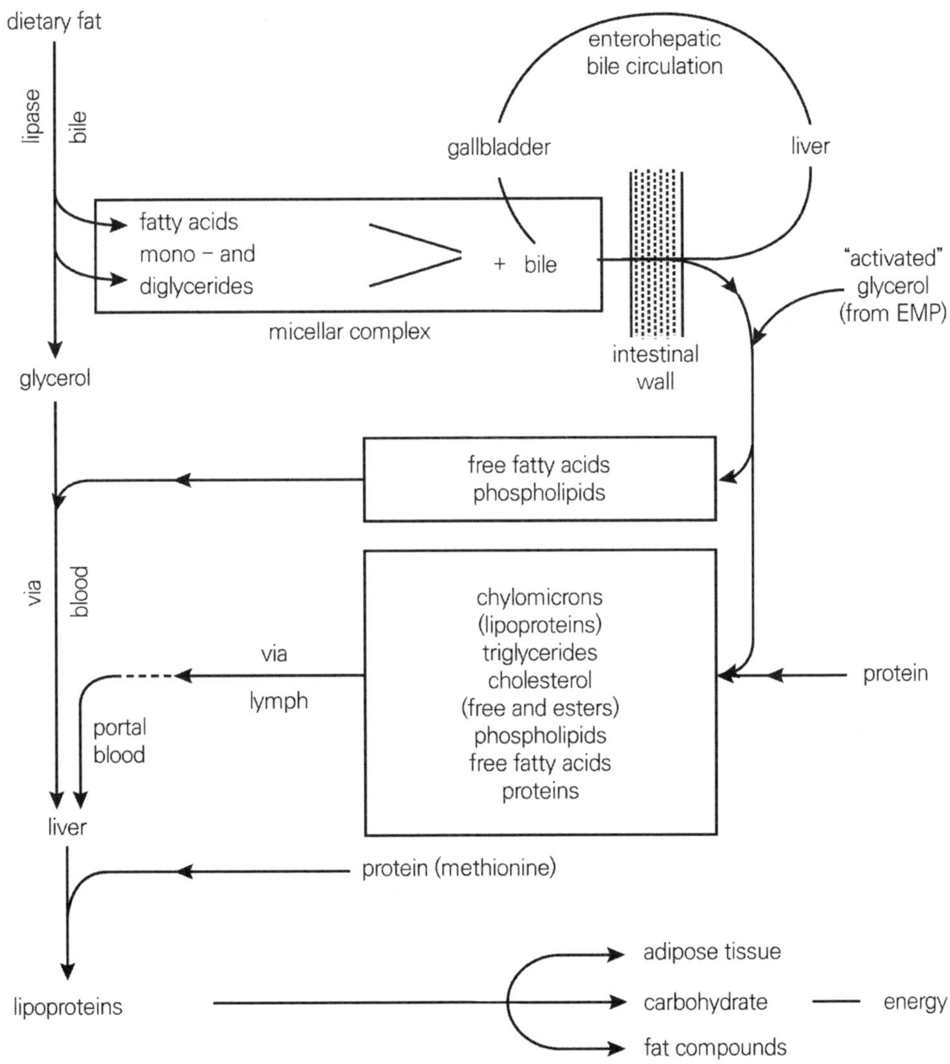

EMP – Embden – Meyerhof pathway

그림 4-5 지방 대사의 요약

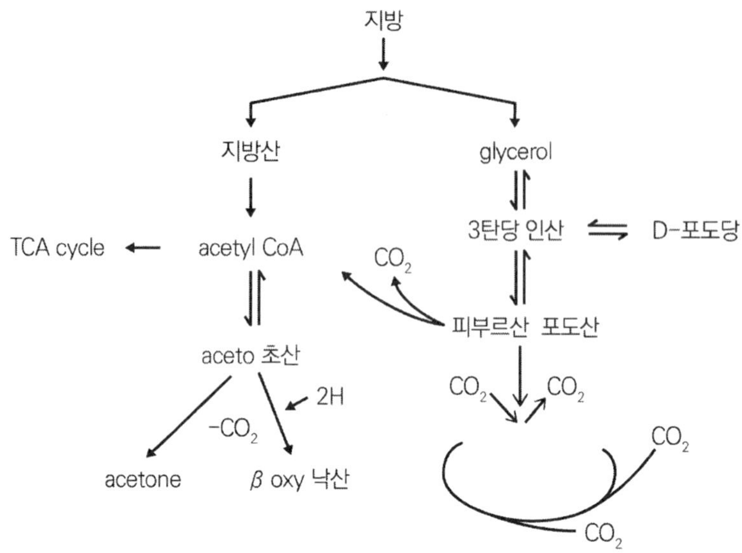

그림 4-6 지방산의 분해

⑧ 지방과 관계해서 알아두어야 할 점

ⓐ 지방은 왜 문제인가.

지방은 다른 영양소에 비해 단위 그램당 열량이 가장 높다. 탄수화물과 단백질이 그램당 4kcal의 열량을 내는 반면 지방은 그램당 9kcal의 열량을 낸다. 같은 무게라면 지방이 탄수화물이나 단백질보다 훨씬 많은 열량을 체내에 축적한다는 뜻이다. 축적된 열량은 필연적으로 비만을 낳는다. 문제는 체내에 쌓이는 지방이 피하지방의 형태만은 아니라는 것이다. 의학적으로 가장 심각한 문제가 되는 것이 혈관에 쌓이는 지방이다.

쉽게 말해 나쁜 기름덩어리가 혈관 벽에 쌓여 혈관을 좁고 푸석푸석하게 만든다는 뜻이다. 흔히 말하는 동맥경화이다. 이렇게 되면 혈관이 잘 터지고 잘 막히게 된다. 뇌졸중과 심장병이 생긴다는 뜻이다.

ⓑ 지방은 암도 유발한다.

미국 시사주간지〈Time〉에서는 최근 "The Secret Killer(은밀한 살인자)"라는 제목의 커버스토리에서 지방을 새로운 각도로 조명했다. 즉 체내에 비만의 형태로 쌓인 과잉지방이 각종 만성 염증을 일으키는 화학물질을 분비한다는 사실이다. 실제 세균의 침입이나 외상 등 외부로부터의 손상이 없음에도 지방 덩어리들이 염증 매개 물질을 비정상적으로 분비하고 이것이 호르몬 분비와 신진대사의 균형을 깨뜨리면서 암과 같은 치명적인 질환을 유발한다는 것이다.

지방이 유발하는 대표적인 암은 전립선암과 유방암, 대장암과 난소암이다.

이들 암은 현재 한국에서 가장 빠른 속도로 증가하고 있는 암이다. 미국 등 선진국의 경우 이미 남성 암 발생 1위가 전립선암이며 여성암 발생 1위가 유방암이다. 대장암이 남녀 공히 2위를 차지하고 있다. 우리나라는 남성의 경우 여전히 위암이 1위이지만 여성의 경우 수년전부터 유방암이 위암을 누르고 1위로 올라섰다. 남성도 전립선암이 급속도로 증가하고 있다. 현재까지 행해진 33개의 연구 결과에 따르면 전립선암과 식이지방 또는 특정 고지방식품이 상당히 관련이 있음이 밝혀졌다. 특히 일부 연구에서 육류와 같은 고지방 식품을 과다 섭취하면 전립선암이 높게 나타나는 것으로 조사되었다.

현재 한국에서 남녀 공히 발생률 증가 속도가 가장 빠른 대장암도 마찬가지이다. 대장암은 10년 전에 비해 발생률이 무려 두 배나 증가했다.

정육점을 운영하면서 자연히 고기를 많이 먹게 되었고 그로 인해 체내에 지방이 쌓이게 되었다. 이런 경우 지방을 분해하는 효소인 담즙산이 필요 이상 많이 분비된다. 과잉 담즙산은 소장에서 모두 흡수되지 못하고 대장으로 넘어간다. 대장으로 들어간 담즙산은 대장의 점막세포를 자극해 혹을 만들게 한다. 바로 대장암이 되는 것이다. 담즙산이 돼 대장암을 일으키는지 명확하게 규명된 것은 아니지만 진화론적으로 우리 대장의 점막이 기름기, 그러니까 지방에 취약하게 만들어진 것만은 분명하다.

생존과 건강에 필요한 적정량 이상으로 기름기가 입으로 들어오면 기름기를 분해하기 위해 담즙산이 과잉 분비되고 남은 담즙산이 대장에는 치명적으로 작용하기 때문이다.

ⓒ 지방은 모두 해로운가

지방이 모두 해롭지는 않다. 영양소 가운데 지방만큼 억울한 것도 없다. 사람들이 지방을 무조건 나쁜 영양소로 간주해 섭취를 꺼리기 때문이다. 물론 지방을 과잉섭취하면 뇌졸중과 심장병은 물론 대장암 등 암의 발생을 높이는 것은 사실이다.

그러나 지방은 탄수화물, 단백질과 더불어 인체의 3대 영양소로 분류되는 필수 영양소이다.

지방은 우리 몸에서 너무나 다양한 구실을 하고 있다. 먼저 세포막의 구성 성분으로 세포 안팎으로 영양소가 이동하는 것을 조절한다. 또한 비타민과 각종 호르몬의 원료가 되고 특히 지용성 비타민의 흡수를 도와준다. 열의 발산을 막아 체온을 유지하고 여성의 생식기능을 정상적으로 유지하는 데에도 중요한 구실을 하기도 한다. 심장이나 콩팥과 같은 내부 장기의 주변을 둘러싼 보호막 역할도 한다. 그뿐만 아니라 식품의 향기와 맛을 높이고 피부의 건강을 유지해 주는 역할도 한다.

이러한 지방이 치명적인 존재가 된 것은 양과 질의 문제 때문이다. 건강에 해로운, 질이 나쁜 종류의 지방을 지나치게 많이 먹는 것이 문제라는 것이다.

따라서 무조건 지방을 기피하는 것도 바람직하지 않다.

ⓓ 어느 정도 먹어야 하나

서구의 여러 나라에서는 총 열량의 30%를 지방으로 섭취할 것을 권하지만 현재 한국인의 경우는 20% 정도를 권장하고 있다. 1998년도 국민건강 영양조사에 따르면 한국인의 지방섭취 비율이 총섭취열량의 19% 정도로 나타나 권장량에 크게 부족하지는 않았다.

그러나 최근 지방 섭취량은 꾸준히 늘고 있다. 특히 어린이와 청소년 계층의 과잉섭취는 분명 큰 문제이다.

그 원인은 햄버거와 피자, 스파게티 등 범람하는 패스트푸드와 외식 문화의 확산이다. 패스트푸드는 열량을 신속하게 공급하기 위해서 고열량 영양소인 지방을 음식물의 주재료로 사용할 수밖에 없다. 외식업체 역시 손님들의 혀를 사로잡기 위해 기름진 지방을 많이 넣을 수밖에 없다.

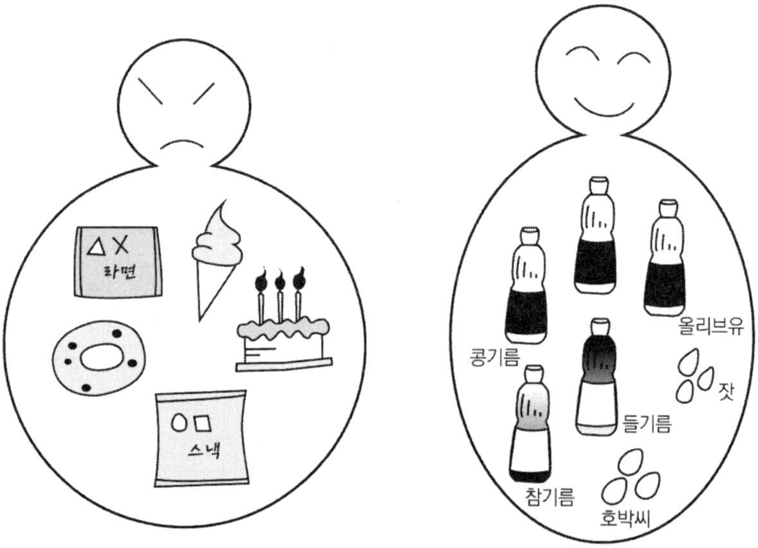

좋지 않은 지방(포화지방, 트랜스지방)　　좋은 지방(불포화지방, 오메가3지방)

그림 4-7 좋지 않은 지방과 좋은 지방

과잉지방의 섭취는 남의 일이라고 생각하기 쉽다. 그러나 평범한 직장인들도 의외로 손쉽게 희생양이 될 수 있다. 예컨대 점심식사로 자장면 곱빼기를 먹고 저녁회식에서 삼겹살을 먹는 생활을 일주일에 한 두 차례만 해도 지방을 과잉섭취하게 된다.

이러한 생활 패턴에 익숙한 직장인들을 대상으로 피검사와 초음파검사를 실시했을 때 예상했던 대로 대부분 혈액 중 기름성분이 넘치는 고지혈증과 간에 과잉지방이 축적되는 지방간이 관찰되었다.

특히 고기를 좋아하는 중년 남성들은 유의할 필요가 있다. 이들은 비계가 육류의 참맛이라며 그 부위만 일부러 골라 먹는다. 그러나 모르는 사이 자신의 혈관에 치명적인 기름이 덕지덕지 쌓이고 있다는 사실을 알아야 한다.

ⓔ 어떤 지방을 먹어야 하나

지방은 양 못지않게 질도 중요하다. 즉 지방도 옥석을 가려야 한다는 뜻이다. 흔히 알고 있는 "동물성 지방은 몸에 해롭지만 식물성 지방은 몸에 좋다"는 상식은 절반만 맞는 말이다. 물론 동물성 지방에는 몸에 해로운 것으로 알려진 포화지방산이 많이 들어 있고 식물성 지방에는 몸에 좋은 것으로 알려진 불포화지방산이 많이 들어 있다. 여기서 말하는 지방산이란 즉시 이용이 가능한 에너지원으로 이 지방산이 어떤 종류인가에 따라 지방의 질이 달라진다.

지방산은 탄소, 수소, 산소로 구성이 되어 있는데 모든 탄소에 산소가 포화되어 있는 지방산을 포화지방산이라 한다. 반면 탄소에 이중결합이 생겨 불포화된 지방산을 불포화지방산이라고 한다. 불포화지방산은 다시 한 개의 탄소만 불포화된 단일 불포화지방산과 여러개의 탄소가 불포화된 다가 불포화지방산으로 나누어진다.

포화지방산을 많이 섭취하는 경우 콜레스테롤이 증가하고 동맥경화성 변화가 생긴다. 대부분의 육류 기름과 버터에는 포화지방산이 많이 들어 있다. 그러나 포화지방도 반드시 나쁜 것만은 아니다. 탄소의 수가 짧은(short-chain) 버터에 다량 함유된 부티릭산(butyric acid)은 장점막 세포의 건강에 아주 중요한 역할을 한다. 반면 식물성 기름 중에 서도 팜유와 코코넛유, 식물성 마가린 등에는 포화지방산이 많다.

ⓕ 트랜스(전이)지방에 주목하자

포화지방 외에도 몸에 나쁜 트랜스(전이) 지방이라는 것이 있다. 트랜스형 지방은 탄소간 이중결합에서 같은 원자나 치환기가 이중결합을 사이에 두고 대각선 방향으로 놓인 것을 말한다.

반면 시스형 지방은 이들 치환기가 대칭적인 위치에 놓인 것을 말한다. 대부분의 천연상태의 기름은 시스형인데 여기에 수소를 첨가해서 고형화(혹은 경화)시키는 과정에서 일부가 트랜스형으로 바뀐다. 바로 마가린과 쇼트닝유가 대표적인 트랜스지방이다.

예를 들어 옥수수기름의 경우 약 6% 정도의 포화지방을 가지고 있는데 옥수수 마가린이 되는 과정에서 포화지방이 17% 정도가 된다. 또한 기름에 들어 있던 불포화지방산의 구조도 변화되어 약 30% 정도가 천연의 시스형에서 트랜스형으로 바뀐다.

1998년 미국 허버드대의 월터 월렛 박사는 14년간 미국 간호사 8만 여명을 대상으로 식사습관과 심장병 발병률과의 관계를 연구했다. 그 결과 트랜스지방인 마가린이 동물성 지방인 버터보다 심장에 더 해롭다는 것을 밝혀냈다. 이유는 마가린과 같은 트랜스지방이, 심장에 이로운 고밀도 콜레스테롤의 수치는 낮추고 심장에 해로운 저밀도 콜레스테롤의 수치를 높이기 때문이다.

문제가 되고 있는 감자튀김이나 닭튀김과 같은 패스트푸드는 대부분 트랜스 지방이 다량 함유된 기름으로 튀기기 때문에 고지혈증을 많이 일으킨다. 그 외에 팝콘과 케이크, 쿠키, 도넛, 라면, 스낵류의 과자 등도 트랜스지방이 많아 섭취를 제한할 필요가 있다.

빈센트 반 고흐의 그림에 '감자 먹는 사람들'이 있다. 감자 자체는 정말 좋은 식품이다. 그러나 감자가 기름을 만나면 사정이 달라진다. 기름에 튀긴 감자칩에는 트랜스지방이 대량으로 생성되기 때문이다.

최근 미 식품의약품 안전청은 2006년부터 미국 내 모든 가공식품에 포화지방산과 트랜스지방을 의무적으로 표기하도록 지시했다. 프레토리아 같은 미국의 식품회사는 2003년 1월 1일부터 트랜스지방을 모두 제거한 제품만을 생산하기로 했다. 업체 스스로 트랜스지방이 나쁘다는 것을 인정한 것이다.

튀김, 가공된 스낵류, 감자칩, 빵이나 과자를 만드는 데 이용하는 쇼트닝은 특히 트랜스지방을 대량생산하는 공장이나 마찬가지이다.

마가린처럼 액체 기름에 수소를 넣어 고체로 만들 때에도 트랜스지방이 대량으로 만들어진다. 제품이 딱딱할수록 트랜스지방 함량이 더 높다고 보아야 한다.

인제대학교 식품과학 연구팀은 실험용 쥐에게 옥수수기름과 마가린, 버터를 한 달간 먹인 뒤 간세포의 유동성을 관찰했다. 그 결과 트랜스지방이 많은 마가린을 먹일 경우 간세포막의 유동성이 감소해서 딱딱해지는 현상이 관찰되었다.

그러나 식물성 기름 안의 불포화 지방산은 동물성 포화지방산에 비해 구부러진 형태여서 유동성이 매우 좋다. 여기서 수소가 들어가면서 직선모양이 되고 유동성이 사라진 것이 트랜스지방이다.

표 4-1 지방 100g당 트랜스지방의 함량

햄버거	5.86%
감자튀김	12.02%
닭튀김	14.60%
패스트리	25.66%
냉동피자	43.83%
전자렌지용 냉동피자	54.64%

트랜스지방은 몸속에서 동맥경화를 유발하는 나쁜 콜레스테롤인 저밀도 콜레스테롤(LDL)의 수치는 높이고, 혈관을 깨끗하게 청소해 주는 좋은 콜레스테롤인 고밀도 콜레스테롤(HDL)의 수치는 떨어뜨린다. 특히 성장기에 트랜스지방을 많이 먹으면 심장, 뇌의 혈관이 금세 좁아지며 당뇨도 빨리 온다.

네덜란드에서 트랜스지방 섭취와 건강상태를 10년간 관찰했다. 그 결과 트랜스지방의 섭취가 2% 증가하면 심장질환에 걸릴 위험도는 28% 증가하는 것으로 밝혀졌다.

오래 보관해야 하는 즉석 냉동식품에도 트랜스지방이 많다. 오래 보관할 수 있고, 조리법이 간편하고, 가격이 저렴하고, 맛도 고소해서 트랜스지방은 약방의 감초처럼 여러 가공식품에 사용된다.

ⓖ 핀란드의 포화지방 섭취 줄이기 작전

핀란드의 북까렐리아 지방은 일년 중 절반이 겨울이다. 축산업이 발달하여 전통적으로 버터, 유제품, 크림, 고기섭취가 많은 지역이다 보니 자연스럽게 심장병이 많이 발생한다. 30년 전만 해도 이곳의 남성 심장병 사망률이 세계 1위였다.

이러한 이유로 핀란드 정부는 '북까렐리아 프로젝트'를 실시했다. 심장병 발병률을 줄이기 위해 저지방식으로 콜레스테롤의 함량을 줄이고 야채 섭취를 늘리고 탈지우유를 먹게 했다. 이 프로젝트는 5년만에 핀란드 전역으로 확대되어 주민들은 운동량을 늘리고 콜레스테롤을 자주 측정하는 습관이 생겼다. 호밀가루를 많이 이용한, 섬유소가 많은 까렐리아 파이를 만들어 먹는 것도 일상이 되었다.

처음에는 반응이 없거나 반발이 심했던 업체들(특히 유제품 업체들)도 소비자들이 저지방식품을 선호하게 되면서 태도가 바뀌었다.

프로젝트를 시작하고 30년이 지난 후 상황이 극적으로 변하고 통계 수치도 눈에 띄게 달라졌다. 포화지방의 섭취량이 유럽에서 가장 낮아 졌으며 전 국민의 혈중 콜레스테롤은

20% 감소, 심장병 사망률이 82% 감소했으며 암으로 인한 사망률도 46.1%나 떨어졌다. 오직 식생활 변화로만 이루어낸 결과이다.

핀란드에서는 이제 대다수의 식품에 빨간 하트 표시를 하는데, 이 하트표시는 지방의 함량이 낮고, 함유된 지방이 질적인 면에서 우수한 식품에만 붙는다. 더불어 염분의 함량이 낮고 섬유질이 풍부하다는 뜻이다.

아울러 눈에 보이는 붉은 육류와 기름만이 해로운 지방은 아님을 지적하고 싶다.

편리함과 달콤함 뒤에 도사리고 있는 트랜스지방이 아이들의 건강을 위협한다. 여러 가지 연구를 통한 결과 튀김용 기름이나 인스턴트식품, 패스트푸드에 많은 트랜스지방은 육류 섭취에서 오는 포화지방산보다 훨씬 해로운 것으로 밝혀지고 있다.

그렇다고 무조건 지방을 멀리할 필요는 없다.

지방섭취는 균형이 중요하기 때문이다. 가장 이상적 지방섭취의 비율은 고기와 생선과 식물성 기름(올리브기름, 들기름, 참기름)을 1 : 1 : 1의 비율로 먹는 것이다.

이도저도 복잡하다면 적어도 식단에서 음식 재료와 상관없이 튀김요리를 삼가도록 노력하자, 튀김요리는 트랜스지방이 가장 많이 함유되어 있다. 고려대 구로병원 오동주 교수는 제작진과의 인터뷰에서 "몸에 좋은 두부도 기름에 튀기면 심장과 혈관에 해로워진다"며 "트랜스지방을 줄이는 최선의 방법은 튀기거나 볶는 대신 찌거나 삶아 먹는 것"이라고 강조했다.

⑨ 몸에 좋은 지방, 깊이 알기

지방, 잘 먹으면 약이다. 먹으면 약이 되는 지방이 있다. 그리스 크레타 사람들의 건강비결로 꼽히는 신선한 올리브유가 바로 그것이다. 지중해식 식단에 많이 포함된 등푸른 생선의 '오메가-3'지방산, 과연 이들 지방은 왜 좋은가.

ⓐ 올리브유 - 크레타인들의 건강 열쇠, 올리브유

인류의 문명이 시작된 그리스 크레타 에게해를 바라보며 여유롭게 살아가는 크레타섬 사람들·제작진은 크레타섬에서도 가장 유명한 장수촌 알리끼아노스 마을을 찾아갔다.

크레타 요리의 특징은 올리브유가 유난히 많이 사용된다는 것이다. 이곳 사람들은 음식을 굽거나 튀길 때에는 물론, 스프를 만들거나 나물의 맛을 낼 때에도 크레타 전통식은 그 어떤 나라의 음식보다 매우 기름지다. 그런데 심장병 같은 여러 질병을 갖고 있어야 할 크레타인들은 오히려 건강하게 더 오래 사는 것으로 더 유명하다.

▶ **지방에 관한 궁금증**

Q1. 지방 때문에 고기는 무조건 먹으면 안 되는가?

A. 물론 동물성 지방에는 몸에 해로운 포화지방산, 식물성 지방에는 몸에 좋은 불포화지방산이 많다. 그러나 동물성 지방이라도 육류가 아닌 생선에는 불포화지방산이 있으며 특히 몸에 좋다는 DNA, EPA 등 오메가-3 지방산이 풍부하게 들어 있다. 실제 생선을 많이 먹는 사람이 채소나 과일을 많이 먹는 사람보다 암과 심장병에 걸릴 확률이 더 낮다.

Q2. 식물성 지방은 모두 좋은 건가?

A. 그렇지 않다. 식물성 지방이 몸에 해로운 경우도 있다. 암환자가 그렇다. 옥수수기름이나 콩기름에 다량 함유된 불포화지방산인 오메가-6 지방산은 암세포의 분열을 촉진할 수 있기 때문이다. 따라서 암환자에게는 오메가-6 지방산이 적은 들기름이나 아마유, 평자씨유가 좋다. 그러나 건강한 사람에게는 콜레스테롤을 떨어뜨리는 등 좋은 효과가 있기 때문에 식물성 지방을 피할 이유가 없다.

그 비결은 크레타인들이 지방섭취량의 70% 이상을 올리브유에서 얻을 만큼 올리브유를 많이 먹기 때문이다.

올리브유는 100g 당 단순 불포화 지방산이 77g, 복합 불포화 지방산은 14g 이다. 반면 포화지방산은 9g에 불과하고, 콜레스테롤은 전혀 들어 있지 않다. 즉 몸에 좋은 불포화지방산의 함량이 절대적으로 높은 것이다.

식생활과 심장질환과의 관계를 연구한 이탈리아 밀라노대 약학 연구팀은 지중해 지역의 심장질환 발생률이 낮은 이유가 항산화물질이 많이 함유된 올리브유 때문이라고 밝혔다.

올리브유의 페놀릭이라는 성분이 항산화작용을 한다는 것이다.

"올리브유에는 암과 노화를 억제하는 요소가 들어 있다. 또한 올리브유는 그 어떤 기름도 갖지 못한 뜨거운 열을 견뎌내는 요소가 있다. 300° 고열에서 다른 모든 기름은 그 특성이 파괴되지만 올리브유만은 그렇지 않다. 따라서 음식을 튀겨 먹어도 기름의 특성이 파괴되지 않아 건강식을 유지할 수 있다. 또 올리브유는 비타민E도 다량함유하고 있다"고 그리스 아테네대 스테파노스 까라야노뿔로스 교수는 말한다.

가장 좋은 올리브유는 '엑스트라 버진(Extra Virgin Olive Oil)'이라고 표기된 것이다.

엑스트라 버진은 올리브열매에서 가장 먼저 짠 오일이다. 일체의 혼합물이 들어가지 않았고 정제되지 않아 멋과 향, 영양 면에서 최고이다.

성분을 살펴보면, '엑스트라 버진'은 산도에 노출되어 산화된 비율인 산도가 0.8% 이하로 매우 낮다. 같은 '버진'이라도 산도가 0.8%를 넘는 것은 '엑스트라 버진'이 아닌 그보다 낮은 등급이다.

그 외 일반 올리브유는 버진 오일을 짜고 남은 찌거기에 버진 오일을 섞거나 열처리를 한 것들이다.

덧붙여서 올리브유를 고를 때에는 생산지역과 유통기한 등도 잘 살펴보아야 한다. 올리브유는 화학처리가 되지 않았기 때문에 빛과 열에 약하고 공기에 노출되면 좋지 않다. 따라서 올리브유는 개봉 후 1~2개월 안에 먹는 것이 좋다. 하지만 보관만 잘하면 1년 이상 두고 먹을 수 있다. 마개를 잘 닫아서 어둡고 서늘한 곳에 두어야 한다.

ⓑ 오메가-3 - 꽁치, 고등어, 참치 등 등푸른 생선에 많이 들어 있는 오메가-3

반세기 전, 미국의 안셀 키즈 박사는 7개국 성인남성들의 심장병 사망률을 10년간 추적 조사했다. 그 결과 미국, 핀란드, 네덜란드, 이탈리아 등 조사 대상국 가운데, 그리스 크레타 사람들의 사망률이 가장 낮았다. 이 연구는 크레타 식사에 대한 큰 관심을 불러 모았다.

미국 워싱턴의 시모포로스 박사는 크레타식에'오메가-3'지방산의 함량이 매우 높다는 것을 알아냈다. 크레타식 식생활이 다른 식생활과 다른 이유는 단순히 올리브유 때문만이 아니라는 것을 알아낸 것이다.

불포화지방산의 일종인 오메가-3 지방산은 필수지방산으로, 체내에서는 생성되지 않고 오직 음식의 섭취를 통해서만 얻을 수 있다. 음식 속의 오메가-3 지방산이 체내로 들어와 흡수되면 혈관의 수축과, 염증반응을 예방한다. 또 나쁜 콜레스테롤이 쌓이는 것을 막고, 혈전의 생성도 방지한다. 그래서 심장병은 몰론, 뇌졸중과 암 예방에도 효과가 있는 것으로 알려지고 있다.

그렇다면 어떤 식품에 오메가-3 지방산이 풍부하게 들어가 있을까.

한국식품개발연구원과 함께 생선 속에 포함된 오메가-3 함량을 분석해 보았다.

우리가 흔히 먹는 생선 8가지 종류를 선정, 각각의 지방을 추출해 100g당 오메가-3 지방산의 함량을 분석했다. 기름진 생선으로 알려진 참치 등살 부위는 0.24g, 찌개로 즐겨 먹는 생태는 0.5g, 갈치는 0.79g이었다. 회로 많이 먹는 광어는 1.02g으로 흰살생선의 오메가-3 함량은 비교적 낮았다.

반면 붉은살 생선인 연어의 오메가-3 함량은 2.18g, 등푸른 생선의 대표격인 고등어는 5.2g으로 매우 높았다. 그리고 같은 참치라도 뱃살 부위는 그 함량이 5.8g이나 되었다. 오메가-3 지방산의 함량이 가장 높은 생선은 꽁치였다.

등푸른 생선은 지방 함량이 많기 때문에 당연히 오메가-3 지방산 함량이 많다. 또한 원래 등푸른 생선 자체가 지니고 있는 특징에 의해 바다 속에 있는 오메가-3 지방산이 다량 함유된 해초를 많이 먹기 때문에 피하지방에 많이 축적되기도 한다.

그렇다면 기름의 오메가-3 지방산 함량은 얼마나 차이날까. 분석 결과, 시중에서 흔히 구입해 먹는 식용유에 비해 우리 전통 들기름이 65.6%로 월등히 높았다.

좋은 지방을 섭취하는 방법은 생각보다 간단하다. 오메가-3 지방산의 하루 권장량이 650mg 정도인데 보통 꽁치, 고등어, 참치와 같은 기름진 생선 100g에 오메가-3 지방산이 최소 1,000mg 이상 함유되어 있으므로, 이틀에 한 번꼴로만 등푸른 생선을 먹으면 충분한 양을 섭취하는 셈이 된다.

a. 시모포로스 박사의 지방 섭취 지침

- 1주일에 2회 이상 기름진 생선을 먹어라.
- 올리브유나 들기름을 주로 사용하라.
- 매일 아침식사 때 과일을 먹어라.
- 콩과 견과류를 많이 먹어라.
- 포화지방 섭취를 하루 18g 이하로 줄여라.
- 코코넛기름과 팜유를 피하라.
- 트랜스지방을 피하라.

b. 오니시 다이어트

미국 샌프란시스코 주립대 예방의학과의 딘 오니시 교수가 암 치료를 위해 만든 육식을 제한한 엄격한 채식 위주의 식단.

'오니시 다이어트'는 암환자들 사이에'기적'으로 불릴 만큼 선풍적인 화제를 모으고 있다. 다이어트의 창시자인 오니시 박사는 20여년 간의 임상실험 결과, 저지방 식사가 암 예방은 물론 진행을 중단시킬 수 있다고 주장한다.

오니시 다이어트의 식생활 지침은 포화지방을 피하는 것뿐만 아니라 유익한 음식을 포함시키는 것도 강조한다. 지방 함유량이 낮은 것이 특징인데 지방은 심장병과 암을 유발할 뿐만 아니라 열량이 매우 높기 때문이라고 설명한다.

c. 세계에서 가장 뚱뚱한 사람

세계에서 가장 뚱뚱한 사람, 그 주인공은 바로 존 민노치라는 이름의 미국인이다.

1978년 기네스북에 공식 기록된 그의 신체사이즈는 신장 185cm에 체중 442kg, 심각한 초고도비만으로 각종 질병에 시달리며 살다가 결국 42세라는 젊은 나이에 사망했는데 숨질 당시 몸무게가 무려 635kg으로 체중의 약 80%가 지방이었다고 다.

d. 세계에서 가장 많이 팔리는 약

세계에서 가장 많이 팔리는 약은 전세계 의약품 매출 1, 2위를 차지하고 있는, 콜레스테롤 수치를 낮추어주는 스태틴계 약물이다.

미국 Newsweek에 스태틴 복용자들이 소개되었는데 모두 동물성 지방섭취를 극도로 제한해야 되는 사람들이다. 하지만 이들은 차라리 매일 약을 먹을지언정 고기는 끊을 수 없다고 말한다.

지방이야말로 맛있고 포만감을 주기 때문이다. 지방은 달고 고소하고 부드럽다. 말라비틀어진 햄버거조차도 맛있게 만들 수 있는 것이 지방이다. 지방을 많이 먹는 사람일수록 더 많은 지방을 찾게 되는데 그만큼 지방의 유혹은 강력한 것이다.

e. 북까렐리아 프로젝트

핀란드 북까렐리아에서 시행된 심장병 예방을 위한 저지방 식생활 캠페인.

1972년부터 지방섭취를 줄이기 위한 국가적 차원의 대대적인 운동을 시작했다. 각 마을별로 고기 대신 야채와 과일을 보급하는 캠페인이 벌어지고, 체중감량 운동이 진행되었다. 그리고 동물성 버터를 식물성 버터로, 일반 우유를 탈지우유로 바꾸는 운동을 벌였다.

북까렐리아 프로젝트는 신문 헤드라인을 장식하고, 또 신문 만화의 소재로 등장하는 등 뜨거운 반향을 불러일으켰다. 프로젝트는 5년 만에 핀란드 전역으로 확대되었다.

프로젝트를 시작하고 30년이 지난 후 포화지방의 섭취량이 유럽에서 가장 낮아졌으며 전 국민의 혈중 콜레스테롤은 20% 감소, 심장병 사망률이 82% 감소했고 암으로 인한 사망률도 46.1%나 떨어졌다. 오직 식생활 변화로만 이루어낸 결과이다.

(3) 단백질

에너지 섭취를 줄일 경우 자칫하면 체단백질이 분해되어 에너지로 사용되기 때문에 단백질로 되어 있는 근육조직이 약해지기 쉽다. 특히 우리 몸의 주요 기관인 간, 심장, 신장 등 내부 장기의 중요한 구성 성분이 단백질이므로, 이러한 내장 단백질이 소모되면 체내 기관이 약해져서 손상을 받기 쉽다.

따라서 저열량식일수록 단백질은 양질로 충분히 섭취해야 한다. 즉, 열량의 20~25%(체중 1kg당 1.2~1.5g)를 단백질로 섭취하는 고단백 식사를 해야 한다.

그러나 단백질 식품은 단백질과 지방이 함께 들어 있는 경우가 많으므로 두부, 두유 등의 콩류, 흰살 생선, 난백(삶은 달걀), 닭가슴살, 저지방참치(캔은 지방 함량 높으므로 체에 받쳐서 사용)를 통해 단백질을 섭취하는 것이 좋다.

① **단백질의 역할**

ⓐ 단백질은 신진대사에서 일어나는 체성분의 소모에 (머리털과 손톱의 형성, 피부와 소화관 표면에서의 죽은 세포의 손실과 소화분비물) 대한 보충과 새로운 조직이나 성장에 필요한 구성 물질이다.

ⓑ 단백질은 조직을 구성하는 주요성분으로서 유기화합물 중에서 가장 많은 양을 차지하고 있다.

ⓒ 아미노산은 체내에서 여러 가지 기능을 가지며, 효소와 호르몬의 성분으로도 필요하다.

ⓓ 단백질은 화학적인 변화의 발생을 돕는 각종 효소와 췌장에서 분비되는 insulin, 갑상선에서 분비되는 thyroxine과 같은 호르몬들의 주요성분이다.

ⓔ 아미노산은 혈장 단백질을 형성하는 데에도 필요하다.

ⓕ 적혈구의 산소운반 성분인 hemoglobin은 그의 구성을 위하여 아미노산이 필요한 단백질이다.

ⓖ 세포막 내외의 체액의 분포는 전해질에서 일어나는 삼투압과 단백질에서 오는 압력에 따라 조절된다.

ⓗ 전해질 대사의 이상이나 단백질 결핍증으로 혈장 albumin의 양이 떨어지면 체액이 조직에 축적되어 조기의 단백질 부족 현상인 부종이 발생한다.

ⓘ 단백질은 산 또는 알칼리의 양이온과 결합할 수 있어서 그에 의한 완충작용으로 체성분의 중성을 유지한다.

특정 감염균과 알레르기 물질에 저항할 수 있는 특정 항체생성을 위하여 단백질이 필요하다.

ⓙ 체내의 해독물질의 능력도 단백질이 주성분인 효소로써 조절되므로 단백질이 부족하다는 것은 어떤 독이나 약제 혹은 화학제에 저항할 수 있는 체력의 부족을 의미한다.

ⓚ 열병상태나 지나친 갑상선의 활동, 신진대사율이 증가될 때와 단식할 경우에는 식사에서 당질과 지방으로부터 충분한 열량을 공급받지 못하게 되며, 이러한 현상이 발생할 때 식사로 얻은 단백질이나 신체 조직의 단백질은 에너지 생산을 위해 소용되므로 신체 조직의 소모가 일어난다.

ⓛ 식사에서 열량 섭취가 부족할 경우에는 단백질이 열량원으로 사용되게 되므로 질소의 체내보유가 떨어져서 단백질의 체내 함량이 떨어지게 된다.

ⓜ 보통 침대에서 휴식하고 있는 건강인은 질소를 하루 12~18g의 비율로 손실한다.

ⓝ 단백질의 합성능력은 신체의 활동성에 영향을 받는다.

ⓞ 상해를 받으면 질소의 배설량은 증가한다.

ⓟ 감정의 stress, 즉 무서움, 공포, 초조, 분노 등의 정서적 불안은 adrenalin 호르몬의 분비를 증가시키는 반면 질소의 손실을 일으킨다.

ⓠ 성인이 하루에 소모하는 단백질의 최소량은 14~22g이다.

ⓡ 단백질의 생리적 필요량은 체중 1kg당 1g이며 최저량은 0.58g이다.

ⓢ 단백질이 부족 되는 음식을 오랫동안 계속 먹으면 발육장애, 체중 및 피하지방의 감소, 근육쇠약, 2차적 빈혈증, 영양 부족에서 오는 부종과 더불어 저혈압증, 서맥, 피부의 색소변화 등이 관찰되고 피로성항진, 저항력감소, 내장 등 여러 기관의 기능 저하로 기초대사도 저하될 수 있으며 성욕감퇴, 유즙분비감소, 무월경 등을 초래한다. 또한 단백질의 결핍은 간장의 지방침윤이나 간경변증을 유도할 수 있다.

ⓣ 단백질을 과잉으로 섭취하였을 때는 여분의 단백질이 연소하여 지방이나 당질의 연소를 절약한다. 따라서 여분의 단백질은 glycogen이나 지방으로 되어서 체내에 축적되어 체중이 증가된다.

② 단백질 대사

ⓐ 흡수

a. 섭취된 식품 단백질의 대부분은 아미노산 분해에 의해 흡수·이용되지만, 일부분은 분해(分解)되지 않고 대장으로 이행하여 이용되지 않은 채 외부로 배설된다.

b. 섭취 단백질에 대한 소화 흡수된 단백질의 비율을 단백질의 소화 흡수율이라고 한다.

c. 아래 표에는 주요 식품 단백질의 소화 흡수율이 제시되어 있다.

표 4-2 대표적 식품의 단백질 소화 흡수율 (단위 : %)

식품의 종류	소화흡수율	식품의 종류	소화흡수율
달걀	97	밀	79
육어류	97	콩류	78
우유	97	연맥	76
밀(70~74$ 추출)	89	근채류	74
과일	85	기타채소	65
쌀	84		

ⓑ 대 사

a. 섭취된 식품 중의 단백질은 먼저 말한 바와 같이 위액(胃液), 장액(腸液), 췌액 등의 소화액에 함유되어 있는 효소(酵素)의 작용으로 가수분해되어 모두 아미노산이 되고, 소장에 흡수되어 문맥을 거쳐 간장으로 들어간다. 간장에서는 일부가 저장되고 나머지는 혈액중에 들어가 신체각부에 운반되어 각 조직에 특이한 아미노산이 모여 조직 단백질을 형성한다.

b. 또 호르몬과 효소의 생성재료로도 사용되며, 아미노산은 분해되어 탈아미노기(deamination)가 되어 아미노기는 암모니아를 형성한다.

c. 암모니아는 강한 알칼리성 물질이므로 체내에서 급속히 처리하여야 신체의 정상기능을 유지할 수 있다.

d. 간에서 암모니아는 요소(尿素,) 요산(尿酸), creatinine을 형성하여 요중으로 배설된다.

e. 그 뿐만 아니라 암모니아는 당질과 지방에서 유도된 keto acid와 같이 불필수(不必須)아미노산 합성에 쓰인다. 이 과정을 transamination이라고 한다.

f. 또한 암모니아는 glutamic acid와 결합하여 glutamine을 형성하여 체내에 강한 알칼리성인 암모니아의 축적을 유효 적절히 제거한다.

g. 아미노산의 비질소부분(非窒素部分)(α-keto acid)에서 ketogenic amino acid (lysine, tyrosine, phenylalanin, leucine 및 isoleucine)는 지방 대사의 회로(回路)에 의하여, 그리고 glucogenic amino acid(나머지의 아미노산)는 당질대사(糖質代謝)의 회로에 의해 완전대사되고 이때 생성된 에너지는 열원으로 이용된다.

h. 간장에서 처리되기 전에 조직 고유의 단백질로 되지 않은 일정량의 아미노산은 세포 내외에 저장되는데, 이와 같은 아미노산을 예비 혹은 저장단백질(reserve or depot protein)이라고 하며 그 전형적인 것이 혈액 단백질이다.

i. 저장 단백질에 의해 혈장(血漿)의 단백질과 간장 기타의 조직 단백질과의 사이에서 교류(交流)가 항상 계속된다. 즉 동적평형이 유지되는 것이다.

j. 흡수된 아미노산은 혈류를 따라서 조직의 아미노산 pool에 들어가 조직 단백질 분해에 의해서 생긴 아미노산과 혼합한다. 이때에 세포 외의 아미노산은 우선 세포내에 들어가서 비로소 대사(代謝) 작용을 받는다.

k. 따라서 단식하는 경우라도 혈액 및 조직 중의 아미노산의 양은 거의 일정한 한도를 유지하는 것이 보통이다.

l. 이상과 같이 흡수된 아미노산은 단백질의 합성과 연소에 사용되는 이외에 당질(糖質)을 생성하기도 한다.

m. 생성된 당질은 지방으로 변하여서 체지방이 되어 저장된다.

n. 또 대사산물인 암모니아와 초성포도산에서 alanine이 재합성되는 사실도 인정되어 있다.

표 4-3 인체에 있어서의 단백질, 지방 및 당질의 소화율 (단위 : %)

식 품 종 류		소 화 율		
		당 질	단백질	지 방
동물성식품	육어류		97	95
	우유, 유제품	98	97	95
	달걀	98	97	95
마카로니		98	86	90
스파게티		98	76	90
쌀	현미	98	75	90
	백미	99	84	90
밀	97~100% 도정	90	79	90
	85~93% 도정	94	83	90
	70~74% 도정	98	89	90
동 · 식물성지방				95
과일		90	85	90
두류, 견과류		97	78	90
채소		85	65	90
감자		96	74	90
설탕		98		

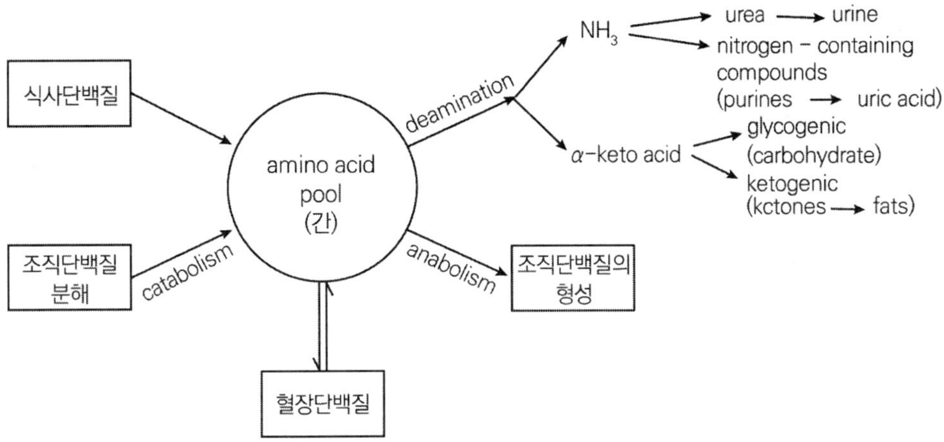

그림 4-8 아미노산 pool과 단백질(蛋白質)

o. 이와 같은 체내에서의 단백질 합성작용과 분해 작용은 연령 기타의 조건에 따라서 차이가 나는데, 발육기에는 합성작용이 분해 작용보다 왕성하고, 노년기에는 합성 작용은 쇠퇴하며, 장년기에는 그 중간이다.

p. 그러므로 발육기에는 될 수 있는 한 체단백질의 합성에 필요한 각종 아미노산 특히 필수아미노산을 적당한 비율로 충분히 섭취할 필요가 있다.

q. 또 대사 과정에 있어서 creatine, creatinine 등이 형성되어 요중에 배설되는데, creatine은 대체로 glycine과 arginine 및 methionine에 의해 형성된다고 생각된다.

r. Creatinine의 배설량은 음식의 영향을 받지 않고 비교적 일정한데 이에 반하여 양질단백질을 섭취할 경우에는 질이 나쁜 동량(同量)의 단백질을 섭취할 때보다 단백질의 이용율이 좋고, 요중질소의 배설량은 적으므로 creatinine/N의 값이 높은 것이 보통이다.

s. 요중에 배설되는 하루의 요소양은 20~30g이고, 총 질소의 60~90%에 해당한다.

t. 즉, 단백질 섭취량이 적으면 요중의 요소는 총 질소의 60%, 단백질 섭취량이 많으면 총질소의 90%에 미친다고 알려져 있다.

③ 혈청 지단백질의 종류

ⓐ Chylomicron(카이로미크론)

지단백의 한 종류로 단백질, 콜레스테롤, 인지질 그리고 대부분의 중성지방으로 되어 있다.

ⓑ 초 저밀도 지단백질[VLDL : very low density lipoprotein]

a. 장점막에서 합성된 카이로미크론이 임파관, 흉관을 거쳐 혈중으로 들어와 일부는 효소에 의해 분해되어 중성지방을 유리시킨 후 지방조직으로 유입되어 저장된다. 대부분은 간으로 들어가서 중성지방은 에너지원으로 산화되고 콜레스테롤은 담즙산으로 전환된다. 간에서 사용되고 남은 중성지방이나 콜레스테롤은 VLDL을 형성한다.

VLDL은 주로 간에서 합성된 콜레스테롤과 중성지방(내인성지방)을 말초조직으로 운반하므로 많은 양의 중성지방과 소량의 콜레스테롤, 단백질을 함유하고 있다. VLDL은 LDL과 더불어 죽상동맥경화증의 원인이 되며 고지혈증, 허혈성 심질환, 비만, 당뇨병, 신장질환, 췌장염 등의 발병 원인 및 진단의 주요 요소가 된다.

b. 정상치와 변동요인

㉠ 정상치 : 10~55㎎/㎗

㉡ 이상치 : 10 이하, 55 이상

㉢ 변동요인

· 지방 섭취, 탄수화물 섭취, 알코올의 섭취는 VLDL의 상승요인이 된다.

· 임신 중에는 VLDL이 증가한다.

ⓒ 저밀도 지단백질[LDL : low density lipoprotein]

LDL은 혈중 콜레스테롤의 가장 많은 양을 운반하며 말초세포로 콜레스테롤을 공급하기도 하지만 관상 동맥경화증을 일으키는 데에 가장 위험한 지단백질이며 동맥경화증의 원인 인자이다.

저밀도 지단백질의 수치가 높은 것은 심각한 문제이다. LDL이 높으면 콜레스테롤이 조직, 특히 동맥에 저장되고 이로 인해 동맥이 좁아져 심장과 뇌와 같은 생명기관에 혈액을 충분히 공급할 수 없게 된다. 따라서 혈액에 LDL수치가 높을수록 심장병이나 뇌졸중과 같은 중대한 결과를 초래할 수 있다. LDL 수치가 160㎎/㎗보다 높다면 지속적인 관심을 기울여야 한다.

a. 정상치와 변동의 범위

㉠ 정상범위

· 심장질환이 없는 경우 - 안정수치 : 130㎎/㎗ 미만
- 경계수준 : 130~159㎎/㎗

· 심장질환이 있는 경우 - 안정수치 : 100㎎/㎗ 미만
- 경계수준 : 100~130㎎/㎗

㉡ 변동의 범위

· 식사 :
- 금방 섭취한 음식물에 극히 예민하지는 않다.
- 예비검사를 목적으로 할 때는 단식 없이(non fasting) 측정해도 된다.

· 연령 및 성별 :
- 어린이에서는 110㎎/㎗ 이하이면 정상, 110~129㎎/㎗면 경계수준, 130㎎/㎗ 이상이면 위험수준이다.
- 남·녀 모두 20세 정도에 상승한다.
- 폐경기 전의 여성은 같은 나이의 남성보다 낮고, 폐경기 이후 여성의 LDL은 상승한다.

· 비만 : 비만은 LDL 수치를 높이고, HDL 수치를 낮출 수 있다.

· 기타 : 유전의 영향을 받으며, 육체적 활동량을 늘리는 것은 LDL 수치를 낮추는데 도움을 준다.

ⓓ 고밀도 지단백질[HDL : high density lipoprotein]

고밀도 지단백질(High Density Lipoprotein)은 간 및 소장에서 합성되어 혈액을 타고 온몸을 순환하며 세포 내에 있는 여분의 콜레스테롤을 회수하여 간으로 이동시키는 역할을 하며, 간으로 운송된 콜레스테롤은 담즙산으로 배설된다.

HDL은 혈액 내에 존재하는 콜레스테롤을 제거하는데 도움을 준다. 혈청 HDL의 감소는 말초조직으로부터의 콜레스테롤 운반 능력을 감소시키므로 동맥경화의 위험요소로 작용한다. 저 HDL 혈증인 경우 허혈성 심질환 발생률이 높고 동시에 심근경색 환자는 정상인보다 HDL이 저농도를 보인다. 반대로 유전적인 고 HDL혈증에서는 심근경색증의 발생률이 낮고 평균 수명도 길기 때문에 장수증후군이라고 부르기도 한다.

a. 정상치와 변동의 범위

㉠ 정상치의 범위

HDL은 높으면 높을수록 좋다. 35~60㎎/㎗이면 안정 수치이며, 60㎎/㎗ 이상이면 높은 것이다.

㉡ 변동의 범위

· 성별에 의한 변동 : HDL의 정상치는 성인 남성이 40~60㎎/㎗, 여성은 50~70㎎/㎗이다.

· 운동에 의한 변동 : 적당한 운동은 HDL을 증가시킨다.

· 음주, 흡연에 의한 변동 : 흡연은 HDL을 감소시키며, 적당한 음주는 HDL을 증가시킨다.

▶ 지단백질의 종류

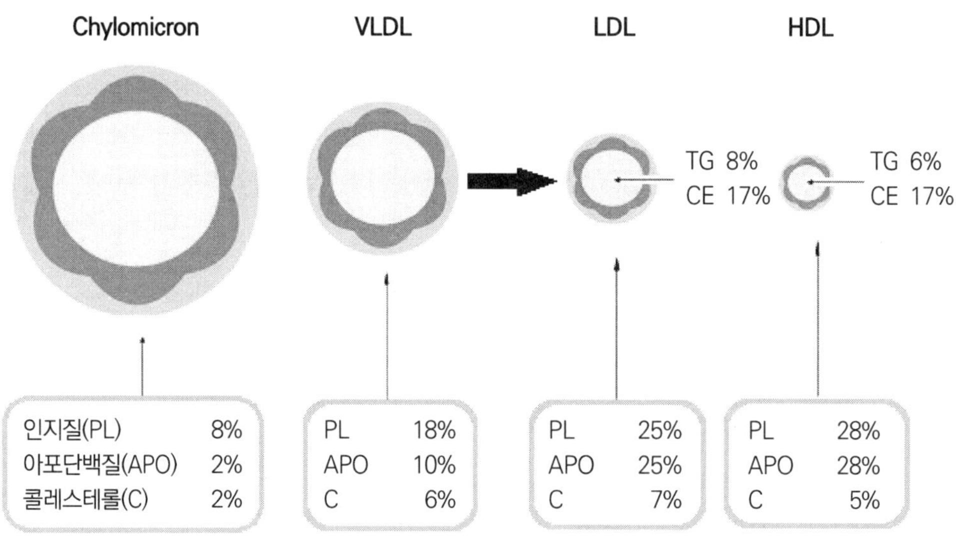

콜레스테롤은 수용액에서 녹지 않으므로 혈액 내에서 자유로이 순환하지 않는다. 따라서 우리 몸속에서 혈액을 타고 이동하기 위해서는 단백질과 결합해야 하는데 이 형태를 지단백질이라고 한다.

지단백질의 종류로는 LDL, HDL, VLDL, chylomicron 등이 있다.

(4) 비타민 · 무기질

비타민·무기질은 식품 속에 소량 함유되어 있으면서 대부분이 우리 몸에서 합성이 되지 않으므로 건강 유지를 위해서 반드시 섭취해야 한다. 다이어트 시에는 섭취하는 식품의 종류와 양이 감소되면서 우리 몸은 충분한 비타민, 무기질을 공급받기가 어렵다. 특히 1200kcal 미만으로 섭취하게 되면 각종 비타민, 무기질이 결핍되기 쉽다. 다이어트 기간 동안에도 체지방 분해는 왕성히 일어나야 하고 노폐물 대사도 원활해야 하므로, 비타민·무기질 필요량은 감소되지 않고 오히려 충분히 섭취해야 한다.

비타민·무기질은 동물성 식품에도 포함되어 있으나 과일이나 채소에 풍부하게 들어 있다. 따라서 채소와 과일은 하루 6회 이상(1일 김치 2회, 녹황색 채소 2회, 과일 2회) 섭취하는 것이 좋으며 자신이 없는 경우에는 비타민·무기질 정제를 섭취해야 한다.

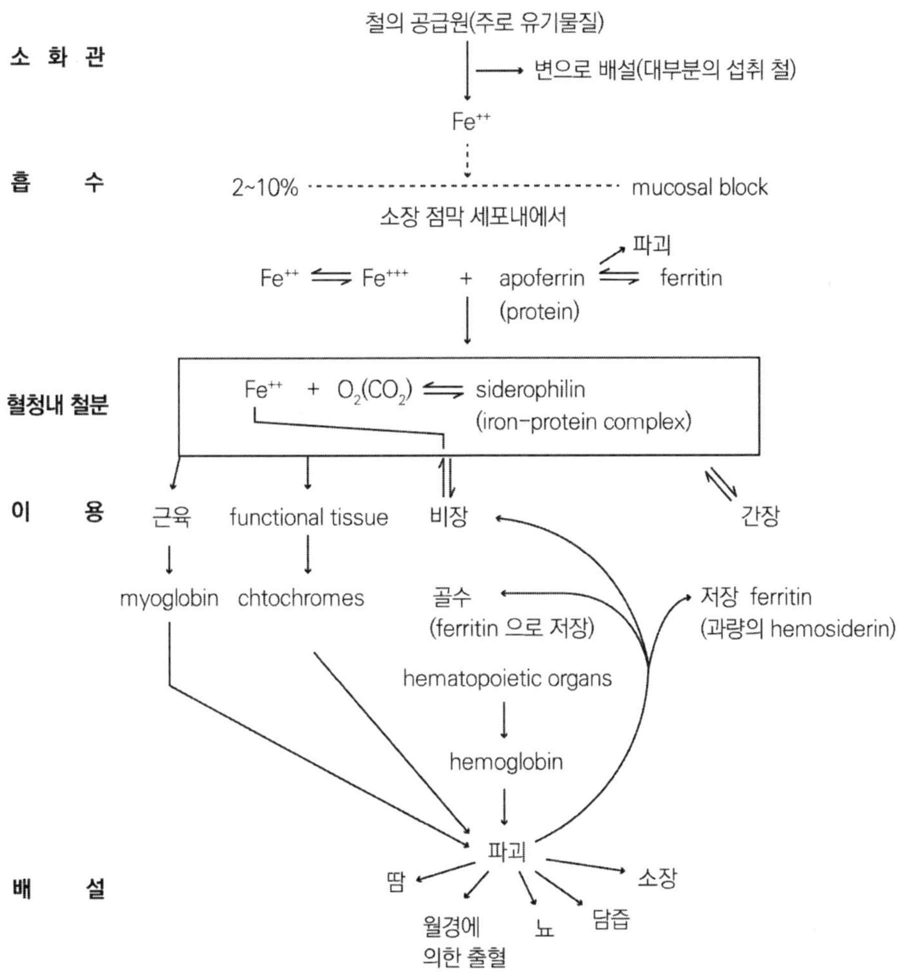

그림 4-9 철의 흡수 및 대사과정

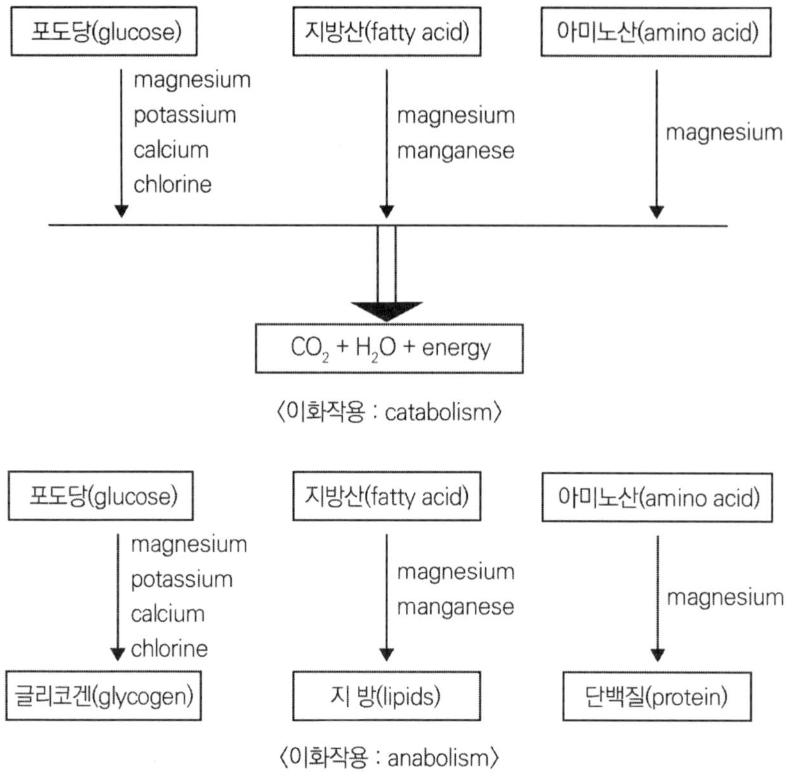

그림 4-10 각종 생리 작용에 관여하는 무기질

2) 탄수화물 · 지방 · 단백질의 상호관계

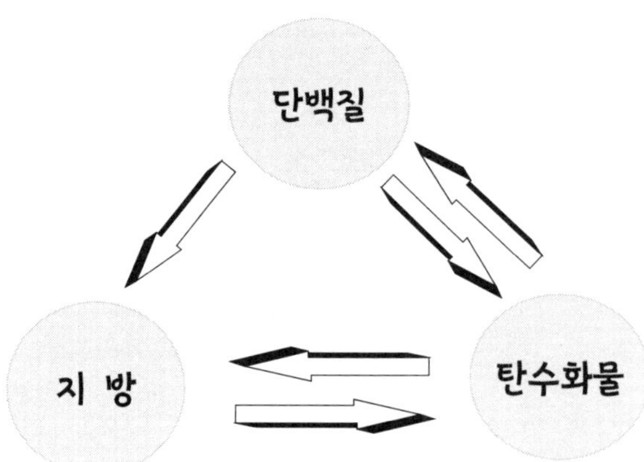

그림 4-12 탄수화물 · 지방 · 단백질의 상호관계

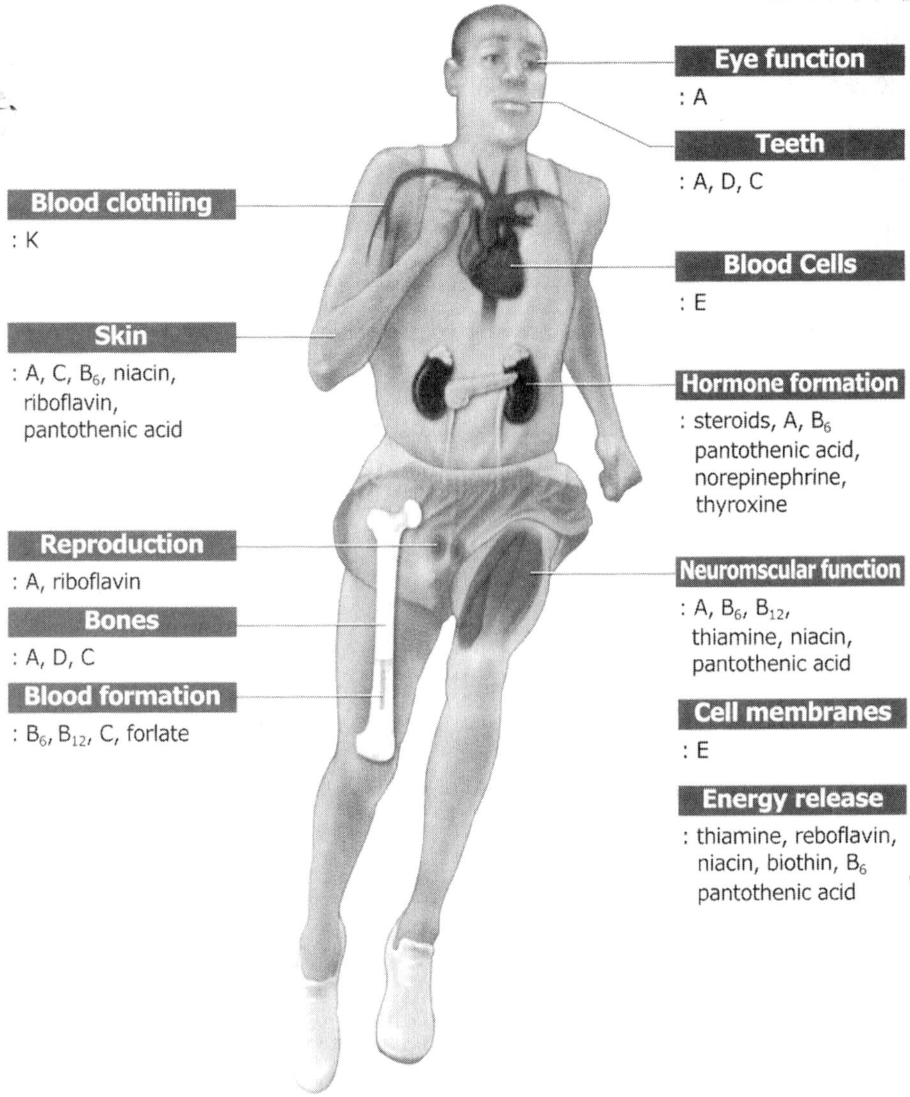

그림 4-11 인체에 작용하는 비타민의 생리기능

3) 3대 영양소의 배분

체중 감량을 위해서는 식사 열량을 낮추고 영양소 배분은 탄수화물 55~60%, 지방 15~20%, 단백질 20~25% 정도로 해서 단백질 비율을 평소보다 오히려 증가시켜야 한다.

4) 비만과 6가지 영양소의 기능

(1) 에너지 급원이 되는 직접적인 영양소는 당질, 지방, 단백질이고 무기질과 비타민류는 에너지를 발생하도록 간접적으로 생리작용에 관여한다.

(2) 이들 세 영양소는 신체 내에서 필요에 따라 서로 교환된다.

(3) 지방질 식사만 피하면 비만을 줄일 수 있는 것이 아니고 에너지원이 되는 녹말성분, 단백질 성분도 지방성분과 마찬가지로 과잉 섭취되면 대부분 체내에 지방으로 저장된다.

(4) 성장을 도모하고, 소모된 조직을 보수한다.

① 단백질, 무기질, 물은 직접적으로 관여하며, 비타민류는 간접적으로 관여하여서 그 목적을 달성하게 된다.

② 골격, 치아는 주로 무기질에 의해 구성

③ 근육, 피부, 연골 등의 조직은 단백질에 의해 구성

④ 혈액은 단백질, 무기질 그리고 기타 영양소에 의하여 구성

⑤ 혈액내의 각 영양소의 양을 측정한다는 것은 흔히 영양상태의 척도가 된다.

⑥ 영양소는 근육, 골격, 중요기관, 혈관 등 신체 조직을 구성하는 요소이며, 조직의 평형, 소모에 대한 보충 역할에 절대적이다.

(5) 신체의 생리작용을 조절한다.

① 무기질과 비타민류는 신체 내에서 일어나고 있는 복잡한 화학작용에 유기, 무기의 촉매작용을 하여 생리작용을 원활하게 조절한다.

② 단백질 또는 아미노산은 효소와 호르몬류의 구성요소로서 직접적으로 생리작용을 조절한다.

③ 물은 체온을 정상적으로 조절하는데 관여하고 있다.

02 에너지 대사

1) 3대 영양소와 대사과정

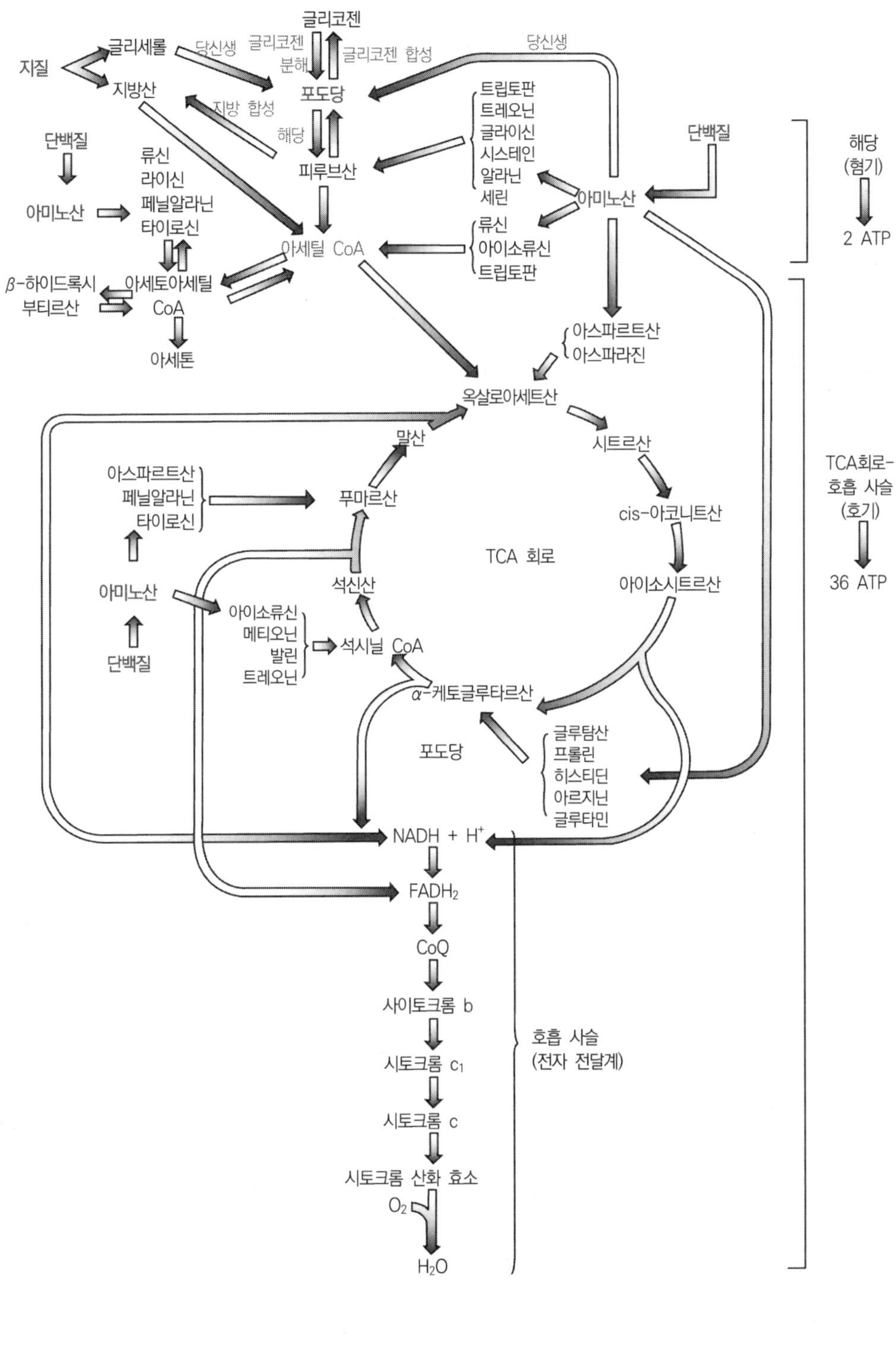

2) 인체의 에너지 소모량(요구량)

(1) 기초대사량

우리는 활동할 때도 에너지를 쓰지만 가만히 누워서 숨 쉴 때도 에너지를 쓴다. 즉, 우리 몸은 가만히 쉬고 있는 동안에도 숨을 쉬며, 심장은 뛰면서 혈액을 순환시키고, 체온이 유지되며, 신장은 노폐물을 걸러내고 있다. 이러한 일련의 생명 유지 작용에 우리 몸은 에너지를 사용하고 있다. 이와 같이 우리 몸이 생명 유지에 쓰는 에너지를 기초대사량이라고 하며, 이때 에너지를 쓰는 속도를 기초대사율(Basal Metabolic Rate)이라고 한다. 기초대사량은 호흡기를 사용하여 측정하나 간단히 계산식에 의해 구할 수도 있다.

남자의 기초대사량(kcal) = 1 × 체중(kg) × 24
여자의 기초대사량(kcal) = 0.9 × 체중(kg) × 24

실제 기초대사량은 우리가 쓰는 에너지의 60~70%로 가장 많다. 하지만 사람마다 차이가 심하며 같은 체중을 가진 사람이라도 키, 체구성비, 활동력, 식습관 등에 의해 차이가 난다. 근육은 지방조직에 비해 휴식 시에도 대사가 왕성하게 일어나므로 근육이 많은 사람은 기초대사량이 높다. 기초대사량이 높은 사람은 가만히 숨쉬고 있을 때도 에너지를 많이 쓰게 되므로 체중이 쉽게 증가하지 않으나 기초대사량이 낮은 사람은 쉽게 체중이 증가한다. 중년이 되면 근육량이 적어지고 활동량이 줄어들면서 기초대사량이 10년에 약 5%씩 감소한다. 또한 공복시간이 오래 지속되면 몸의 적응 현상으로 맥박이 느려지면서 기초대사량이 감소한다.

표 4-4 기초대사량이 높은 사람, 낮은 사람

기초대사량이 높은 사람 (살이 잘 안 찌는 사람)	기초대사량이 낮은 사람 (살찌기 쉬운 사람)
근육이 많은 사람 키가 큰 사람 갑상선 기능이 항진된 사람 스트레스가 많은 사람 춥거나 더운 곳에서 생활하는 사람 흡연을 많이 하는 사람 카페인 섭취가 많은 사람	근육이 적은 사람 키가 작고 뚱뚱한 사람 갑상선 기능이 저하된 사람 단식 혹은 굶기를 자주하는 사람 굶다가 폭식하는 사람 영양실조인 사람 다이어트를 수없이 반복한 사람 하루에 2끼 정도 식사하면서 많이 먹는 사람 행동이 느릿느릿한 사람

기초대사량

에너지 절약장치가 가동되지 않는 최저 에너지는 기초대사량의 90%이다.

생명을 유지하는데 필요한 기초대사량은 숨쉬고 심장이 뛰고 체온을 유지하는 등에 쓰이는 에너지라고 배웠다. 따라서 아무리 다이어트를 한다고 하더라도 기초대사량 이하로 섭취하면 생명 유지를 위한 에너지가 모자라게 된다. 이때 우리 몸은 '에너지 절약 장치'를 가동시키게 되어 심장이 천천히 뛰고 체내 대사과정이 느려지면서 에너지를 덜 쓰는 엔진으로 바뀌어 버린다. 즉, 기초대사량이 저하되면서 체중감소가 점점 어려워진다. 심하게 에너지를 제한할 경우 기초대사량이 45%까지 감소된다.

따라서 각 체중당 기초대사량만큼은 섭취하는 것이 좋으며 아무리 낮아도 대사량의 90% 미만으로 내려가는 것은 금해야 한다. 기초대사량이 떨어지면 우리 몸은 점점 에너지를 덜 쓰는 엔진으로 바뀌며 나중에 옛날 식습관으로 돌아갔을 때 요요현상을 겪게 된다. 그러므로 저칼로리 식사 때는 운동을 꼭 병행하여 근육량을 늘려서 기초대사량이 떨어지지 않게 한다.

(2) 활동 에너지

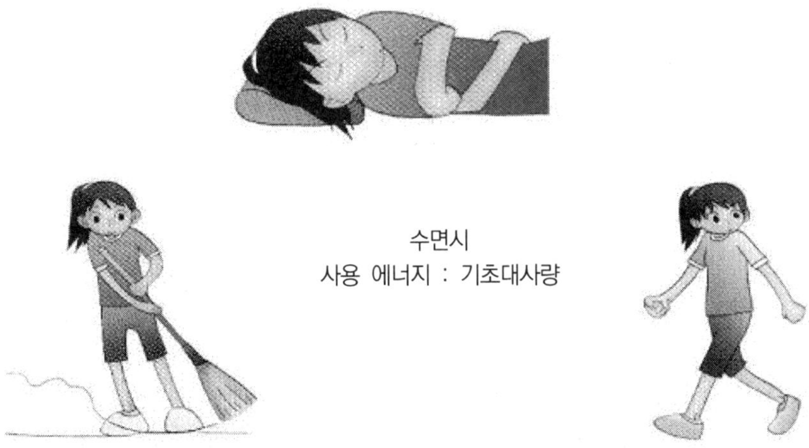

그림 4-13 **상황에 따라 쓰이는 에너지 종류**

활동 에너지는 골격 근육을 의식적으로 움직이는 데 사용하는 에너지로서 개인의 활동량에 따라 차이가 많이 난다. 운동할 때는 근육을 움직이는 데 여분의 에너지를 소모하게 되므로, 심장이나 폐는 더 많은 산소와 영양소를 공급하기 위해서 많은 에너지를 쓰게 된다. 운동 혹은 활동을 하는 데 소모되는 에너지는 활동의 종류뿐 아니라 근육의 양, 체중, 활동시간, 활동빈도, 강도 등에 의해서 좌우된다. 즉, 근육량이 많을수록, 운동을 오래할수록, 자주할수록, 강도가 높을수록 활동 에너지를 더 많이 쓴다.

(3) 식품의 열 발생 에너지

우리 몸속에서는 음식을 섭취하면 장의 운동이 활발해지고 소화효소를 분비하는 등 일련의 작용이 일어나게 된다. 이와 같이 식품의 소화과정과 영양소의 흡수, 대사, 이동, 저장으로 사용하는 에너지를 식품의 열 발생 에너지라고 한다. 이러한 식품의 열 발생 에너지는 음식의 조성, 음식의 양, 횟수에 따라 다르다. 고단백 음식이 열 발생 에너지가 가장 높고, 지방이 많은 음식이 낮다. 그러나 식품의 열 발생에너지는 전체 소비 에너지의 약 10%로 별로 크지 않기 때문에 무시해도 괜찮다.

3) 체중 감량을 위한 에너지 섭취량 계산법

대부분 다이어트는 체중 감량에서 60~75%의 성공률을 보인다. 그러나 빠진 체중을 5년간 유지하는 사람은 5% 미만으로 찾아보기 어렵다. 다이어트는 일시적으로 행하는 것이 아니라 식습관의 변화를 일으켜 고정시킴으로써 일생 동안 계속되어야 한다.

K양은 신장 160cm, 체중 74kg으로서 서비스업에 종사하는 여성이다. 다이어트를 시작하기로 결심한 K양은 칼로리를 얼마나 섭취해야 할까? 다이어트 시에 섭취하는 칼로리 계산법에는 여러 가지 방법이 있다.

(1) 표준체중을 이용하는 방법

· 빠른 체중 감량을 원할 때 이용하는 것으로 아주 엄격한 방법이다.
· 표준체중을 구한다(Broca법 이용).
  신장이 151cm 이상이면 (신장 - 100) × 0.9 = 표준체중(kg)
· 표준체중에 활동도에 따른 에너지양을 곱한다. 서비스업 종사자인 경우에는 표준체중에 30을 곱하여 에너지 필요량을 구한다.
· 감량하고 싶은 체중만큼 에너지를 감해 준다. 이상적인 감량은 일주일에 0.5kg 정도이다. 체중 0.5kg은 3500kcal에 해당하므로 일주일에 0.5kg 감하려면 하루에 500kcal를 감해주면 된다.

표 4-5 활동도에 따른 에너지 요구량

생활 활동 강도	직 종	체중당 필요 에너지양(kcal/kg)
가벼운 활동	일반사무직, 관리직, 기술자, 어린 자녀가 없는 주부	25~30
중등도 활동	제조업, 가공업, 서비스업, 판매직 외 어린 자녀가 있는 주부	30~35
강한 활동	농업, 어업, 건설작업원	35~40
아주 강한 활동	농번기의 농사, 임업, 운동선수	40~

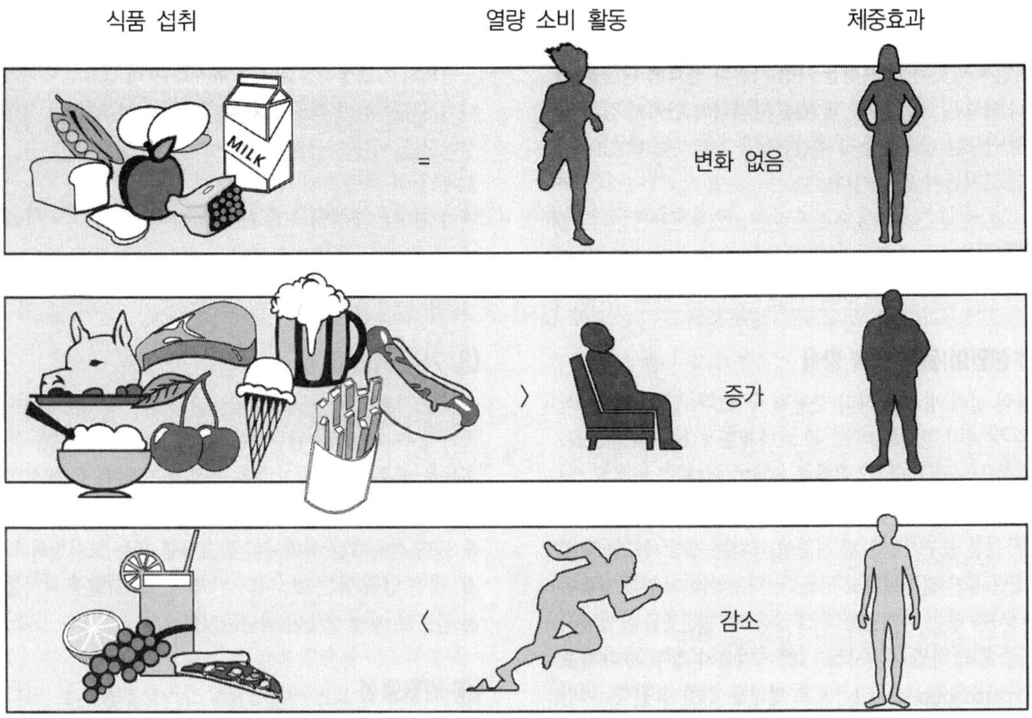

그림 4-14 열량균형 : 신체 활동으로부터 나오는 일부 열량 균형의 경우 투입되는 에너지와 소비되는 에너지

(2) 표준체중을 이용한 에너지 섭취량 계산

K양 : 신장 160cm, 체중 74kg

표준체중 = (160 - 100)× 0.9 = 54kg

활동에 따른 에너지 필요량 = 54 × 30(중등도 활동) = 1620kcal

감량하고 싶은 만큼 감함 : 1620-500(일주일에 0.5kg 감량) = 1120kcal 미만으로 섭취하게 되면 단백질, 비타민, 무기질 등의 영양소가 결핍되기 쉬우며 저칼로리 섭취에 대한 몸의 적응 현상으로 대사속도가 느려지면서 점점 기초대사량이 감소되어 나중에 요요현상을 겪게 되므로 주의가 요망된다.

(3) 조절체중을 이용하는 방법

◦ 비만도가 20~30% 이상인 사람이 이용하는 것으로 엄격한 방법이다.

청소할 때	식후의 산보
사용 에너지 : 기초대사량 + 활동에너지	사용 에너지 : 기초대사량 + 활동에너지 + 식품의 열 발생 에너지

- 앞에서 사용한 표준체중은 현재의 체중을 고려하지 않은 것이므로, 실제로 많이 먹던 사람이 갑자기 1100kg를 섭취하는 것은 현실적으로 문제가 따를 수밖에 없다. 따라서 현재 체중을 감안하여 표준체중에 비해 많이 초과할 때, 조절체중을 이용하는 것이 효과적이다.
- 현재의 체중이 표준체중에 비해 많이 초과할 때, 조절체중을 이용하는 것이 효과적이다.
- 조절체중 = {표준체중 + (현재체중 - 표준체중)/4}
- 위 식에서 보듯이 현재체중이 줄어서 표준체중에 가까워지면 조절체중은 표준체중과 비슷해진다.

(4) 현재 체중을 이용하는 방법

표준체중이나 조절체중이 현재체중과 차이가 많을 때는 표준체중이나 조절체중으로 계산된 낮은 에너지 섭취량을 계속하기가 힘들다. 이때 현재체중을 사용하여 구한 에너지 섭취량은 보다 관대한 방법으로서 체중은 약간 더디게 빠지나 다이어트 하기가 쉬워 오랫동안 할 수 있고 기초대사량 저하가 별로 일어나지 않아 요요현상이 잘 일어나지 않는다.

- 현재체중을 이용한 에너지 섭취량 계산

  K양 : 신장 160cm, 체중 74kg

  활동도에 따른 에너지 필요량 = 74 × 30(중등도 활동) = 2220kcal

  감량하고 싶은 만큼 감함 : 2220 - 500 = 1750kcal(약 1700kcal)

(5) 칼로리 계산

남자 : 66.4 + 〈13.7 × 조정 체중〉 + 〈5 × 키(cm)〉 - 〈6.8 × 나이〉

여자 : 655 + 〈9.6 × 조정 체중〉 + 〈1.8 × 키(cm)〉 - 〈4.7 × 나이〉

* 조정 체중 : 표중 체중 + (실제 체중 - 표준체중) × 0.25

칼로리 필요량 계산 시 실제 체중을 기준으로 하면 필요량이 과다하게 산정되는 문제가 있다. 이러한 문제를 해결하기 위해 조정 체중을 이용한다.

㉬ 키 163cm 몸무게 59kg인 25세 여자의 기초대사량은?

우선 조정 체중을 구한다.

표준 체중 = 1.63×1.63× 21=55.79

조정 체중 = 55.79+(59-55.79) × 0.25 = 56.59

기초대사량 = 655+(9.6× 56.59) + (1.8×163)-(4.7× 25) = 1374kcal

여기에 활동 계수를 곱해야 하는데 여대생이나 직장 여성이라면 '보통활동'에 해당하므로 1.5로 계산하면 된다. 그러므로 하루 필요에너지는 1374 × 1.5=2061kal가 된다.

03 물

우리 몸의 60~70%는 물로 구성되어 있다. 물은 우리 몸에서 세포외액, 내액의 중요 구성 성분이며, 노폐물을 씻어 내는 역할을 한다. 우리 몸에서 일어나는 거의 모든 대사과정이 물을 매개로 하여 일어나므로 물을 충분히 마신다는 것은 신체의 신진대사를 촉진하게 되어 에너지를 쓰기 쉬운 몸으로 만들어 준다. 한편으로 충분한 물을 섭취하는 것은 배고픔을 줄여 줌으로써 다이어트에도 도움이 되며, 다이어트 시 체단백 분해로 생기는 노폐물을 몸 밖으로 배출하는 데도 필요하다.

우리 몸에서 하루에 배설하는 물의 양은 호흡, 피부, 대변, 소변을 통하여 약 2ℓ이다. 따라서 하루에 2ℓ 이상의 물이 몸으로 들어와야 한다. 우리가 식품을 통해 마시는 물이 0.7ℓ, 몸의 대사과정에서 합성되는 물이 0.3ℓ이므로 나머지 1ℓ의 물은 마시는 것이 좋다. 즉, 하루에 6~7컵의 물을 마셔야 한다.

물은 우리 일상생활에 있어서 큰 비중을 차지하는 물질일 뿐만 아니라 우리 신체 내에서는 여러 가지 중요한 기능을 한다. 즉 물은 우리 체내에서 필요한 물질을 운반하는 기능도 하고 윤활유의 기능도 한다. 또 체온을 조절하는 기능도 한다. 그러나 우리가 마시는 물의 질은 크게 다르다.

수도꼭지에서 받은 물과 병에 담아서 시판하는 물의 질은 크게 다르다. 물과 우유를 비교할 때 우유가 물보다 훨씬 질이 좋은 것은 사실이지만, 모든 면에서 반드시 그렇지는 않다. 우리는 주스나 커피를 마심으로써 수분을 섭취하기도 한다. 하지만 거기에는 건강을 해칠 요소들이 포함되어 있다. 물대신 섭취할 수 있는 가장 좋은 것은 과일 주스이다.

우리는 필요한 물을 여러 가지 방법으로 공급받는다. 유동물체에서 물을 얻을 수 있다. 음료수, 커피, 주스, 우유, 맥주 그리고 포도주 등에서도 물은 얻을 수 있는데 이는 약 6컵, 1.5리터 정도가 된다. 2~4컵 정도의 수분은 단단한 음식물에서도 얻을 수 있다. 음식에 따라 포함되어 있는 수분의 양은 크게 다르다.

식용유에는 수분이 전혀 없으나 상치는 95%가 수분이다. 고기와 생선은 1/2이, 그리고 빵은 1/3이 수분으로 구성되어 있다. 소량의 수분은 신진대사 과정을 통해서 얻기도 한다. 신체 내에서 얻을 수도 있다. 그 양은 일단 1~2컵 정도에 지나지 않는다.

활용한 수분은 소변, 피부, 폐 그리고 대변을 통해서 배출된다. 이것은 곧 체내의 수분이 손실되는 현상이지만 우리는 그것을 전혀 의식하지 못하고 있다. 예를 들어 3시간 반 쯤 비행기를 타고 여행하게 되면 건조한 기내 공기 때문에 우리는 약 900그램 정도의 수분이 손실된다. 42킬로미터쯤 마라톤 달리기를 하면 4,500그램 가량의 수분이 손실된다. 체내의 수분이 과도하게 손실된 상태를 흔히 탈수상태라고 하는데, 이는 손실된 양의 수분을 보충하지 않았을 때 일어나는 현상이다. 체내 수분의 약 10%가 소실되면 심한 생리적 장애를 일으키고, 20%쯤 소실되면 생명이 위태롭게 된다.

우리 체중에서 수분이 차지하는 비중은 매우 크다. 신생아 체중의 75%, 남자 성인 체중의 60%, 그리고 여자 성인 체중의 55%가 수분이다. 이렇게 볼 때 수분은 생명의 액체라고 볼 수 있다. 이 생명의 액체는 우리 체내에서 매우 다양한 기능을 한다.

첫째, 체내의 영양물질과 노폐물을 이동시키는 기능을 한다. 특히 혈액과 소변에서 수분은 매우 중요한 기능을 담당한다.

둘째, 수분은 신체의 윤활작용을 한다. 눈의 망막운동을 돕는 것, 골격과 골격의 접촉부위를 원활하게 해주는 것, 그리고 식사과정에서 씹고 삼키는 기능을 하는 것 등이 모두 체내의 수분에 의해서 수행되고 있다.

셋째, 체내의 수분이 체온을 조절한다. 체온이 높아지면 그 수분을 통해 열이 발산된다. 그러고 나면 정상체온으로 회복된다. 우리 정상체온은 37℃~42℃ 이상이 되면 생명을 잃게 된다. 이때 체온을 통제하는 것은 체내의 수분이다.

체온의 85%는 피부를 통해서 손실된다. 운동 때문에 혹은 다른 원인 때문에 체온이 높아지면 혈액이 찬 공기 표면 가까이에서 순환되어 열을 외부로 방출한다. 이와는 달리 열이 내려가면 피부 저변에서 순환하는 혈액이 줄어들어 열 손실을 막아준다.

땀을 흘렸다고 해서 반드시 체온이 내려가는 것은 아니다. 수분이 증발 되어야 체온이 떨어진다. 그러나 거기에는 일정한 한계가 있다. 이것을 알게 되면 온도가 높고 습도가 높은 조건하에서 신체적 운동을 하면 왜 위험한지 그 원인을 쉽게 이해할 수 있을 것이다. 공기 속에 습기가 많으면 피부를 통해서 수분이 증발될 수 없다. 이것이 곧 일사병의 직접원인이 된다. 체온이 42℃까지 올라가게 되면 손상된 세포가 회복될 수 없어 결국 생명을 잃게 된다.

① 시판 생수와 수돗물

수돗물은 클로틴이라는 물질로 정수한 것이다. 이것은 질병을 일으킬 위험이 많은 박테리아와 바이러스를 소독하기 위한 것이다. 그렇다고 여러 가지 오염을 완전히 방지할 수 있다고는 볼 수 없다. 일반 사람들은 시판되는 생수가 보다 위생적이고 건강을 보호하는 물이라고 생각하는 경향이 있다. 하지만 전문가들은 이 시판되는 생수가 수돗물보다 반드시 질이 좋은 물이라고는 생각하지 않는다. 또 시판 생수가 수돗물에 비해서 너무 비싸다는 단점이 있다. 엄격하게 따지면 이 시판되는 생수는 자연수가 아니라 보다 많은 정수과정을 거친 것에 불과하다.

시판 생수 가운데에는 광천수도 있어 매우 유익한 물로 추천되고 있으나 그 가운데에는 나트륨이 다량 함축되어 심장장애를 유발할 위험이 큰 것도 있다. 참고로 시판되는 생수의 종류와 그 특징을 살펴보기로 하자.

ⓐ 증류수 : 물을 증류시켜 다시 압축한 것으로 불순물질이 비교적 완전하게 제거된 물이다. 그러므로 맛이 전혀 없어 많은 사람의 구미에 맞을 수 없다.

ⓑ 자연수 : 전혀 가공되지 않은 물로 환경이 잘 보존된 곳에서 끌어올린 물이다. 이는 내포되고 있는 유기물질의 수준에 따라 광천수라고도 불리고 있다. 천연수는 칼슘, 마그네슘, 포타슘 그리고 나트륨 등을 함유하고 있다.

ⓒ 자연적 탄화수 : 수원이 탄산으로 포화된 물이다.

ⓓ 인공적 탄화수 : 탄산가스를 써서 인공적으로 탄화산으로 포화시킨 물이다. 혼합 소다수는 여러 가지 물질을 혼합시켜서 만든다. 대부분이 나트륨을 사용해서 만든 것들이다. 다른 물보다 나트륨 성분이 월등하게 높다. 셀처탄산수는 세 번에 걸쳐 여과시켜 탄화물을 추가시킨 것으로 나트륨 성분은 낮으며 다른 물질은 첨가되지 않는다.

② 음료수와 물

이미 앞에서 서술한 바와 같이 우리는 체내에 필요한 수분을 공급하기 위해 매일 여러 가지 음료수를 섭취하고 있다. 우리에게 가장 큰 수분의 공급원은 역시 물이다. 그러면 물과 다른 음료수와는 어떻게 다른 가 살펴보기로 하자.

우리들은 수분섭취를 위해 주스와 같이 가벼운 음료를 선호하는 경향이 있다. 그러나 이러한 음료수에는 칼로리는 있으나 영양소는 포함되어 있지 않다. 한 사람이 한 해 동안 평균 115리터의 가벼운 음료수를 마시고 있다. 섭취한 가벼운 음료수는 신체에서 필요한 수분은 공급되나 그것으로 문제가 다 해결되는 것은 아니다.

성장과정의 아이들이 가벼운 음료수를 섭취하게 되면 신체발육에 필요한 영양소 섭취가 방해된다. 가벼운 음료수는 여러 가지 인공성 당분과 카페인이 첨가되어 있기 때문에 섭취한 사람의 건강을 크게 해칠 우려가 있다. 가공성 음료수는 갈증해소에 도움이 되지 않으며, 결과적으로는 신체는 물에 대한 욕구를 더 강하게 느끼게 된다.

카페인 음료수도 수분섭취의 한 수단이 되고 있다. 커피, 홍차 그리고 콜라 등에는 모든 카페인이 함유되어 있다. 그러므로 이들이 섭취하게 되면 흥분하게 되고 정신이 바짝 들기도 한다. 카페인은 이뇨제 역할을 하므로 체내 수분의 손실을 가져올 우려가 있다.

우리가 커피를 마시게 되면 수분이 공급되는 것이 아니라 손실을 가져온다는 것을 알아야 한다. 우유는 물을 대용으로 섭취할 만한 것 중에서 가장 좋은 건강음료수이다. 우유에는 단백질과 칼슘이 많이 포함되어 있고 가장 좋은 리보플라빈(비타민 B_2와 G)원이며 강화된 비타민을 첨가하면 비타민 A와 D의 원이 된다. 우유가 모든 사람에게 맞는 것은 아니다. 전세계 인구의 2/3 이상이 2세 후에는 유당을 소화시키지 못한다. 아시아보다 중동인의 80%, 아프리카계 미국인, 미국계 유태인의 70%는 각각 유당소화 문제로 크게 고통을 받고 있다. 유당을 다량 섭취하게 되면 설사하고 가스를 배출한다. 이와 같이 우유나 유제품을 다량 섭취하게 되면 설사하고 가스를 배출한다. 이와 같이 우유나 유제품을 복용했을 때 생기는 불쾌감을 유당불내감증이라고 한다.

과일주스와 과일음료수는 순수한 물 대용품으로 가장 좋은 것으로 알려지고 있다. 이것은 나트륨은 낮고 포티슘(칼슘)이 높다는 장점이 있다. 오렌지 주스를 통해서 다량의 비타민 C를 섭취할 수 있다. 토마토 주스에는 비타민 A, C가 함유되어 있고 170그램용 유리잔 한 잔의 주스에는 35칼로리가 함유되어 있다. 과일주스와 과일음료수는 구분해야 한다. 과일음료수에는 과일주스가 함유되어 있고 당분도 함유되어 있다. 하지만 이것은 갈아서 만든 것이기 때문에 영양소가 풍부하지 못하다. 그러나 수분을 섭취하는 데에는 크게 부족함이 없다. 그러나 사람에 따라서는 많이 섭취하지 못하는 수도 있다.

③ 충분한 양의 물

물은 대부분 규칙적으로 마시는 것이 아니라 갈증을 느낄 때마다 마시는 것이 보통이다. 갈증이 날 때마다 자동적으로 물을 마심에도 불구하고 우리에게 필요한 물의 양을 충족시키지 못하고 있다. 특히 심한 병을 앓는다든지 과격한 운동을 했을 때에는 충분한 수분을 섭취하지 못하고 있는 것같이 느낀다. 나이가 든 사람들은 갈증을 별로 느끼지 않는다. 갈증을 느낄 때 수분을 섭취하면 갈증의 60~70%밖에 충족시키지 못한다. 특히 신체적 활동이 많은 사람의 경우 갈증을 느끼기 전이라고 물을 섭취하는 것이 바람직하다. 왜냐하면 많은 양의 물이 신체의 외부로 배출되고 있기 때문이다.

육상경기 선수는 경기 전후해서 다량의 수분을 섭취할 필요가 있다. 약 0.95리터의 물은 한 시간이면 위에서 완전히 빠져나가버린다. 육상선수는 위장 속에 물이 공급되는 속도보다 빠른 속도로 땀을 흘린다. 그러므로 열장애를 미리 예방하기 위해서는 2컵 이상의 물을 경기 전에 섭취해야 하고 두 컵의 물은 경기 15분 전에 섭취해야 한다.

활동 중에는 그 강도에 따라 다르겠지만 매 15분마다 1/2~1컵의 물을 마셔야 한다. 운동생리학자는 선수들에게 스포츠 음료수는 설탕의 농축물이고 체내에 공급되기보다는 위속에 머물러 있는 시간이 길기 때문이다. 우리는 하루에 적어도 약 6잔의 물을 섭취해야 한다. 8잔을 마시면 더 좋다. 1컵의 물은 약 226.8그램에 해당된다.

04 식이섬유소

식이섬유소란 식물에 함유되어 있는 셀룰로오스나 펙틴 등 인간의 소화효소로 분해되지 않아 인체 내에서 소화, 흡수되지 않고 그대로 배설되는 물질을 말한다. 식이섬유소는 열량을 내거나 신체대사를 조절하는 역할은 하지 못하므로 예전에는 쓸모없는 영양소로 생각되었다. 그러나 섬유소가 체내에서 물을 흡착하여 부풀어 올라 만복감을 주고 장내에서 콜레스테롤, 지방과 결합한 다음 몸 밖으로 배출시킨다고 알려지면서 배불리 먹고 싶으나 비만이나 고지혈증 등의 성인병에 걸리고 싶지 않은 현대인들의 욕구에 들어맞는 웰빙 영양소가 되었다.

식이섬유는 동맥경화증, 당뇨병, 장 질환 등의 예방과 같은 다양한 효능을 가지고 있기 때문에 현재는 제6의 영양소로 각광받고 있다.

식이섬유소는 하루에 음식으로 25~30g 섭취하는 것이 좋다. 현미밥, 현미빵, 보리빵 등의 통곡식, 대두류나 버섯류, 채소·과일(샐러드보다는 나물, 과일주스보다는 통과일이 좋음), 미숫가루, 생식, 감자 등의 간식, 김이나 미역국 등을 통해 식이섬유소를 섭취할 수 있다.

① 식이섬유소의 효과

식이섬유소는 고분자 섬유화합물로서 여러 가지 물리 화학적 성질을 가지며 건강증진 및 성인병 예방에 유효한 생리적 특징도 다양하다.

표 4-6 식이섬유소의 분류와 급원식품

기 원	분 류	급 원
세포벽구성물질 (불용성 식이섬유소)	Cellulose	곡류(현미, 라이맥, 통밀), 대두, 채소류
	Hemicellulose	밀배아, 채소류
	Protopectin	감귤류, 사과 등 과일, 줄기
	Lignin	당근, 우엉, 산채류
	Chitin	게, 새우
비 구조물질 (수용성 식이섬유소)	Pection	감귤류, 사과
	식물 Gum 점질물질	구아검, 미역, 다시마
	해조다당류	미역, 다시마, 알긴산, 카라기난, 한천
	화학적 합성다당류	CMC polydextrose

표 4-7 식이섬유소의 건강증진 효과

물리적 성질	생리적 성질	질병
보수성(팽윤성)	분변량 증가	변비예방, 충수염, 장 게실염 예방
확산, 지지작용, gel형성	일부 영양소 흡수 억제, 혈중 당질 · 콜레스테롤 · 담즙산 감소	비만, 당뇨병, 동맥경화, 고지혈증 및 담석증 예방
난소화성	장내세균총 변화, 장의 연동 촉진, 장내 유해균 억제 (유해물질 생성억제)	변비 예방, 대장암 예방
양이온 결합 또는 교환작용	Ca, Fe, Zn과 결합 Na과 K의 교환작용	식이섬유소의 지나친 섭취는 무기질 결핍증 초래

② 섬유소의 양이 늘면 칼슘과 철분 양도 늘려야 한다.

식이섬유는 원래 식사 중의 영양 성분 흡수를 방해하는 성질이 있다. 이는 영양 면에서 마이너스 효과가 있으나, 과잉 영양 상태인 사람에게는 오히려 비만 예방 효과가 크다.

식이섬유는 중성 지방이나 콜레스테롤 등의 흡수를 방해해서 혈액 중의 중성지방이나 콜레스테롤 수치를 저하시켜 고지혈증(高脂血症)을 예방한다. 식이섬유는 담낭에서 십이지장으로 분비되는 담즙 중의 담즙산 흡수도 저해한다. 담즙산은 지방의 유화에 필요한 물질로, 그 작용이 끝나면 대부분은 소장에서 다시 흡수되어 간장으로 되돌아간다. 물에 녹지 않는 식이섬유가 담즙산과 잘 결합하는 성질이 있어 흡수를 막는 것이다. 식이섬유를 많이 섭취하면 간장으로 되돌아가는 담즙산이 적어지며, 콜레스테롤의 흡수도 저해되기 때문에 간장에서 콜레스테롤의 담즙산으로의 분해가 진행되어 담낭에 콜레스테롤이 쌓이는 것을 막아 담석 예방 효과가 있다.

당뇨병은 혈당치를 조절하는 인슐린의 분비 부족으로 일어나는 질병으로, 당분을 천천히 흡수시켜 혈당치를 급히 높이지 않으면 그만큼 췌장에서의 인슐린 분비를 줄일 수 있다. 그래서 식이섬유는 당뇨병의 식이요법이나 예방에 효과가 있다.

물론 식이섬유가 모든 면에서 다 좋은 것은 아니다. 칼슘이나 철분 등의 무기질 흡수도 방해하기 때문이다. 칼슘부족에서 오는 골다공증이나 철분부족에서 오는 빈혈을 예방하고 건강을 유지하기 위해서는 식이 섬유의 양이 증가한 만큼 칼슘과 철분 섭취량도 늘려야 한다.

③ 섬유소의 작용 세 가지

ⓐ 변비를 예방한다.

채소나 과일, 감자류, 해조류, 버섯 등에는 사람이 소화시키지 못하는 섬유소가 풍부하게 들어 있다. 이들 섬유소는 소화관 속을 그냥 지나쳐 나오기 때문에 영양적으로는 전혀 가치가 없다. 하지만 쥐를 이용한 실험 결과를 보면 단순히 영양소만을 배합한 먹이보다 섬유소를 섞어 많든 먹이로 키운 쥐가 건강 상태도 좋고 잘 자랐다고 한다. 뿐만 아니라 최근에는 섬유소에도 영양가가 있다는 사실까지 밝혀졌다. 변비를 고쳐 주고 예방함으로써 건강유지는 물론 피부미용에도 뛰어난 효능을 나타낸다는 사실이다.

운동 부족이나 식사량이 적을 때 일어나는 이완성 변비, 즉 대장 움직임의 둔화로 인한 변비에는 섬유질이 풍부한 식품이 장을 자극해 변이 잘 나오게 한다. 무나 다시마, 미역 등에 들어 있는 다당류도 수분을 많이 보유하고 있어 변을 부드럽게 해 주는 변비에 좋은 식품으로 알려져 있다.

섬유질은 또한 장내세균과도 관계가 깊다. 사람의 장 속에는 비타민 등을 만들어 공급하는 이로운 균인 유용균이 있는가 하면 유독 물질을 만들어 내는 해로운 균, 즉 유해균도 있다. 유용균이 유해균보다 우세하면 건강에 좋지만 그 반대가 되면 건강을 해치고 얼굴에 기미가 생기거나 심한 경우 대장암에 걸릴 수도 있다.

섬유질 섭취량이 적으면 대장 내의 환경 변화에 따라 담즙산과 그 밖의 물질에서 발암물질의 생산량이 증가한다. 또한 대장 내용물의 배설이 늦어지다 보니 자연히 발암 물질과 대장 점막과의 접촉시간이 길어져 결과적으로 암 발생 위험성이 커진다. 그러나 반대로 섬유질 섭취량이 충분하면 그 위험성이 줄어든다. 무조건 소화·흡수가 잘되는 식품만 섭취하는 것만이 좋지 않다는 것을 알 수 있을 것이다.

ⓑ 콜레스테롤을 저하시킨다.

섬유질은 콜레스테롤을 저하시키는 작용도 있다. 즉 섬유질을 섭취하면 장의 용적이 늘어나기 때문에 장 내에 있는 담즙이나 음식물 중의 콜레스테롤, 또는 콜레스테롤에서 만들어지는 담즙산의 흡수가 방해되어 이들이 잘 배설된다. 그래서 담즙산이 적어지면 이것을 보충하기 위해 체내의 콜레스테롤이 담즙산으로 변해서 콜레스테롤이 더욱 줄어든다. 이러한 작용은 섬유질뿐만 아니라 버섯과 해조류, 과일 등에 들어 있는 다당류에도 있다.

ⓒ 비만 예방

섬유질의 효과 가운데 가장 흥미 있는 것은 칼로리를 함유하지 않았음에도 불구하고 음식물의 부피가 커진다는 것이다. 뚱뚱한 사람은 많이 먹는 습관이 있기 때문인지 칼로리가 낮은 식품을 먹은 다음 배고픔을 호소하는 경우가 많다. 즉 위 주머니에 음식이 잔뜩 들어 있지 않으면 만족감을 느끼지 못하는 것이다. 그렇다 보니 과자 등의 간식을 섭취하게 되고, 이는 결국 모처럼 칼로리가 낮은 식사로 비만을 치료하려던 계획을 수포로 돌아가게 만들고 만다. 이런 사람들은 부피가 많아야 비로소 먹는 것 같은 기분을 느낀다. 그런데 채소나 버섯, 해조류는 많이 먹어도 칼로리가 매우 낮기 때문에 비교적 안심하고 만족스러운 식사를 할 수 있다. 평소에 채소류나 해조류를 많이 먹는 사람은 여간해서 살이 찌지 않고, 살이 찐다고 해도 심각한 상황까지는 이르지 않는다.

채소에 들어 있는 식품 섬유 함량(100g기준)은 다음과 같다, 섬유질 함량도 담색 채소보다는 녹황색채소가 많다는 것을 알 수 있다.

- 녹황색 채소 : 당근 1.1g, 시금치 0.9g, 고추 1.5g, 무청1.4g, 부추 1.3g, 피망 2.0g, 아스파라거스(녹색) 0.8g, 냉이 1.1g, 쑥 3.0g, 고비 3.8g, 고사리 1.4g
- 담색 채소 : 레터스 1.4g, 양배추 0.8g, 양파 0.7g, 오이 0.4g, 가지 0.8g

④ 식이섬유소의 영양학적인 중요성

섬유소의 함량이 높은 식품은 미량 원소(미네랄과 비타민)의 흡수, 이용을 낮춘다.

표 4-8 식이섬유소 함량의 예(1 교환단위 당)

채소류 · 과일류		섬유소량(g)
채소류	양파, 오이, 호박	1.0 이하
	가지, 단무지, 버섯, 배추, 상추, 시금치, 무, 양배추, 콩나물	1.1~1.5
	김치, 깍두기, 당근	1.6~2.0
	고추, 생강	2.0 이상
과일류	수박, 포도	0.5 이하
	멜론(머스크), 자두	0.6~1.0
	귤, 배, 사과, 참외	1.1~1.5
	감, 복숭아, 딸기	2.1~2.5
	토마토	3.5

05 알코올

알코올은 에틸알코올의 형태를 띠고 있으며, 주로 간에서 대사되어 1g당 7kcal의 고열량을 내고 지방으로 축적되는 지방 같은 물질이다. 폭음이나 과음시 과잉 열량 섭취의 원인이 되어 비만으로 연결되며, 함께 곁들여 먹는 안주 때문에 더욱 고열량을 섭취하게 된다.

술은 열량만 있고, 포도주 같은 과일주를 제외하고는 다른 영양소는 거의 없다. 알코올이 분해되는 동안에는 체지방 연소를 억제하는 방해꾼 역할을 한다. 따라서 알코올은 아주 조금 섭취하거나 하지 않는 것이 좋다. 그렇지만 꼭 섭취할 경우에는 플라보노이드가 풍부하여 튼튼한 혈관 유지에 좋은 적포도주 종류를 여자는 하루에 1잔, 남자는 하루에 2잔 이하를 마시는 것이 좋다.

1) 술과 건강

술은 주세법상 주정과 알코올분 1도 이상의 음료를 말한다. 알코올은 화학적으로 수산기(-OH)를 가진 유기화합물을 말하는데 술에 함유된 알코올은 에틸알코올(ethyl alcohol) 또는 에탄올(ethanol, CH_3CH_2OH)이다. 구조상 에탄올이 수산기를 가진다는 점에서 탄수화물과 유사하지만 알코올의 탄소는 포도당을 만들 수는 없다. 따라서 알코올의 대사는 탄수화물보다는 지방의 대사와 유사하다.

알코올은 식품, 약품 또는 독성 물질로 간주되며 인간의 사회활동에 필요한 윤활유 역할을 한다. 식품으로서 알코올은 1g당 약 7kcal의 에너지를 가지고 있으며 단백질이나 탄수화물의 4kcal보다 높다. 그러나 알코올은 에너지만을 제공할 뿐 다른 영양소를 제공하지 못하기 때문에 빈 열량 식품(empty calorie food)이라도 부르며, 뿐만 아니라 체내에서 다른 영양소의 소화, 흡수, 저장 및 대사에도 영향을 주어 영양장애를 초래한다.

알코올은 지방의 용매로 작용하기 때문에 세포벽의 자방을 용해시켜 세포 구조를 파괴하고 더 나아가 세포를 죽일 수 있어 독성물질로 간주되어 질 수 있으나, 이 기능으로 미생물을 사멸할 수 있으므로 살균제로 이용되기도 한다. 따라서 알코올은 다른 약물처럼 우리에게 유익할 뿐 아니라 동시에 남용으로 인한 피해의 가능성도 있는 것이다. 약품으로서 알코올은 내성이 생기므로 상습적으로 복용하는 사람에게는 습관성 약품으로서 알코올은 내성이 생기므로 상습적으로 복용하는 사람에게는 습관성 약품으로 중독자가 되기도 한다.

에탄올은 무산소 하에서 일부 미생물이 탄수화물을 대사할 때 자연적으로 생성되며 이 과정을 발효라고 한다. 식물은 탄수화물을 가지고 있기 때문에 술을 만드는 재료로 사용되며, 이 중 포도와 사과, 곡류 등의 가장 많이 이용된다.

술은 제법에 따라 양조주, 증류주 및 재제주로 분류한다. 양조주란 주류의 원료가 되는 곡류 과일 등을 발효시켜 발효액을 그대로 혹은 여과하여 제품화한 것으로 탁주, 약주, 맥주, 포도주, 청주 등이 포함된다. 증류주란 양조주를 증류하여 큰 통에 넣어 저장하여 숙성시킨 술을 말하며 알코올이 농축되어 있어 대부분 알코올분이 높으며 소주, 고량주, 위스키, 브랜디, 보드카 등이 포함된다. 재제주란 하나의 주류에 다른 주류를 혼합했거나 양조주 또는 증류주에 식물의 뿌리, 꽃, 열매 등을 우려내어 그 색깔이나 향을 첨가하고 거기에 당이나 알코올을 가하여 농후하게 만든 제품으로서 매실주, 오가피주, 인삼주 등이 이에 속한다.

2) 알코올의 흡수 및 대사

소화를 위해 위에서 지체하는 식품과는 달리 분자량이 작은 알코올은 소화과정이 필요없으며, 소화관의 모든 부위에서 확산에 의하여 곧 혈액으로 흡수된다. 흡수된 알코올은 1분 이내에 뇌까지 도달할 수 있다. 결과적으로 술을 마신 후에는 즉시 혈중 농도가 증가하며, 특히 빈속에 마시면 빨리 흡수가 되어 바로 뇌로 전달되므로 취기를 빨리 느끼게 된다. 반면에 위가 음식으로 차 있으면 알코올 분자가 위벽과 닿을 기회가 줄어들어 천천히 흡수된다. 즉 탄수화물은 알코올 흡수를 지연시키고 지방은 위수축을 지연시켜 알코올이 위에 더 오래 머물게 한다. 따라서 뇌에 전달되는 속도가 다소 지연된다.

섭취된 알코올 중 20% 정도는 위벽세포에서 대사되고, 2% 가량은 호흡에 의하여 방출되며 나머지 알코올 대부분은 간에서 대사된다.

간에서의 알코올 대사과정을 살펴보면 에탄올이 산화되어 아세트알데히트(acet-aldehyde)를 생성하고, 아세트알데히드는 아세테이트(acetate)로 변화되고 대부분의 아세테이트는 아셀 CoA(acetyl CoA)를 형성한다. 이렇게 생성된 아세틸 CoA는 TCA사이클을 통하여 산화됨으로서 에너지를 생산하고 일부는 지방산 합성 경로를 거쳐 중성지방으로 합성되어 간에 축적된다.

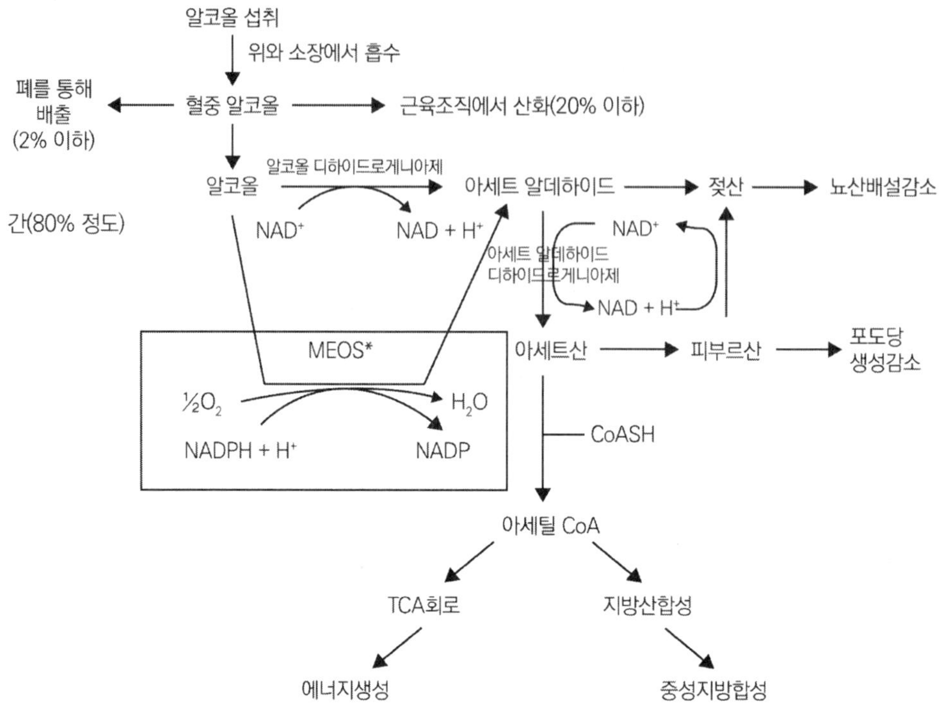

* MEOS : microsomal ethanol oxidizing system

그림 4-15 간에서의 알코올 대사과정

알코올대사의 속도 조절인자는 알코올 탈수효소(alcohol dehydrogenase)인데, 이 효소는 반응시 아연을 필요로 한다.

간은 체중 1kg당 한 시간에 100~200mg의 알코올을 대사할 수 있다. 체중 70kg인 사람은 간기능이 정상일 경우 한 시간에 7~14g의 알코올을 대사하는데 이 양은 맥주 230~350ml에 해당된다. 간에서 대사할 수 있는 양보다 적은 양을 섭취하면 혈중 알코올 농도는 계속 낮게 유지되며 심한 증상 없이 오랫동안 알코올을 마실 수 있지만, 알코올 섭취 속도가 간의 대사능력을 초과하면 알코올 탈수소효소가 이를 다 분해 할 수 없기 때문에 혈중 알코올수준이 높아져 인체에 유해한 영향을 주게 되는 것이다.

알코올의 대사는 성별에 따라 다르다. 비슷한 체구의 남녀가 동일한 양의 알코올을 섭취할 경우 여성의 혈중농도가 더 높다. 이것은 여성이 알코올을 분해하는 주 효소인 알코올 탈수소효소의 수준이 낮아 위세포에서 대사되는 알코올량이 남성에 비하여 저기 때문이다. 이외에도 생리 중일 때 간에서 알코올 분해가 느리기 때문에 혈중 알코올 농도가 더욱 높아지게 된다.

알코올 탈수소효소의 양은 영양소 섭취와 관련이 있다. 하루 정도 굶으면 단백질 부족으로 세포내에서 이 효소가 분해되기 때문에 알코올 대사율이 회대 50%까지 감소한다. 그러므로 공복에 음주할 경우 더 빨리 취할 뿐 아니라 혈중 농도도 더 오래 높은 상태를 유지하고 뇌를 마취시킨 알코올의 효과도 커진다.

또한 간은 알코올과 약물 모두를 대사하는 효소체계(microsomal ethanol oxidizing system, MEOS)를 가지고 있어서 알코올 탈수소효소가 처리할 수 있는 속도 이상으로 섭취하면 간은 알코올을 외부 화합물로 간주하여 MEOS를 이용하여 알코올을 대사 시킨다. 일단 MEOS가 활성화되면 알코올의 내성이 증가되어 알코올 대사율도 증가하게 된다. 이로 인하여 술은 마실수록 주량이 늘어나게 되는 것이다.

뿐만 아니라 MEOS체계가 중요한 이유 중의 하나는 에탄올 산화시 ATP를 생성할 수 있는 NADH를 생성하지 않는다는데 있다. 따라서 MEOS에 의한 알코올 산화는 NAD^+에 대한 NADH율을 낮추게 되고 에너지를 소비하는 산화가 일어나게 된다. 알코올 중독자는 이와 같은 대체 경로를 통해 알코올의 대사함으로서 열량을 낭비하게 되고 알코올에서 얻어진 열량에서 기대한 만큼의 체중을 얻지 못하게 된다. 이 체계는 장기간 많은 양의 알코올을 섭취하는 사람에게서 중요한 의미를 갖는데, 이로 인해 알코올 중독자에게서 대사상 몇 가지 특징을 보인다. 즉 일부약물(acetaminophen, CCl_4, cocaine, pentobarbital등)의 분해를 촉진하고 레티놀의 분해를 촉진시켜 간내 비타민 A 농도를 감소시킨다.

3) 알코올 섭취와 영양소대사 장애

알코올은 1g당 7kcal의 에너지를 공급하는데, 이 값은 주요 열량원인 탄수화물과 단백질이 1g당 4kcal, 지방이 9kcal를 생산하는 것과 비교해 볼 때 상당히 높은 것임을 알 수 있다. 술의 종류별 열량 함량은 〈표 4-9〉에 나타내었는데, 술은 열량만을 제공 할 뿐 상대적으로 필수영양소, 비타민 B_1, 나이아신, 콜린 등의 결핍을 일으키는 것은 물론 소변의 양을 증가시켜 칼슘, 아연, 마그네슘, 인 등의 배설을 촉진해서 체액의 균형을 깨뜨리기도 한다.

알코올 산화과정은 에너지대사 조효소인 나이아신과 비타민 B_1을 이용하므로, 포도당의 산화가 억제되고 피루브산과 젖산이 축적된다. 이에 따라 체내의 산도가 높아져 산독증을 유발하기도 한다. 한편 젖산이 쌓이면 요를 통한 요산 배설을 억제해서 통풍이 될 수 있으며, 조효소의 부족으로 뇌의 에너지원인 포도당이 이용되지 못해 혼수상태나 사망에 이르기도 한다.

소화흡수와 간련해서는 위점막을 붕괴시켜 위염을 발생시킬 수 있고 소장내막을 손상시켜 영양소들의 흡수를 방해하며 설사를 일으키는 요인이 되기도 하여 영양부족이 우려 된다.

표 4-9 술의 알코올 함량 및 열량

종류	포장단위당 용량(cc/병)	열량(kcal)	알코올 농도(%)	1회용소주잔 (60cc/kcal)	어림치
고량주	250cc/1병	690	40	166	소주잔 1잔(가득)
막걸리	750	410	6	33	맥주잔 1/3컵
맥주	500	240	4	29	맥주잔 1/3컵
생맥주	500/잔	190	4	22	맥주잔 1/3컵
소주	360	630	25	104	소주잔 1잔
샴페인	640	280	6	26	소주잔 1잔
위스키(패스포트)	360	1000	40	166	위스키잔 3잔
청주(청하)	300	390	16	78	위스키잔 3잔
백포도주(마주앙)	700	650	12	56	포도주잔 1/3컵
적포도주(마주앙)	700	590	12	50	포도주잔 1/3컵
이강주	750	1310	25	105	소주잔 1잔
문배주	700	1960	40	168	소주잔 1잔
안동소주	400	1260	45	189	소주잔 1잔

자료 : 황춘경, 외식의 열량, 1995.

알코올 중독자는 비타민 결핍에 대해 배가 될 위험을 안고 있다. 그 이유는 첫째 충분하지 못한 식사, 둘째는 장관내 흡수 손상으로 인한 것이다. 알코올 중독과 관련하여 흔히 초래되는 엽산의 결핍은 결과적으로 비타민 B_1, B_{12}의 흡수를 감소시킨다. 엽산의 결핍 증세는 거대아구적 빈혈도 포함되는데 이것은 적혈구 세포의 형성을 방해한다. 알코올 중독자에게서 나타나는 말초 신경통은 신경계의 적절한 작동과 조혈시 중요한 역할을 하는 비타민 B_6의 결핍 때문인 것으로 여겨지고 있다. 또한 비타민 C도 알코올 중독자에게서 정상인에 비하여 현저하게 감소되어 있다.

4) 알코올이 인체에 미치는 영향

알코올을 남용할 경우 간, 뇌, 소화기관, 심장과 췌장 등 인체의 여러 부위에 영향을 미친다.

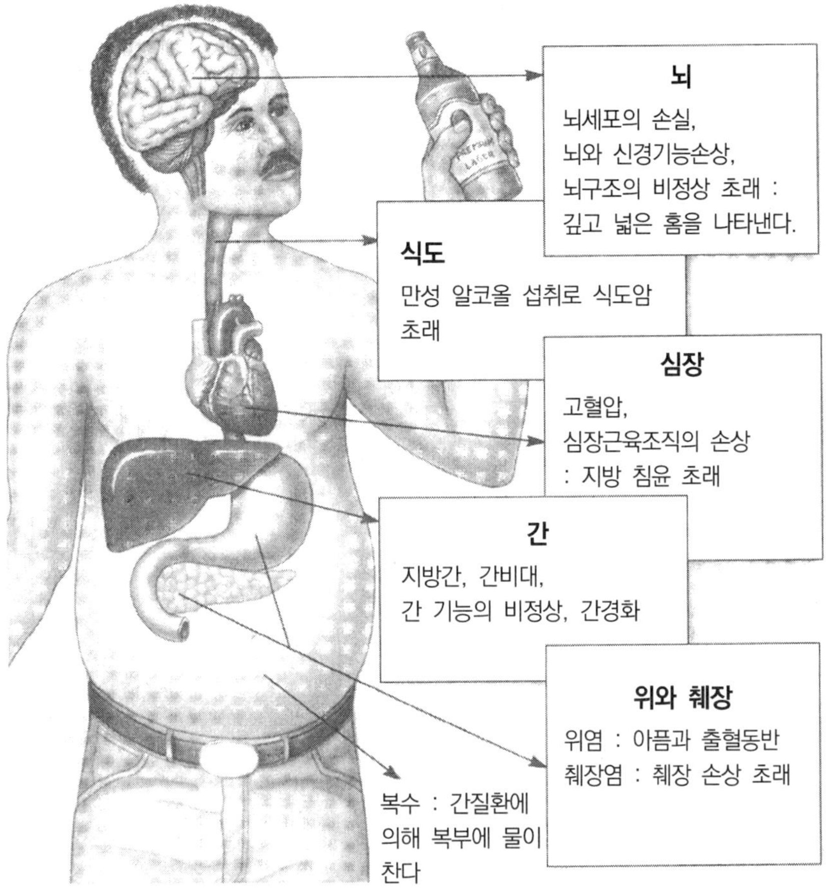

그림 4-16 알코올이 인체에 미치는 영향

(1) 간

알코올 섭취로 가장 크게 영향을 받는 곳은 간이다. 섭취한 알코올의 80%는 간에서 분해되고 간에서는 알코올 분해가 다른 어떤 기능보다도 우선적으로 이루어진다. 또한 간은 지방산보다 알코올을 열량원으로 먼저 이용할 뿐 아니라 알코올대사 중 생성된 아세트산으로부터 지방산 합성이 증가하여 간에 지방산이 축적된다. 한번의 과음에도 간내 지방 축적이 일어난다. 간에 축적된 지방은 지방간을 형성하여 간기능에 지장을 주게 된다. 즉 간 표면의 혈액 순환이 원활하지 안하 영양소와 산소를 간세포로 분배하는 것을 방해하며 계속 음주를 하면 알코올성 간염으로 이행되고 더욱 진전되면 부분적으로 간세포가 죽고 그 주변의 조직이 섬유화하여 굳어지는 간경변증을 초래한다.

지방간이나 간비대증을 알코올 섭취를 중간하고 영양을 잘 섭취하면 대부분 정상으로 회복될 수 있으며, 알코올성 간염은 약 70% 정도 회복이 가능 하지만 가경변증은 정상 회복이 불가능하다.

(2) 두뇌

장기간 지나친 음주는 두뇌에 영향을 미쳐 지능저하, 기억력 상실과 집중력 부족을 초래한다. 음주 후 가장 먼저 영향을 받는 곳은 판단력과 사고력을 주관하는 대뇌 부위인데 이로 인하여 판단력이 흐려져 논리적으로 생각하지 못하게 되고 사소한 일에도 참지 못하게 된다. 그 다음에 언어와 시력을 관장하는 부위에 영향을 미치며, 그 후에 운동신경을 조절하는 소뇌 부위에 영향을 미쳐 비틀비틀 걷게 되고 혀가 꼬부라져 대화하기가 어렵게 된다. 마지막으로 호흡과 심장작용이 영향을 받아 의식을 잃게 되고 호흡이 정지된다.

(3) 소화기계

알코올은 입, 식도, 위 등을 손상시킨다. 위에서 위산 분비를 증가시켜 위염을 초래하고 더 심하면 위나 십이지장 궤양을 유발시킨다. 또한 췌장을 염증을 초래하여 단백질과 지방 소화효소의 생성을 저하시키며 대장과 항문에까지 염증을 일으킨다. 알코올 섭취와 인두암, 후두암, 위암, 그리고 식도암의 발병과 연관이 있는 것으로 알려져 있으며, 특히 장내에서 미생물에 의하여 알코올이 분해되어 생성되는 아세트알데히드 때문에 직장암을 유발할 위험이 높은 것으로 보고되고 있다.

(4) 심혈관계

알코올이 관상 혈관계 질환에 미치는 영향은 알코올 섭취 수준에 따라 다르다. 다량의 알코올 섭취가 관상 혈관계 질환에 의한 사망률을 높인다는 보고가 있는 반면에 적당량의 알코올 섭취는 오히려 관상 혈관계 질환의 이환율을 떨어뜨린다고 한다. 이는 알코올을 적당히 섭취하면 혈액 중 HDL-콜레스테롤을 증가시키며 또한 혈소판의 응고를 방지하여 혈전 생성을 막아 주기 때문에 관상혈관 질환을 예방하는 효과가 있다고 한다. 그러나 지나친 음주는 혈압을 상승시켜 고혈압을 초래한다.

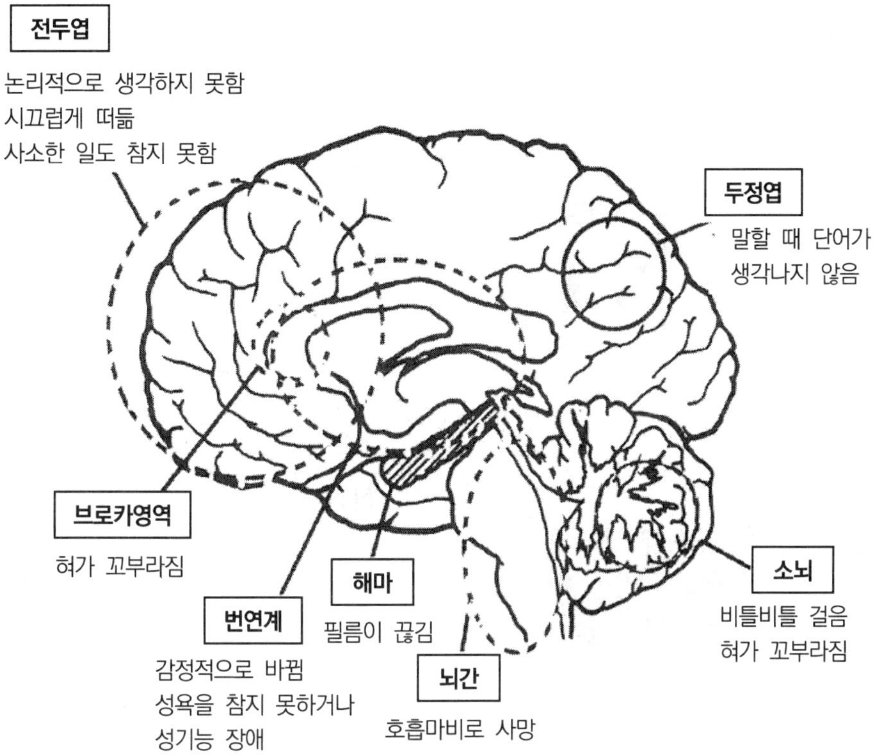

그림 4-17 알코올에 뇌에 미치는 영향

(5) 태아 알코올증

임산부가 지나치게 알코올을 섭취하면 태아에게 치명적인 영향을 미치게 된다. 알코올은 태반을 쉽게 통과하여 태아에게 전달되어 영양소 운반을 저해함으로서 태아의 성장과 발달이 비정상적으로 이루어진다. 임신시 음주로 인한 태아의 신체 결함을 태아 알코올 증후군(fetal alcohol syndrome, FAS)이라고 하는데 그 증상은 태아의 체중과 신장이 정상 이하이고 머리 둘레가 작으며 얼굴 모양이 비정상적으로 눈이 작고 눈과 눈사이가 멀며 눈꺼풀의 균열이 짧고 코가 작고 코 길이가 짧다. 그리고 인중이 밋밋하고 윗입술이 얇고 가늘다. 또한 신경세포가 제대로 발달이 안 되어 지능이 낮고 때에 따라서는 학습 능력의 저하를 초래하기도 한다.

이와 같이 알코올은 태아의 성장, 두뇌 및 건강에 영향을 미치므로 임산부는 절대로 알코올을 섭취해서는 안 된다.

06 식단작성 지침

1) 식단의 의미

① 식단 : 매 끼의 식사 내용을 적은 것 - 음식의 종류와 분량을 나타내며 하루를 기본 단위로 함

* 한 끼를 기본으로 하여 어떤 식품을 얼마나, 어떻게 조리할 것인지를 계획

② 식단 작성의 필요성 : 계획적인 식생활, 균형 잡힌 영양 섭취 가능, 예산에 맞는 식생활, 식품이나 에너지 절감, 식사 준비 및 조리 시간의 절약, 가족의 다양한 욕구 충족, 좋은 식습관 형성

2) 식단 작성시 고려할 점

(1) 영양상의 균형 - 균형 잡힌 식단

① 세끼의 식사를 균형 있게 조절하여 한 끼에 편중되지 않게 함

② 한국인의 영양 권장량과 다섯 가지 식품군별 섭취 횟수, 주요 식품의 1인 1회 분량 등을 고려해 선택

a. 육류 식품에 편중되거나 채소를 부족하게 섭취하지 않도록 유의-식이섬유 함유 채소, 과일, 유제품

b. 활동량에 맞는 에너지 섭취가 되도록 함 : 과잉 섭취 - 비만의 원인

c. 지방의 양과 질을 고려 : 동물성 지방의 과잉 섭취 - 동맥 경화증, 심장병 등 성인병의 원인

d. 소금이나 간장, 설탕 등의 조미료를 줄이도록 함 : 염분의 과잉 섭취 - 고혈압의 원인

e. 가공 식품, 과자류, 청량음료 등을 적게 섭취 : 성탕의 과잉 섭취 - 비만과 충치의 원인

(2) 기호면 : 가족의 건강과 기호를 고려한 조리법, 맛, 모양, 크기, 질감, 식품의 배색, 담는 방법 등이 다양하게 되도록 유의

(3) 경제면 : 식비의 예산에 맞도록 - 식품을 낭비 없이 사용

① 대체 식품을 이용 : 같은 식품군에 속해있는 영양소의 섭취는 비슷하지만 가격이 싼 식품

② 제철 식품을 이용 : 맛도 좋고 값도 싸며 영양이 풍부

(4) 능률면 : 밑반찬, 인스턴트식품, 조리된 식품, 식품 수급 상황과 음식 쓰레기 줄이기 운동 등 고려

① 식단 작성시 주의점을 고려 : 식사 분량(인원수), 식사시기, 특별한 식사 관리 지침, 일의 순서, 구입 방법 및 시기, 시간 배분 방법 등

② 식단 작성의 주기 : 7~10일을 주기로 한 달에 3~4회 반복되게 작성

③ 조리 시간의 고려 : 활용 시간, 부엌 설비 및 용구, 조리 능력 등에 맞게 조절

3) 식단 작성 방법

(1) 주식 정하기 : 밥, 국수, 빵 중에서 결정

① 세 끼의 주식을 변화 있게 결정 : 한 끼 정도는 국수나 빵으로 하여 맛이나 영양상의 변화 추구

② 밥의 경우 잡곡의 활용 : 성인병 예방에 도움

(2) 부식 정하기

① 주재료 결정 : 국 또는 찌개류

② 반찬 재료의 결정 : 국이나 찌개에 사용하지 않은 식품군에서 선정

a. 단백질 식품의 중심 반찬 결정 : 육류, 어류, 알류 등

b. 비타민, 무기질 식품의 반찬 결정 : 해초, 과일, 해조류 등

③ 후식이나 간식의 결정 : 우유 및 유제품이 부족할 경우에 보충

(3) 음식에 따른 식품의 종류와 분량 정하기(생애 주기에 따른 식품군별 1일 권장 섭취 횟수)

식 품 군		곡류 및 전분류	채소 및 과일류	고기·생선·달걀 및 콩류	우유 및 유제품	유지·건과 및 당류
청소년 (13~15세)	남(2500kCal)	4.5	8	6	2	4
	여(2100kCal)	3.5	6	5	2	4
청소년 (16~19세)	남(2700kCal)	5	8	6	2	5
	여(2100kCal)	3.5	6	5	2	4
성인 (20~49)	남(2500kCal)	5	7	5	1	5
	여(2000kCal)	4	6	4	1	4
노인 (65 이상)	남(2000kCal)	4	7	4	1	4
	여(1700kCal)	3.5	6	3	1	3
임산부		4	7	6	2	4

① 생에 주기에 따른 식품군별 1일 권장 섭취 횟수와 주요 식품의 1인 1회 분량을 참고로 결정

* 아침 1: 점심1~1.5 : 저녁 1~2 정도로 비슷하게 배분 - 식생활비, 기호, 허용된 시간, 노력 등 고려

② 식품의 종류는 같은 식품군 내에서 자유롭게 변경 가능 - 제철 식품 이용(생선, 채소, 과일)

(4) 식단 작성시 고려할 사항을 점검

① 가족들이 좋아하는 음식으로 선택, 가족의 질환 내력 고려

② 조리법의 중복 여부, 음식의 색 배합의 조화

③ 식품의 편중 여부 - 다양한 식품의 사용

④ 가공 식품보다는 제철의 자연 식품 사용

⑤ 식품 쓰레기의 양 - 가능한 한 적게 나오는 재료 사용

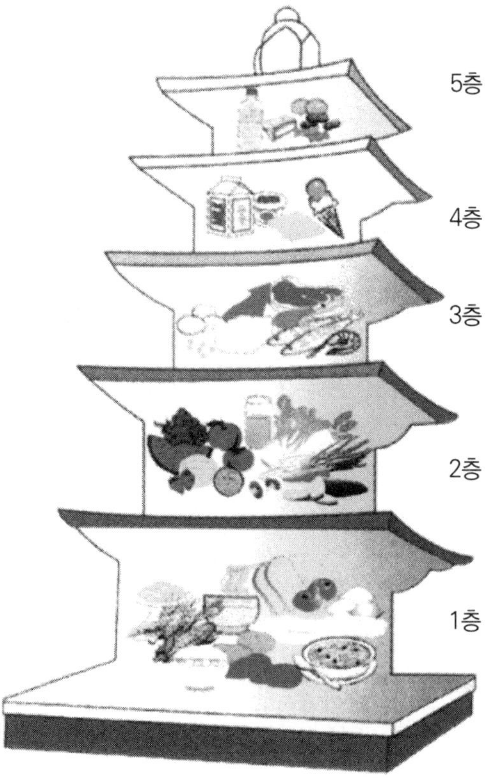

그림 4-15 식품구성탑

(5) 식단 작성 순서(한식 경우)

주식(밥) → 국이나 찌개 → 단백질 반찬 → 비타민·무기질 반찬 → 김치류 → 후식

〈Point〉 : 식단 작성시 고려할 점, 식단 작성의 순서, 대체 식품의 의미와 종류, 생애 주기에 따른 식품군별 1일 권장 섭취 횟수

07 올바른 식사습관

1) 건강을 위해 무엇을 어떻게 먹고 마실 것인가?

음식물을 섭취하는 것은 매우 복잡한 인간의 한 행동이다. 이것은 단순한 생물학적 현상이 아니다. 언제, 무엇을 그리고 어떻게 섭취할 것인가는 여러 가지 복잡한 요인에 의해서 결정된다. 음식의 냄새, 맛 그리고 겉모양은 우리의 감각을 자극하는 중요한 요인들이다. 개인의 가풍, 사회적 풍토, 종사하고 있는 일의 특성에 따라 먹는 음식도 다르다. 가정의 경제적 수준에 따라 구매하는 음식의 종류와 질도 크게 다르다.

수입이 많은 사람과 적은 사람이 고르는 음식의 종류와 질도 크게 다르다. 배가 고프지 않아도 음식냄새를 맡거나 음식의 겉모양을 보면 먹고 싶은 식욕이 발동하는 경우가 많이 있다. 신체적 균형을 유지하기 위해 먹는 것(즉, 살기 위해 먹는 것)과 식욕을 충족시키기 위해서 먹는 것(즉, 먹기 위해 먹는 것) 두 가지가 있는데, 이들의 균형을 유지한다는 것이 매우 어렵다.

2) 건강섭식

건강을 위해서는 야채와 과일을 많이 섭취한다. 그러나 지방, 설탕, 염분, 알코올은 삼간다. 자기에게 맞는 체중을 유지한다. 보다 구체적으로 먹어야 되는 것과 먹어서는 안되는 것은 무엇인지 살펴보기로 하자.

첫째, 음식은 골고루 섭취한다. 여기서 다양한 음식물은 앞에서 말한 다섯 가지 식료품군에서 각기 한 가지씩 매일 섭취하라는 것을 의미한다.

- 과일 : 2~4회
- 야채 : 3~5회
- 빵, 곡류 : 6~11회
- 고기, 가금, 생선 : 2~3회
- 살코기 : 5~7온즈
- 우유, 치즈 혹은 요구르트 : 2회(어린아이 3회, 임산부와 유모도 이에 준한다.)

이와 같이 식품을 섭취하게 되면 주요 비타민과 광물질은 충분히 섭취할 수 있고 지방과 당분의 섭취량은 줄여 나갈 수 있다. 결과적으로 암이나 심장병에 걸릴 위험은 적어진다.

둘째, 지방이나 농축콜레스테롤이 많이 함축된 음식을 삼간다. 심장장애나 고혈압 위험이 있는 사람은 이 점에 대해 특별히 유의할 필요가 있다. 기름이 많은 고기보다는 살코기를 더 많이 섭취해야 한다. 기름에 튀긴 야채보다는 증기에 삶은 야채를 더 많이 먹는다. 지방과 단백질 섭취량을 줄이기 위해서는 기름 많은 고기보다는 생선, 껍질 벗긴 가금, 살코기 그리고 무지방 농축물을 섭취한다. 야채류와 과일을 보다 많이 섭취한다. 기름이나 기름기가 많은 음식물은 삼간다.

셋째, 전분과 섬유질이 많은 음식물을 많이 섭취해야 한다. 섬유질 식품은 변비와 장의 장애를 예방하는 데 크게 도움이 된다. 이를 위해 껍질을 벗기지 않은 통과일이나 쌀을 많이 섭취하는 것이 좋다.

넷째, 다량의 설탕과 염분(소듐)은 삼가 해야 한다. 당분은 에너지원이 되지만 다른 탄수화물에 비하면 적은 편이다. 적당한 양의 당분을 고기와 함께 섭취하는 것은 건강에 도움이 된다. 여기서 말하는 당분은 자연적인 것으로 주로 과일에서 얻는 것을 말한다. 이를 위해서 후식으로 과일을 먹는 것은 권장할 만하다. 염분을 과다하게 섭취하게 되면 혈압이 높아지며 그로 인해 심장병 발병 위험이 높아진다. 우리가 매일 섭취할 수 있는 적정량은 6그램 이하이다. 식사 때 소금을 치기 전에 미리 간을 보는 것이 좋다. 소금 대신 후추 같은 것을 가미하는 것이 바람직하다. 식료품을 구입할 때 염분이 적은 것을 고르는 것도 한 가지 방법이다. 또한 통조림 보다는 신선한 야채를 사는 것이 좋다.

다섯째, 알코올은 적절한 양을 마신다. 성에 따라 다르기는 하나, 술은 하루에 1~2잔이 적절한 양이다. 과음은 영양실조의 원인이 된다. 특히 암이나 심한 간의 질병을 유발하는 원인으로 작용한다. 어떤 경우나 임산부는 금주하는 것이 좋다.

여섯째, 과도한 비타민 섭취는 삼가고 칼슘이나 철분은 적절하게 섭취해야 한다. 적절한 양의 비타민이나 광물질은 건강을 유지하는 데 있어서 결정적인 역할을 한다. 그러므로 여러 가지 음식을 섭취하여 이들을 충분히 보충해야 한다. 특히 여자들은 칼슘을 많이 섭취해야 한다. 젊은 층의 여성, 성인기의 부인의 골다공증 예방을 위해 칼슘식품 섭취량을 늘리고 뼈를 강화시키는 광물질 등을 충분히 섭취해야 한다. 어린 아이, 청소년 그리고 아이를 양육하는 어머니는 철분이 많은 음식물을 충분히 섭취해야 한다. 이를 위해 살코기, 생선, 콩 그리고 곡물 등을 섭취하도록 전문가들은 적극적으로 권장하고 있다. 특히 저소득층의 어머니는 이 점에 대해 특별히 유의해야 한다.

일곱째, 바람직한 체중을 유지해야 한다. 이는 자신의 체력에 맞는 체중을 항상 유지해야 한다는 것을 뜻한다. 체중을 줄이기 위해서는 과일, 야채류 그리고 곡물 등을 보다 많이 섭취하고 고지방음식 섭취를 삼가야 한다. 알코올의 양은 줄이고 신체적 운동량은 늘려야 한다. 체중을 증가시키기 위해서는 칼로리 섭취량을 늘려야 한다. 고지방분 섭취는 삼가해야 한다. 정기적이고 계속적으로 신체적 운동을 한다. 적절한 체중의 균형을 유지하기 위해서는 음식물 섭취와 신체적 운동의 균형을 유지해야 한다. 체중이 과다하면 여러 가지 질병을 유발할 위험이 커지고 혈압과 심장질병 위험이 특히 증대한다는 점에 특별히 유의할 필요가 있다.

3) 끼니에 따른 식사 배분

하루에 3끼의 식사와 2끼의 간식을 섭취하는 것이 가장 좋으나 시간이 없으면 적어도 5끼를 먹는 것이 좋다. 식사 간격은 2시간 반~3시간을 넘지 않도록 한다. 이때 간식은 100kcal 정도로 하여 두유 혹은 우유 1잔, 저지방요구르트 1개, 난백(삶은 달걀) 1개, 감자 1개, 고구마 1/2개, 고구마 1/2개, 과일 1개 중에서 선택한다.

식사 사이의 간격이 커지면 배가 고프게 되고, 그 다음 식사를 과식하게 된다. 배고픈 상태가 계속되면 우리 몸은 기초대사율이 저하되면서 에너지를 덜 쓰는 엔진으로 바뀐다. 오랜 공복 후에 과식하면 혈당이 급격히 상승되고 이에 따라 인슐린 분비가 늘어나며 지방 합성이 더 촉진되어 체내에 쌓이게 된다.

기초대사율은 아이러니컬하게도 우리가 섭취하는 식사에 의해 촉진된다. 우리가 섭취한 음식은 우리에게 에너지를 더해 주지만 한편으로는 우리 몸을 에너지 잘 쓰는 기계로 바꾸어 준다. 그러므로 배고픈 것을 참지 말고, 조금씩 자주 새처럼 먹어야 한다. 그러나 아무 때나 먹지 말고 시간을 정해 두고 그때만 먹는 습관을 들여야 한다. 조금씩 자주 먹는 습관을 가지면 에너지 측면에서는 큰 도움이 안 될지 모르나 배고플 땐 먹을 수 있다는 자유를 만끽하게 되고, 먹으면 안 된다는 강박관념에서 벗어날 수 있다. 저녁은 6시 이전에 먹고 아침 : 점심 : 저녁의 비율은 3 : 2 : 1로 하는 것이 좋다. 아침에는 기초대사율을 촉진시켜 에너지 소모를 도와주지만, 저녁에는 기초대사율이 저하되므로 특히 10시 이후 섭취한 음식은 체내에서 더욱 잘 저장된다.

- 1200kcal의 식사 배분

  아침 : 450kcal(밥 2/3공기 200kcal + 반찬 250kcal) 간식 : 100kcal

  점심 : 350kcal(밥 2/3공기 200kcal + 반찬 150kcal) 간식 : 100kcal

  저녁 : 200kcal(밥 1/3공기 + 반찬 100kcal)

4) 당분조절법

① 당분 탐지방법을 알아야 한다. "자당", "포도당", "맥아당", "과당", "옥수수시럽"같은 용어가 음식성분표에 있는지 주의해 볼 필요가 있다. 이것들은 모두 일종의 당분이다.

② 처음 세 가지 중 당분이나 유사당분이 성분 표시상에 나와 있으면, 당분의 함량이 높은 것이므로 그 식품을 피하는 것이 좋다.

③ 백설탕뿐만 아니라 벌꿀과 흑설탕을 포함한 모든 당분을 많이 먹는 것은 피해야 한다. 몹시 배고플 때 당분이 많은 것보다 요구르트, 생과일, 팝콘, 기타 건강식품을 섭취하는 것이 좋다.

④ 밀, 오트밀 등과 같이 당분이 적은 곡물을 섭취하는 것이 좋다.

⑤ 빵을 구울 때는 조리법에 명시된 당분량을 1/4 이상 줄이고 대신 과일즙을 써서 단맛을 내며, 또는 풍미를 더하기 위해 계피, 아니스, 생강, 육두구와 같은 향신료를 사용하는 것이 좋다.

⑥ 단 것을 먹지 않을 수 없다면 영양가가 있는 음식을 먹어야 한다. 오트밀에 흑설탕보다는 바나나를 넣고, 당분이 든 쿠키보다는 오트밀 쿠키가 더 좋다.

※ 지방수준검사

이 검사는 당신이 매일 적절한 양의 지방분을 섭취하는지 알아보기 위해서 제작된 것입니다. 문항을 하나하나 읽고 해당되는 곳에 ∨표 하시오.

거의 매일 ………………………………………… D
주당 3~5회 ………………………………………… C
주당 1~2회 ………………………………………… B
전혀 없다 ………………………………………… A

	A	B	C	D
1. 튀긴 음식, 지방질이 많이 포함된 튀긴 음식, 빵류	□	□	□	□
2. 베이컨, 소시지, 다진 고기, 양념이 많은 스테이크, 로스구이	□	□	□	□
3. 생우유, 치즈, 아이스크림	□	□	□	□
4. 파이, 케이크	□	□	□	□
5. 크림소스, 고기국물 소스	□	□	□	□
6. 기름기 많은 샐러드 드레싱, 마요네즈	□	□	□	□
7. 생크림, 크림치즈	□	□	□	□
8. 버터 혹은 마가린을 바른 야채, 롤빵, 토스트	□	□	□	□

채점 및 결과의 해석 : 문항을 읽고 "주 3~5회" 혹은 "거의 매일" 난에 ∨표를 여러 개 했다면 당신은 많은 지방을 섭취하고 있다는 것을 의미한다. 이제 고지방 섭취시대는 갔다. 오늘부터라도 건강을 위해 지방 섭취를 삼가해야 한다.

5) 안전한 지방섭취

우리는 매일 일정한 음식을 섭취하고 있다. 음식물에는 서로 다른 여러 가지 지방이 함유되어 있다. 일반적으로 야채, 과일 그리고 곡물에는 지방이 적게 함유되어 있으나 고기류에는 많은 지방이 함유되어 있다. 불행하게도 음식물에 포함되어 있는 지방은 눈에 잘 띄지 않는다. 그러므로 음식물의 지방량을 감소시키려면 우선 눈에 보이는 지방과 보이지 않은 지방을 식별하는 방법을 알아야 할 필요가 있다.

일반적으로 버터, 마가린, 쇼트닝, 샐러드유 그리고 조리용 기름 등에 포함되어 있는 지방은 눈으로 쉽게 식별할 수 있다. 그러나 고기류, 가금류, 생선 및 낙농제품에 포함되어 있는 지방 등은 눈으로 잘 식별되지 않는다. 지방은 우리 식생활에서 멀리 할 수 없다. 볶은 음식, 버터를 바른 볶은 감자 그리고 크림소스 음식에는 지방이 들어가지 않을 수 없다. 음식물을 섭취하는 과정에서 지방을 피하려면 음식재료를 구입하는 과정에서부터 세심한 주의를 기울일 필요가 있다. 조리과정에서는 볶은 음식을 삼가야 하며 크림소스를 피해야 한다. 식용유보다는 달라붙지 않은 팬을 쓰는 것이 권장할 만하다. 닭요리를 할 때에는 미리 껍질을 벗겨내야 한다. 섭취하는 지방의 양을 줄이는 보다 자세한 방법을 익히는 것이 건강을 위해 바람직하다. 이를 위해서는 전문가의 조언을 받을 필요가 있다.

지방질 음식조절법
1. 당신이 무엇을 먹고 있는지 알아야 한다. 음식의 성분표시를 꼭 읽어야 한다. 총 칼로리 가운데 포화지방은 10% 미만이어야 되며 그것이 30% 이상이어서는 안 된다. 2. 지방이 없거나 적은 케이크, 쿠키, 크래커, 칩을 먹어야 한다. 3. 마가린의 고형지방보다 지방산으로의 전환이 훨씬 적은 액체형, 식이요법용을 사용하여야 한다. 4. 가능하면 살코기, 생선 또는 가금은 껍질을 벗기고 끓이거나 구워서 먹어야 한다. 고기는 잘 익힐수록 칼로리가 적다. 요리 후에 지방을 닦아내야 한다. 5. 냉육, 베이컨, 소시지, 핫도그 그리고 고기 내장부분의 섭취량을 줄여야 한다. 이 식품은 지방이 많으므로, 지방이 95% 이상 처리되었는지 주의해서 살펴보아야 한다. 아래의 지방공식을 사용하여, 지방에서 얻은 칼로리의 퍼센트를 알아야 한다. 6. 가능한 한 무지방 유제품을 섭취해야 한다. 7. 요리할 때 버터, 마가린, 기름, 산패유, 마요네즈, 샐러드드레싱 대신 다른 육수, 와인, 식초, 저칼로리 드레싱은 풍미를 더해주는 요리재료다. 8. 1일 또는 2일의 평균 음식섭취량을 생각하는 것을 잊지 말아야 한다. 아침이나 점심때 지방이 많은 음식을 먹었다면 저녁에는 지방이 적은 음식을 먹어서 균형을 맞춰야 한다.

08 체중감량에 반드시 필요한 생활습관

1) 세끼, 잘 챙겨 먹는다.

무조건 굶는 것이 왕도는 아니다. 하루 세끼를 꼬박꼬박 챙겨 먹되 서서히 섭취 칼로리를 줄이는 것이 다이어트에 효과적이다. 살을 빼기 위해 아침이나 점심을 거르는 경우가 있는데 그렇게 되면 다른 끼니에 더 먹게 되므로 체중 감량에 성공하기 힘들다. 진짜 다이어트는 맛있게 먹으면서도 체지방을 줄이는 식사습관을 기르는 것이다. 식사량이 너무 모자랄 때는 금방 허기가 져서 간식을 찾게 되므로 다이어트에는 오히려 방해가 된다. 입맛이 없는 아침에도 조금씩이라도 꼭 먹는 습관을 들이는 것이 중요하다.

2) 음식은 싱겁게 천천히 먹는다.

한 가지 음식을 입 안에 넣고 다 삼키기도 전에 다른 음식에 젓가락이 간다면 과식하기 쉽다. 우리다 음식을 먹고 난 후 어느 정도 시간이 지나야 포만감이 드는 이유는 위장에 음식이 가득 찼다는 신호가 뇌로 가기까지는 시간이 걸리기 때문이다. 그러므로 식사시간은 20분 정도로 잡고 천천히 꼭꼭 씹어 즐기면서 먹는 습관을 들이는 것이 좋다. 식사 용기는 되도록 작은 것을 택하고 같은 양의 음식이 라도 작은 크기로 여러 쪽으로 잘라서 먹으면 적게 먹어도 배가 부르게 된다. 또한 짜게 먹으면 몸이 수분을 저장하려는 성향을 띠게 되므로 싱겁게 먹는 것이 중요하다.

3) 포만감을 주는 음식을 선택한다.

녹황색 채소와 야채는 섬유질이 풍부하여 포만감을 주면서도 칼로리는 매우 낮은 음식이다. 게다가 비타민, 미네랄, 섬유소가 풍부하기 때문에 다이어트 중 변비 예방과 영양소 공급에도 좋다. 자, 오늘부터 냉장고에 오이, 당근, 상추 등을 꽉 채워 보자. 미역, 다시마 등 해조류도 포만감을 높여 주며 숙변 제거에도 도움이 된다.

4) 물을 자주 마신다.

물을 수시로 마시면 식욕 억제에 도움이 된다. 또한 물을 체내의 노폐물을 정화시켜 주기 때문에 물을 자주 마시면 신진대사가 활발해지면서 변비도 해소되고, 피부도 깨끗해진다. 물은 칼로리가 없지만 물의 대사를 위해서는 상당한 에너지가 필요하며 건강한 생활을 위해 다이어트 기간이 아니더라도 하루 최소한 1.5리터(6~8컵 정도)는 마시는 것이 좋다.

5) 간식, 피할 수 없다면 즐기면서 먹자

다이어트를 시작했다면, 식사를 거르지 말고 규칙적으로 먹으면서 간식을 최대한 줄이자. 식사와 식사 중간에 먹는 간식은 살을 찌게 하는 주범이다. 그러나 너무 늦은 시간은 피하고, 하루 3끼 식사를 방해하지 않는 한도 내에서의 적당한 간식은 다이어트에 도움이 될 수도 있다. 간식은 하루에 한 번, 200kcal 이내에서 섭취하는 것이 좋고 잠자기 3~4시간 전에는 피하되 그래도 공복감이 느껴지면 물이나 당근, 오이, 토마토 등을 조금씩 먹는다.

6) 식사 일기는 반드시 쓴다.

정말로 먹은 것도 없는데 살이 찔까? 언제, 어디서, 무엇을, 어떻게, 왜, 누구와 먹었는지, 또 그때 느꼈던 기분은 어땠는지를 식사 일기에 적어 보면 과식의 원인을 쉽게 밝혀 낼 수 있다. 하루 먹은 양을 종합해 보면 의외로 조금씩 먹은 음식의 양이 꽤 된다는 것을 파악할 수 있을 것이다. 간식으로 섭취한 칼로리가 의외로 높은 비중을 차지할 수 있으므로 정확하게 기입해 그날그날 가장 잘했거나 잘못했다고 생각되는 일들도 기록한다, 1주일에 한 번씩 일기장을 살펴보며 한 주를 잘 마무리하고 잘못된 점이 있으면 반드시 고치도록 한다.

7) 가벼운 운동이라도 일주일에 4회 이상 규칙적으로 한다.

운동을 하면 활동량이 증가되어 먹은 음식뿐만 아니라 지방 형태로 저장되어 있던 에너지까지 소비됨으로써 체중을 감량할 수 있다. 운동하기 가장 알맞은 시간은 식후 1~2시간 후가 효과적이다. 반면 식사를 하기 전에 운동을 하면 공복감이 더 심해져서 운동 후에 과식을 하게 될 수도 있다. 운동을 할 때 가장 중요한 것은 자신에게 맞는 운동을 꾸준히 하는 것이다. 자기에게 맞는 운동 강도는 1분당 심장 박동수(심박수)로 경정한다. 그러나 대부분 땀이 나고 숨이 가쁜 상태가 되면 자신에게 맞는 심박수에 이른 것으로 보면 된다. 정기적인 운동은 심혈관계 질환과 순환계 장애를 예방해 주며 스트레스를 해소해 준다. 자신에게 적합한 운동을 골라 일주일에 4회 이상, 한 번에 60분 정도 땀이 날 만큼 하는 것이 좋다.

8) 변비를 잡아야 다이어트에 성공한다.

변비가 있는 사람이 살이 찌기 쉬운 것이 아니라, 살이 찌는 습관 때문에 변비가 생기는 것이다. 그러므로 불규칙한 식습관을 고치고 섬유질이 많은 신선한 채소나 과일, 김치 같은 발효 식품을 먹는 것이 좋다. 또 아침 공복에 냉수 한 컵 혹은 우유를 사미는 습관을 들이고 아침 식사는 조금이라도 반드시 먹는다. 빨리 걷기, 줄넘기, 훌라후프 등의 규칙적인 유산소 운동도 장 운동에 도움이 된다. 홍시, 홍차, 쑥 등에 탄닌 성분이 들어 있고 알코올, 기름진 음식, 인스턴트나 가공식품은 섬유질이 적고 열량이 높으므로 가급적 먹지 않는 것이 좋다. 또 장 마사지(배꼽을 중심으로 시계 방향으로 손을 돌림)와 함께 아침마다 화장실에 가는 습관을 들이는 것도 좋다.

9) 스트레스를 스스로 컨트롤 한다.

스트레스는 신체의 평형상태를 깨뜨려 팽팽하게 조이는 '긴장상태'로 우리 삶에는 스트레스를 유발하는 요인이 수없이 많다. 그러나 대부분의 사람들이 적절한 대처방안을 찾지 못해 폭식, 음주, 흡연과 같은 잘못된 방법에 의지하고 그로 인해 체중 증가, 부종, 위장 장애, 면역력 감퇴 등을 겪고 있다. 또한 살이 찐 사람들의 경우 스트레스는 폭식의 원인이 되기도 한다. 그러므로 다이어트를 위해서는 긍정적 사고방식과 명상, 독서 등으로 심신의 안정을 찾는 것이 중요하다.

CHAPTER 5

비만관리

01 비만이란?

비만 "obesity" 의 어원이 ab(over)와 edere(to eat)인 것에도 볼 수 있듯이 많은 음식을 먹고 휴식을 취하면, 에너지 섭취와 에너지 소비사이에 불균형이 일어나 섭취에너지 중 소모되고 남은 부분이 지방으로 전환되어 체내의 여러 부분, 특히 피하조직과 복강 내에 축적되는 것으로 비만의 정의는 미국 National Institutes of Health Consensus Development Conference Statement에서 정의된 바에 의하면 "빈번하게 건강장해를 유발하는 체지방의 과잉상태" 라고 하였으며, 과잉 체지방은 지방세포의 크기가 변함으로써 체내에 과잉 축적되게 되고, 극히 심한 경우에는 지방세포의 수가 증가 된다고 한다.

1) 비만증

체지방의 과잉축적, 체내에 쌓인 지방질이 정상보다 높은 것.

2) 체중과다

연령에 비해 평균보다 체중이 많이 나가는 것, 뼈의 무게가 무겁거나 근육이 잘 발달되어 있을 경우에도 초래될 수도 있다.

02 비만의 원인

1) 유전적 요인

비만증 발생에 유전이 중요한 역할을 한다는 것은 잘 알려져 있으나, 대부분의 비만인 사람에서는 여러 가지 문화적, 사회적 요인 등이 복합적으로 얽혀 있어, 유전적 요인의 역할을 단정한다든지 평가하기는 어렵다.

통계학적으로 밝혀진 유전과 비만과의 상관관계를 보면, 양측 부모가 비만증인 경우, 자녀에서 비만증 발병율은 80%, 한쪽 부모만 비만증이면 40%, 부모가 모두 야윈 때는 9%로 보고되어 있다. 비만증 환자의 60~90%에서 양친 또는 한쪽 부모에게 비만증이 있는 것으로 보고되어 있다.

비만의 원인을 분석해보면 유전요인이 약 30%이며 환경의 영향력이 70%로 볼 수 있어, 유전적, 사회 환경적 요인이 상호작용하여 비만을 일으키는 것 같다.

2) 내분비 질환(대사 장애)

비만증의 1% 미만으로 드물지만 원인을 제거하면 비만증이 교정되는 경우가 많다.

(1) 시상하부 질환

섭취중추와 만복중추의 두 종류를 식욕중추라고 한다. 양 중추에 영향을 미치는 인자는

첫째, 혈중 포도당의 상승으로 만복중추를 흥분시켜서 만복감이 생기게 하는 동시에 섭취중추에 대해서는 그 활동을 억제해서 섭식을 중지시키게 된다. 섭식후 혈당상승에 의한 인슐린 분비의 증가는 흥분을 증가시킨다.

둘째, 섭식후 시간이 경과함에 따라서 혈당이 떨어지고, 반대로 혈중 유리지방산의 농도가 증가하면, 섭식중추의 활동을 상승시켜 공복감을 생기게 하고 만복중추는 억제하게 된다는 것이다.

또 추운지방에서는 열생산 증가를 위해 식욕을 늘리고 더운 지방에서는 체열을 막기 위해 섭취량을 줄인다.

(2) 기타 내분비 관계

과식에 의한 인슐린의 상승은 비만을 일으키며, 당성피질성(Glucocorticoid)을 동물에게 실험적으로 투여하면, 체중의 증가가 거의 일어나지 않고 체지방이 증가하게 된다.

스테로이드 투여 역시 지방 저장을 증가하는 방향으로 지방조직의 대사를 변경시킨다. 동물을 거세하면 변경된 에스트로겐과 테스토스테론을 통해서 체지방의 실제적인 증가가 일어난다.

3) 환경적 요인

(1) 식사

탄수화물, 단백질, 지방을 불문하고 과잉 섭취시, 작업이나 열생산에 소비되는 칼로리양이 부족시, 그리고 고열량의 음식물을 과도하게 섭취시 지방으로 체내에 축적된다.

식사 횟수를 줄인 1회 과식시 인슐린 분비의 증가에 의한 지방합성계의 활성이 상승되어 비만이 형성된다.

스테파닉(Stefanik) 등의 음식 섭취와 에너지 소비를 연구한 결과를 보면, 비만 소년의 에너지 섭취는 비만하지 않은 소년에 비해 많았으며, 활동적인 운동에 참가하는 정도는 비만인이 일반적으로 적었다.

콜빈(Corbin)과 플레처(Pletcher)는 비만인과 비만하지 않는 초등학생의 칼로리 섭취와 신체활동에 대하여 연구하였는데, 두 집단은 비슷한 에너지를 섭취하였으나, 비만 집단이 현저하게 신체 활동 수준이 낮게 나타났다.

고지방 식이를 시킨 쥐는 표준 사육식이를 시킨 비슷한 쥐에 비하여 실제적으로 더 많은 체지방이 증가하였다.

카페테리아 또는 슈퍼마켓에서의 지방과 단당류가 높은 비율로 된 맛있는 음식의 식사가 현저한 비만을 일으킨다는 것이 증명되었다.

지방조직의 보다 적은 증가를 나타내는 소식이라도 횟수가 늘어, 양이 많아지면 비만이 생긴다.

(2) 운동부족

일상생활에 있어서 습관적인 신체 활동의 부족에 의해서 생기는 질병을 운동부족병(Hypokinetic disease - Diseases produced by lack of exercise)이라 하며, 이것은 심질환, 고혈압, 뇌졸중, 비만증, 당뇨병, 요통 등의 대부분 성인병의 주원인이 된다.

① 운동 부족병이 신체에 미치는 영향

문명의 발달이 가져온 생활의 편리함이 현대인에게 운동 부족증을 일으켜 체력의 저하, 성인병, 비만증 등을 초래하는 중요한 원인이 되고 있다. 이러한 것은 운동을 함으로써 예방할 수 있을 뿐 아니라 치료도 가능하다고 본다.

ⓐ 순환기계

운동부족이 장기간 계속될 때 인체에 가장 현저하게 나타나는 증상은 심혈관계 기능의 저하이다. 심장근이 약화되고 관상동맥내의 콜레스테롤, 석회질 등이 침착되어 동맥 내경이 좁아지고 탄력성이 상실되어 원활한 혈액 공급이 이루어질 수 없게 되어서 동맥 경화증, 심근경색, 협심증, 고혈압, 뇌졸중 등의 심혈관계 질환 뿐 아니라 비만이나 당뇨병도 나타나게 된다.

특히, 협심증은 관상동맥의 경화로 혈관 내경이 좁아져 혈관에 필요한 혈액을 충분하게 보낼 수 없게 되어 갑자기 흉통을 일으키는 병인데, 니트로글리세린(Nitroglycerine)을 복용하면 흉통이 멎게 되며 심근경색도 마찬가지로 관상동맥의 내경이 좁아져서 심근에 혈액 공급이 되지 않아 괴사하는 것으로 심한 흉통이나 쇼크를 일으켜 사망하게 된다.

ⓑ 골대사

최근 학생들이 운동 부족에 의해서 골절 사고를 많이 당하고 있다. 이것은 요중 칼슘 배설의 증대, 골의 탈탄화, 골연화 및 골조직 발달의 불충분이 주요원인으로 되어 있다.

ⓒ 근육계

근육계의 위축 현상과 유연성의 감소로 쉽게 피로하게 되며 요통, 근육통, 관절통, 류마티스 등의 원인이 될 뿐 아니라, 근육이 지방으로 전환된다. 근육내 칼슘이 요중에 배출되면, 신경근의 조정이 정상 역할을 하지 못해 골격근의 긴장이 저하되어 골격근으로부터 대뇌에 전달되는 신경 충격 역시 작아진다. 또한, 근위축으로 골격근을 잘 사용하지 않기 때문에 대뇌의 활동수준이 낮아지고 인식되는 정보가 적어지므로 항상 피곤하며 의욕이 떨어지게 된다.

ⓓ 내분비

부신피질 자극 호르몬의 증가, 부신피질 호르몬의 감소, 혈장 인슐린의 농도의 상승, 성장 호르몬의 증대 및 노르아드레날린(Noradrenaline)의 감소현상이 나타난다.

ⓔ 기타

정신적 스트레스를 발산시킬 수 있는 운동이 부족 된 결과 신경 질환의 발생률이 현저하게 증가한다. 신장 기능이 원활하지 못해 신장이나 방광에 결석이 생기기 쉽다.

결론적으로 장 메이어(Jean Mayer)의 연구 결과와 같이 현대 서구 사회에서 체중증가의 가장 중요한 요인은 운동부족의 결과라고 할 수 있다.

4) 심리적(스트레스 등) 요인

불안, 고민, 슬픔은 정상인의 경우 오히려 식욕을 억제하도록 작용하나 비만자에게는 욕구불만이 섭식 행동으로 전가되어 식욕이 항진된다.

최근에는 우울증, 불안, 또는 불행감 등 감정장애가 더욱 비만증을 악화시키는 역할을 한다. 따라서 심리적 요인으로써 스트레스가 비만에 미치는 영향을 알아보고자 한다.

(1) 스트레스란?

15세기 공학과 건축학에서 물리적 압력 또는 긴장의 의미로 쓰이다가 17세기에는 역경이란 심리하적 뜻으로, 20세기 초에는 신체의 질환이나 정신장애의 원인으로 간주되었다.

1960년대에는 배우자와 사별, 자식의 사별, 중병에의 이환 등 중대한 생활변화 사건과 같은 사회적인 스트레스 개념으로 발전되었다.

스트레스란 개인의 어느 수준에서 개체의 기능을 교란시키고 개체로 하여금 피하지 않을 수 없게 하는 방해상황을 말한다.

(2) 스트레스에 의한 질환

① 심맥관계 질환

스트레스는 혈압을 상승시키고 혈액의 점성도를 높이는 혈중 콜레스테롤의 값을 상승시킨다. 관상동맥의 경련이나 부정맥을 일으켜 협심증, 심근경색 그리고 심장마비까지 일으킨다.

특히, 혈중 콜레스테롤을 상승시켜 비만의 원인을 제공하기도 한다.

② 소화기 질환

위와 장의 기능은 정신적, 사회적 스트레스에 취약한 것으로 알려져 있다.

자율신경의 기능부전으로 결장에 민감한 영향을 미쳐서 변비와 설사가 번갈아 나타나며, 복통을 일으키기도 한다. 부교감 신경의 항진으로 하부 결장의 운동성 증진, 충혈, 부종 및 궤양성 출혈을 유발하는 결장염이 발생한다.

③ 두통

자율 신경의 기능 부전을 통해서 뇌동맥의 경련이나 현저한 확장 혹은 이 둘을 반복시키는 현상이 나타나 편두통이나 긴장성 두통 등이 나타난다.

편두통은 긴장으로 인하여 뇌혈관이 수축하였다가 긴장이 풀리면서 뇌혈관의 확장으로 통증이 심한 박동통을 일으키는 것이고, 긴장성 두통은 긴장으로 뇌혈관이 수축하면서 통증이 생기게 된다.

④ **간염, 암, 자가 면역성 질환 및 알레르기**

스트레스는 B임파구와 T임파구의 생성 및 성숙의 억제, 면역 글로블린의 생산과 인터페론(Interferon)의 생산을 억제하는데, 이러한 면역 능력의 감소는 코티졸(Cortisol)의 증가 때문에 일어난다. 암세포 제거를 담당하고 있는 T임파구의 감소는 암 발생률을 증가시키게 되며 교감 신경 회로를 통해서 고초열, 습진, 천식 등을 유발할 수 있으며, 알레르기성 질환인 경우 그 증상을 악화시킨다.

⑤ **정신질환**

스트레스가 지속되면, 뇌의 신경 화학적 기능을 변화시켜 행동 장애를 유발한다. 뇌에는 많은 종류의 신경 전달 물질이 서로 균형을 이루면서 정서 반응과 행동반응을 조절하는데 불안, 좌절, 절망감과 같은 부정적인 자극이 계속 될 경우 뇌의 특정 신경 전달 물질간의 불균형을 초래하여 조울증, 우울증 및 정신분열증을 일으키기도 한다.

결과적으로 스트레스는 여러 가지 질병을 유발할 뿐 아니라 비만을 일으키는 주요인이 되므로 이러한 스트레스를 극복하기 위해서는 개인에게 적합한 운동 프로그램과 취미생활을 통해서 심신에 긴장과 피로가 쌓이지 않도록 해야 한다.

5) 기타 요인

(1) 교통수단과 직장

하루 에너지 소비량의 정도를 객관적으로 추정할 수 있는 방법은 하루의 일과표를 작성함으로써 가능한데, 일과표는 대체로 각자의 직업과 교통수단 등으로 추정할 수 있다.

생활수단의 기계화로 인한 하루의 에너지 소비량의 감소가 상대적으로 에너지 대사의 균형을 잃게 함으로써 비만체형을 조성하게 되고, 교통수단과 직종은 비만의 중요한 요인이 된다.

예를 들면, 자가용을 탄다라고 답한자 중 배보다 가슴이 큰(정상인) 사람은 0.3%를 차지하나 가슴보다 배가 큰(비만인) 사람은 7.4%로써 자가용을 타는 사람이 비만에 걸릴 확률이 높음을 알 수 있다.

표 5-1 교통수단과 직종이 비만에 미치는 영향

구 분	정상인과 비만인 항목	가슴 〉 배(정상인)%	가슴 〈 배(비만인)%
교통수단	자가용을 탄다	0.3	7.4
	비교적 차를 많이 탄다.	61.2	69.5
	될 수 있으면 걷는다.	38.5	23.1
	계	100.0	100.0
직종	사무를 본다.	50.0	55.9
	노동을 한다.	25.6	20.1
	외근을 한다.	10.9	14.5
	대답 불응	13.5	9.5
	계	100.0	100.0

(2) 가족관계

부모의 체형이 클수록, 형제수가 적을수록 비만체형이 높았음을 알 수 있다.

(3) 신체발육

초경의 시기가 빠를수록 그리고 영양제 복용율이 높을수록 비만도가 높게 나타났다.

(4) 식사유형

1일 식사 회수가 밤참 횟수가 많을수록 비만도가 높았으며, 식사시간의 불규칙성 및 편식이 비만 유발율을 상승시켰다.

(5) 생활습관

스트레스와 관련될 수 있는 내용이지만 깊은 잠을 경험하는 사람일수록 비만이 별로 없는데 즉, 긴장을 풀고 수면시 호르몬의 작용에 의해서 체지방 축적이 일어나지 않는다고 한다. 보건사회부 조사에서 야윈 사람이 오히려 운동을 적게 하고 담배와 술을 더 즐김으로써 건강관리에 소홀하다고 한다. 일반적으로 건강이 좋지 않는 사람이 예방과 치료에 관심을 기울임으로써 오히려 건강을 증진시킬 수 있음을 말하는 것이다.

03 비만의 유형

1) 원인에 따른 분류

(1) 단순성 비만(본태성 비만)

단순성 비만이란 과식, 운동부족 등에 의해서 일어나는 비만으로 95% 이상 대부분의 비만이 여기에 속한다.

(2) 증후성 비만

어떤 질병에 의해 비만이 발생된 경우를 말한다.

① 내분비성 비만

인슐린증, 쿠싱증후군, 갑상선 기능저하증 등

② 유전성 비만

알스트롬(Alstrom) 증후군 등

③ 시상하부성 비만

종양, 염증, 외상, 혈관장애 등

④ 전두엽성 비만

종양

⑤ 대사성 비만

당뇨병

⑥ 약물에 의한 비만

향정신약, 부신피질호르몬

2) 지방조직 형태에 의한 분류

(1) 지방세포 증식형 = 평생비만(서양배형 : 하체비만)

① 체중감소법에 큰 효과가 없다(yo-yo법).
② 세포수의 증가에 의한 비만이며 임신후기, 생후1년, 사춘기 때 지방세포가 증식한다.
③ 젊은 나이에 시작되는 비만으로 대사 이상이 원인인 경우는 드물다.

④ 비만의 정도가 극심하며 지방세포의 분포가 전신(가슴, 배, 둔부, 얼굴, 손가락, 발가락 등 모두가 뚱뚱하다)이다.

(2) 지방세포 비대형 = 성인형비만(사과형 : 상체비만)

① 지방세포 크기가 증가되며, 성인에게 발생률이 높다.

② 대사 이상을 나타내는 경우가 많고 체중 감소 요법에 잘 반응한다.

③ 운동 부족으로 비만의 정도가 심하지 않으며, 주로 복부, 등, 둔부 등이 뚱뚱한 형이다.

④ 당뇨병에 걸릴 확률이 높다.

(3) 혼합형

지방세포의 크기 증가와 세포수의 증가 형태로 극심한 비만에서 흔히 볼 수 있다.

3) 지방세포에 의한 분류

(1) 체형에 의한 분류(상체비만과 하체비만)

① 상완과 대퇴의 둘레와 피하지방 측정

- 남성형 비만 : 상완의 지방축적, 합병증률이 높다.
- 여성형 비만 : 대퇴에 축적.

② 허리와 둔부의 비(W/H)를 지표로 표시

- 상반신 비만 : W/H비가 높은 사람, 합병증률이 높다.
- 하반신 비만 : W/H비가 낮은 사람.

③ W/H비의 증가는 합병증의 발생에 상관이 높다

복부비만을 고위험인자로 지적

④ 비만위치에 따른 분류(내장형 비만과 피하지방 비만)

피하지방형은 복부에 피하지방 축적량이 과잉된 비만을 말한다.

내장 지방형은 복부내 장기 사이 사이에 지방과잉으로 축적된다.

컴퓨터 단층으로써 내장형 / 피하지방(V/S)의 비로

0.4 이상 - 내장형 비만

0.4 미만 - 피하지방형 비만

04 비만의 평가

1) BMI 측정

(1) BMI란?

BMI(Body Mass Index)는 신체밀도를 구하여 체지방량을 간접적으로 평가하는 도구로서 체중(kg)을 신장(m)의 제곱으로 나눈 값이며 19~70세 성인들에게 사용할 수 있다.

BMI는 질병이환율 및 사망률의 상태 위험도를 잘 반영한다.

즉, BMI가 높을수록 실험관질환 암 발생위험이 높고 조기 사망 가능성이 높아진다.

$$BMI = kg/m^2$$

(2) BMI의 평가

WHO에서는 과체중(overweight)을 BMI 25~29.9kg/m^2, 비만(obesity)을 BMI≥ 30kg/m^2으로 정의한다.

(3) BMI를 이용하지 못하는 경우

운동선수나 보디빌더는 근육무게가 많이 나가므로 BMI가 높게 나온다, 임신 혹은 수유중인 여성, 성장기 어린이, 노인, 키 작은 사람 등은 BMI가 실제 체지방량 보다 높게 혹은 낫게 나온다.

2) Broca법에 의한 비만측정

$$\text{비만도} = \frac{\text{실측체중}}{\text{표준체중}} \times 100$$

▷ 110 ~ 90은 정상(± 10% 범위)

▷ 110 ~ 119은 과체중(+10 ~ +19 범위)

▷ 120 이상은 비만 (+20 이상)

3) 브로카의 원법에 의한 표준체중치 측정법

$$표준체중(kg) = [신장(cm) - 100] \times 0.9$$

Broca의 원법 : 신장(cm) − 100 = 표준체중

31~50세의 여성의 경우 비만의 경계선은 약 30%이다.

▷ 신장 165㎝ 이상의 경우 = 신장 - 110

▷ 신장이 164~151㎝일 경우 = 신장 - 105

▷ 신장이 150㎝ 이하일 경우 = 신장 -100

4) 변법에 의한 비만도 판정

$$비만도 = \frac{실제체중 - 표준체중}{표준체중} \times 100$$

20%이상은 비만이다.

5) kaup지수

$$kaup지수 = \frac{체중(g)}{(신장cm)^2} \times 10$$

출생후부터 만 5세까지의 어린이를 위해 사용되는 계수

kaup 지수에 의한 판정기준은

▷ 13 이하 = 너무 마른편이다

▷ 13 ~ 15 = 마른 편이다

▷ 15 ~ 19 = 정상

▷ 19 ~ 22 = 뚱뚱하다

▷ 22 이상 = 너무 뚱뚱하다

6) 비흉위

$$비흉위 = \frac{흉위}{신장} \times 100$$

7) Rȍhrer 지수

$$\text{Rȍhrer} = \frac{\text{체중}}{(\text{신장})^3} \times 10^5$$

8) 피하지방 두께측정

① Caliper를 사용하여 상완, 견갑골 하부피부 주름 두께를 측정하여 그 합으로부터 체밀도를 계산하여 체지방률을 알아내는 방법.
남자의 경우 45㎜ 이상을 비만, 여자의 경우 60㎜ 이상을 비만으로 본다.

▶ 크게 별도로

체지방량도 영양 상태를 측정하는데 있어서 좋은 판정기준이 되는데, 표피 밑에 퍼져 있는 체지방량을 측정함으로써 이것을 알게 된다.

그림에는 인체에서 영양상태판정을 위한 체지방량 측정 부위가 표시되어 있다. 소위 skin fold thickness는 caliper라고 불리는 기계로 측정한다.

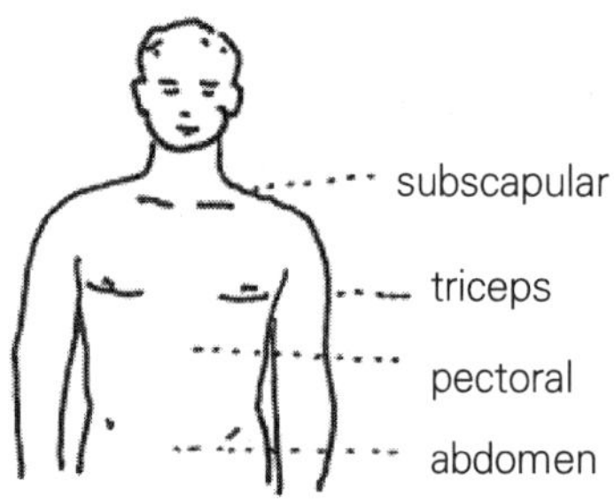

그림 5-1 영양상태 판정을 위한 인체 측정부위

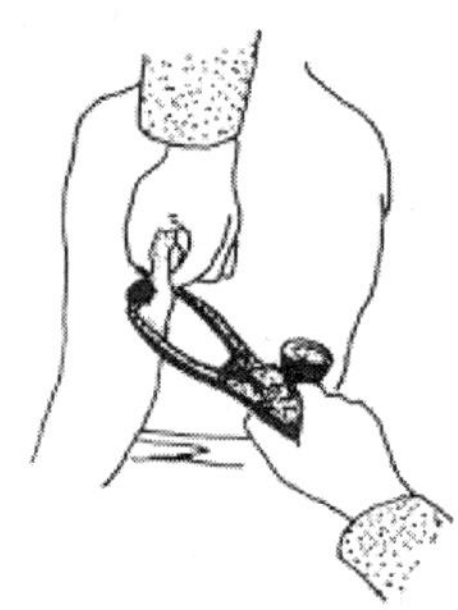

그림 5-2 측정기(caliper)로써 체지방을 측정하는 모습

체지방의 두께는 연령과 성별에 따라 차이가 있는데, 일반적으로 어릴 때에는 그 넓이에 있어서 크고, 성장에 따라 차차 감소하여 다시 청소년기에 늘게 된다. 소녀나 부인은 소년이나 성인남자에 비해 일반적으로 두께가 두껍다. 그러나 비정상적으로 체지방량이 두껍다든지 혹은 얇은 것은 역시 좋지 못한 영양의 지표라고 할 수 있다.

② X선, 초음파, CT에 의한 측정도 있다.

9) 허리둘레대 엉덩이 둘레 비율 측정법(복부형 비만을 알아내는 방법)

허리둘레를 엉덩이둘레로 나누면 된다. 허리둘레는 배꼽을 지나는 배의 둘레를 측정하고 엉덩이 둘레는 둔부의 최대 돌출부위를 측정한다.

남자의 경우 0.8~1.0, 여자인 경우 0.7~0.85 사이가 정상범위이고 비율이 높을수록 복부 비만의 강도가 심하다.

10) 물 속에서 비만도 측정방법 - 체지방비율분석법

전체 체중에서 지방이 차지하는 비율이 25% 이상이 되면 쉽게 물에 뜨게 되는 것을 이용한 것이다.

나는 비만일까?

A양 : 신장 166cm, 몸무게 63kg

표준체중 : 보통 Broca법에 의해 구한다.
신장 > 160cm : {신장(cm) - 100} × 0.9
150cm ≤ 신장 <160cm : {신장(cm) - 150} × 0.5 + 50
신장 < 150cm : 신장(cm) - 100

$$상대체중 = \frac{현재체중}{표준체중*} \times 100$$
$$= \frac{63}{59.4} \times 100 = 106.1(정상)$$

$$(표준체중* = \{신장(cm) - 100\} \times 0.9 = \{166 - 100\} \times 0.7 = 59.4)$$

$$체질량지수 = \frac{체중(kg)}{신장(m)^2} = \frac{63}{(1.66)^2} = 22.9(아슬아슬한정상)$$

알아두기

WHO의 비만에 대한 기준

세계보건기구인 WHO의 IOTF(International Obesity Task Force)팀은 아시아인에 있어서는 BMI 23-24.9부터 고혈압 · 당뇨병의 질병 발생 위험이 상당히 의미있게 증가하므로 과체중의 기준을 체질량지수 23 이상, 비만의 기준을 체질량지수 25 이상으로 제안하였고, 대한비만학회에서도 이를 받아들여 한국인의 기준치로 정하였다.

BMI에 의한 비만 판정

	WHO 기준(미국)	대한비만학회(한국)
정상	18.5-24.9	18.5-22.9
과체중	25-29.9	23-24.9
경도 비만	30-34.9	25-29.9
중등도 비만	35-39.9	30-34.9
고도 비만	≥40	≥35

05 비만의 증상

1) 각종 질병 위험도, 사망률의 증가

비만은 협심증, 뇌졸중, 대사증후군, 골관절염, 요통, 고요산혈증, 통풍, 각종 암(유방암, 자궁내막암) 등 다양한 질병과 관련이 있다. 미국인의 경우 적정 체중보다 40%이상인 여성은 암 발생 위험률이 높은 것으로 보고되었다.

체질량지수 23~25 이상이면 암, 심장병, 당뇨병 등에 의한 사망률이 높아지게 된다. 한국 사람의 경우에는 서양보다 낮은 BMI(체질량지수)에서 고혈압, 당뇨병, 고콜레스테롤혈증 등의 만성질환 발생 위험도가 높아지며, 체질량지수 25에서 2배, 27에서 2.5배, 30에서 3배로 만성질환 발생 위험도가 높아졌다.

2) 대사증후군

대사증후군은 중심성 비만인 사람에게서 제2형 당뇨병이나 심혈관질환의 다른 위험인자인 이상지질혈증, 고혈압이 동반되어 나타나는 현상이다. 대사증후군이 있는 사람은 심장병, 뇌졸중으로 갑자기 사망하는 경우가 많다.

3) 여성의 불임과 성 기능 이상

비만은 다낭성 난소증후군과 월경 주기 이상 등의 부인과 질환과도 관계가 있다. 다낭성 난소증후군은 난소가 과다하게 남성 호르몬인 안드로겐을 분비하면서 난소에 작은 물혹이 차는 증상으로, 비만과 무배란성 불임 등을 동반한다. 비만한 사람은 임신이 잘 안 되거나 자연 유산될 가능성이 높으므로 주의가 요구된다.

4) 호흡 기능 이상

복부 비만과 목 크기는 폐쇄성 수면 무호흡증과 관계있다. 이것은 누운 자리에서 기도가 좁아지는 것과 관련이 있고 중증인 경우에는 수면 중에 돌연사를 일으킨다.

5) 근골격계 이상

비만은 척추와 관절에 기계적인 압박을 주게 되어 요통과 골관절염 위험도를 증가시킨다. 또한 기계적인 압박뿐만 아니라 고요산혈증(혈액에 요산이 높아지는 현상)을 유발시켜 통풍(유전적 대사 질병으로 혈액 중에 높아진 요산이 요산염으로 관절에 축적되어 통증이 생김) 위험도를 증가시킨다.

6) 정신 · 사회적 문제

비만한 여성과 소아는 자주 사회적 편견과 차별 대우를 받는다. 성격은 어린 시기에 형성되므로 어려서 비만이 된 사람은 어른이 되어 비만이 된 사람보다 사회적·감정적 문제를 훨씬 더 많이 일으키게 된다. 비만한 사람들을 동료, 선배, 부모한테까지 거부당하게 되어 부정적인 자아 이미지나 낮은 자아 존중감을 가지게 되고 때로는 심각한 마음의 병을 얻기도 한다.

06 비만과 관련된 질환

1) 염증

비만증인 사람은 발한이 많기 때문에 습기 있고 마찰이 심한 지방층 부분에 발진, 염증, 부스럼 등이 생기는 경향이 크다.

2) 당뇨병

당뇨병은 당분해가 제대로 되지 않아 체내 당이 축적되어 마침내는 소변으로 빠져나가는 질환이다. 당 분해 작용을 하는 효소를 인슐린이라고 하는데 이것은 당을 체내에 수많은 세포로 옮기는 역할을 하고 세포는 이것을 에너지원으로 사용하여 대사를 한다.

비만에서 오는 당뇨병은 인슐린을 받아들이지 못하는 비정상적인 세포가 말초에 많이 증가하기 때문이다. 또한 인슐린이 충분히 있어도 워낙 쓰여야 될 곳이 많아 인슐린 필요량이 증가되어 혈당이 높아질 수 있다.

유년기 당뇨병(인슐린 의존성 당뇨병)과 달리 비만 성인에게 오는 당뇨병은 당 분해효소인 인슐린은 정상이거나 오히려 증가(고 인슐린증)되어 있어 인슐린 비의존성 당뇨병이라고 한다.

3) 고혈압

신체가 필요로 하는 혈액 공급량은 체중에 비례하게 되므로 비만한 사람의 심장은 항상 과로하게 된다.

지방의 과다는 산소의 필요량을 증가시켜 표준 체중의 사람보다 증가하여 혈압이 높아지게 된다.

4) 고지혈증

고지혈증은 혈중 코렐스테롤(240mg/dℓ 이상)과 중성지방(200mg/dℓ 이상)이 정상범위 이상으로 증가된 상태를 말하며 지단백과 지질대사 장애로 인해 발생한다. 고지혈증의 종류는 크게 유전적 이상에 의해 발생하는 일차성 당뇨병 등의 다른 질병이나 약물에 의해 발생하는 이차성 고지혈증으로 나뉜다.

일차성 고지혈증은 유전적 이상에 의한 지질 대사 장애로 인하여 나타남, 이차성 고지혈증의 원인으로는 당뇨병, 갑상선 기능저하증, 신증후군, 요독증, 에스트로젠, 코올, 간질환 등이 있다. 기타 면역글로불린 장애, 당원 축적병, 뇌하수체 기능 저하증, 말단비대증, 부신피질 스테로이드 과잉 등으로 인하여 나타난다.

5) 지방간

정상적인 간세포는 간장 무게의 2~5% 정도의 지방을 포함하고 있는데, 지방간이란 병은 지방이 비정상적으로 늘어난 상태를 말한다. 지방간은 종래에는 그다지 문제 삼지 않았으나 최근에는 간생검에 의한 간세포의 조직 검사 시행과 더불어 주목되기 시작한 병이다.

뚱뚱한 사람에게서 많이 볼 수 있고, 또한 급사한 사람에게서 지방간이 흔히 발견된다고 한다. 지방간은 고통이 거의 없어 본인도 깨닫지 못하고, 간기능 검사에서도 거의 이상이 발견되지 않는 경우가 많았기 때문에 임상상의 진단도 내리지 못했던 병이다. 빨리 치료하면 쉽게 낫는 병이나 반대로 방치하면 간경화가 되어 치료할 수 없다는 것이 밝혀서 의료 전문가에게도 주목이 되고 있다

6) 동맥경화(협심증, 심근경색, 뇌경색, 뇌출혈, 뇌졸중)

동맥이 여러 이유로 그 내면에 지방질이 끼기 시작하고 점차 그 양이 많아지며, 또한 동맥 내벽 역시 비정상적으로 계속 두꺼워져 동맥의 내경이 좁아지고, 탄력성을 잃는 증상을 말한다.

정상적인 노화현상, 지질대사 이상이나 호르몬대사 이상, 유전적요인, 식생활, 운동부족 등 여러 가지 요인에 의해 발생하는데, 보통 한가지만의 원인이 아니라 여러 원인이 서로 겹쳐서 발생되는 것으로 알려져 있다. 구체적인 요인으로 고혈압, 고지혈증, 당뇨병, 흡연, 비만, 스트레스 등이 동맥경화의 원인이 될 수 있다.

7) 담석증

담석증이란 담도에 생기는 병으로 콜레스테롤이나 칼슘 등이 섞인 작은 알갱이가 만들어져 그 알갱이가 옮겨 다닐 때마다 심한 통증을 유발한다.

비만인의 경우 혈중 콜레스테롤치가 높아 콜레스테롤이 용해되지 못하고 가라 앉아 담석이 된다.

8) 허혈성 심장질환

심장에 분포되어 잇는 혈관이 막히거나 그 혈관에서의 혈액순환이 잘 안되어서 생기는 심각한 심장질환이다.

9) 수면중 무호흡 증후군

수면 중 심하게 코를 골던 사람이 갑자기 호흡이 멎으면서 한동안 숨을 쉬지 않고 있다가 다시 가쁜 숨을 몰아쉬며 코를 고는 질환이다. 무호흡이란 10초 이상 코나 입으로 공기의

출입이 정지된 상태를 말하며 1시간당 5회 이상 나타난다.
과도한 지방 조직의 축적으로 흉벽이나 횡격막의 운동이 제한되고 호흡장애가 오게 된다.

10) 통풍

통풍이란 바람만 불어도 아프다는 병으로 엄지발가락의 심한 관절염이 특징적으로 나타나는 병이다. 통풍은 우리 몸 안에서 대사 후 만들어 지는 뇨산이라는 물질이 과도하게 많이 생산되거나 콩팥을 통해 배설이 제대로 안되어 혈중에 뇨산이 많아져서 이 뇨산이 조직에 조직에 침착하여 생기는 병이다.

통풍은 관절염, 뇨산결절, 신장이상이나 뇨결석 등으로 나타나게 되는데 40 이상의 남자에서 많이 생기지만 폐경기 이후 여성에서도 발생할 수 있다. 또한 비만한 사람, 육식이나 술을 많이 하는 사람에게서 많이 발생한다.

11) 골격과 관절계통의 장애

자기키에 비해 과다한 체중이 되면 체중을 지탱하는 관절에 계속적으로 무리한 충격이 오게 되어 관절염이 유발되게 된다. 무릎, 하지관절염, 요추관절에 퇴행성관절염.

12) 유방암, 자궁내막암, 난소암

비만으로 인해 체내 호르몬의 균형이 깨지는 것이 그 원인일 것으로 추정.

13) 심리적 문제

불안, 우울 등을 나타낼 수 있으며 모든 면에 의욕을 잃고 비관하기도 한다.

그림 5-3 비만에 수반되는 각종 질병들

07 기호식품과 비만

1) 술과 비만

(1) 술의 생리작용

누구나 혈액 속에는 2.004%의 알콜이 함유되어 있는데 이 양은 마취상태의 1/10내지 1/5 정도가 된다.

위로 들어간 술은 약30분 동안 20~30%가 흡수되며, 위속 내용물의 산성도(pH)가 산성 쪽으로 가면 즉각 십이지장과 소장으로 들어가서 대부분 흡수된다. 위가 비어 있을수록 알콜의 흡수속도가 빨라지기 때문에 음주시 고단백 저칼로리 안주를 곁들이면 좋다.

알콜이 소화되는 경로를 보면 알콜에서 아세트알데히드, 아세트알데히드에서 아세트산, 아세트산에서 이산화탄소와 물로 되는데 혈중농도의 최고치는 40~120분 사이에서 일어난다.

(2) 알콜이 인체에 미치는 영향

① 일시적으로 피로를 회복시킨다.
② 인슐린 분비를 증가시켜 혈당을 낮추어줌으로써 식욕을 증가시킨다(적당량). 그러나 과량일 때 만복중추의 억제를 둔화시켜서 비만이 되게 한다.
③ 말초혈관 확장으로 혈압을 낮추어 준다(적당량). 그러나 과량일 경우 오히려 혈압을 상승시킨다.
④ 진정 작용으로 수면을 촉진시킨다.
⑤ 정신적인 스트레스를 해소시킨다.
⑥ 혈중 콜레스테롤을 낮추어 준다.
⑦ 뇌하수체에서 분비되는 항이뇨 호르몬의 작용을 억제하여 소변량을 많게 하는데, 알콜이 배설될 때 함께 물도 끌어감으로써 과음시 탈수현상을 초래한다.
⑧ 사지는 위축되고 배가 나온다.

(3) 술과 체중조절

알콜은 1g당 7kcal의 열량을 발생하는데, 소주 1잔이면 밥 1공기와 같은 양이다.

그러나 단백질이나 비타민, 무기질 등 다른 영양소가 골고루 함유되어 있지 않아서 텅빈 칼로리라고 한다. 즉 풍요속의 빈곤현상이라 할 수 있다.

술을 많이 마시면 높은 칼로리의 섭취로 인해서 체내의 지방이나 탄수화물이 분해되어 칼로리를 낼 기회가 없을 뿐 아니라 하루 필요한 열량이상을 과잉 섭취한 칼로리는 지방으로 바뀌어 체내에 저장됨으로써 비만증이나 지방간으로 된다.

술은 매우 비싼 칼로리원이다. 캔맥주 355ml 1개는 180kcal의 열량이 있는데 이것은 설탕 50g과 같으나 값은 50배나 많기 때문이다.

술만 마시고 다른 식사를 하지 않으면 영양결핍증에 걸리기 쉬운데, 알콜이 간에서 대사시 대량의 단백질과 비타민이 소모되기 때문에 고단백 저칼로리 안주가 좋은 것이지만, 비만인들은 이렇게 저렇게 과잉 영양섭취에서 벗어날 수가 없으므로 술을 마시지 않는 것이 좋을 것이다.

과량의 알콜섭취로 혈당이 상승되면 인슐린이 분비되어서 다시 혈당을 낮추어 저혈당이 되면, 심한 공복감이 발동하여 식욕을 증가시켜 과식하면 고지혈증으로 되고 그 결과 지방산의 합성을 촉진시켜서 비만과 지방간으로 된다.

같은 양의 술을 마실 때 여성이 남성에 비하여 더 많이 취하게 되는 것은 여성은 지방조직이 많아 단위체중당 혈중농도가 높아지기 때문에 조심해야 할 것이다.

2) 흡연과 비만

(1) 니코틴과 건강

흡연은 심질환과 폐암을 유발시키며 생명을 단축시키는 인체에 백해무익하다는 것은 주지의 사실이나, 오늘날 청소년 및 여성흡연이 날로 증가하고 있어 그 대책이 시급하다.

20세부터 흡연한 사람은 노화가 촉진되고 2~5년 먼저 주름이 생긴다고 한다. 여기서는 담배 속에 들어있는 니코틴이 인체에 미치는 작용을 살펴봄으로써 비만과의 관계를 알아보고자 한다.

(2) 니코틴(Nicotine)이 인체에 미치는 영향

담배의 유해물질은 니코틴, 타르, 일산화탄소 등 기타 30여종에 이르고 있다.

① 말초혈관을 수축하여 피부혈류량을 감소시켜 손발의 온도가 내려간다.

② 혈압을 12mmH 정도 상승시키지만 고혈압을 유발하지는 않는다.

③ 심박수도 18~19회/분까지 증가시킨다.

④ 대뇌와 자율신경계를 자극하여 몸을 진정시키는 역할을 한다.

⑤ 위운동의 X선 검사결과 배고픈 상태에서 니코틴을 주사하면 배가 고프지 않게 느끼게 되어서 식욕을 억제 시킨다.

⑥ 지방산을 동원시킴으로써, 혈중 콜레스테롤을 상승시켜 체지방을 감소시킨다.

⑦ 섬유소를 증가시켜 혈액응고 기능을 증진시키고, 고밀도 지단백 콜레스테롤(좋은 콜레

스테롤)을 감소시켜 관상동맥질환 등 심장질환 유병율을 증가시킨다.

(3) 흡연과 체중조절

흡연시 아드레날린의 분비 증가에 의해서 체내 지방분해를 자극하여 지방산 동원을 증가시키면 간에서 트리클리세라이드로 변환되어 좋은 콜레스테롤을 낮추며 나쁜 콜레스테롤은 증가시킨다.

흡연자는 비흡연자 보다 대체적으로 체중이 적으며, 흡연을 중지하게 되면 체중이 증가한다고 한다. 흡연자의 체중이 감소하는 것은 흡연으로 인한 식욕감퇴 때문이라기보다 흡연결과 칼로리가 5% 더 소모되기 때문으로 설명될 수 있다.

또한 담배 1개피당 비타민C가 25mg 소모되기 때문에 흡연가는 비타민 부족 현상도 겪게 되며, 임산모가 흡연시 태아체중이 200g 정도 적은 아이를 분만한다.

결론적으로 규칙적인 운동 프로그램에 참여하게 되면, 흡연량을 줄일 수 있으며 흡연으로 감소된 지구력, 교치성, 그리고 스피드도 증진시킬 수 있다.

3) 커피와 비만

(1) 커피와 건강

우리나라 사람들은 1년에 352잔의 커피를 마셔 대만인에 비하여 4.8배나 높으며, 학력과 수입에 비례해서 커피를 마신다고 한다. 더욱이 최근에는 청소년들이 커피를 즐겨 마시고 있다고 한다.

여기서 소개하고자 하는 것은 커피 속에 함유된 카페인을 이해한다면 비만과의 관계 역시 설명될 것이다.

70kcal × 5잔 = 350kcal(1일)
350kcal × 20일 = 7000kcal = 1kg의 체중

그림 5-4 하루에 자판기 커피 5잔을 마실 경우

(2) 카페인(Caffeine)이 인체에 미치는 영향

알칼로이드성 물질로 몸속에 들어오면 5분인 내에 신체 각 부위로 퍼져서 다음과 같은 작용을 나타낸다.

① 호흡수와 깊이를 높인다.
② 이뇨작용으로 소변량을 증가시킨다.
③ 혈류량과 속도를 증가시킨다.
④ 체내 열 생성을 10~20% 증가시킨다.
⑤ 철분의 흡수를 방해하여 현기증을 일으킨다.
⑥ 신경질적이며 집중력을 떨어뜨린다.
⑦ 위산을 증가시킨다.
⑧ 기관지 근육을 이완시킨다.
⑨ 습관성이 형성된다.
⑩ 지방산의 혈중농도를 상승시킨다.

(3) 커피의 성분 분석(%)

커피의 성분을 분석해보면 다음 표와 같다.

(4) 카페인 함유식품

카페인은 커피(100~150mg)뿐만 아니라 살 빼는 약, 감기약, 알레르기 약, 두통약, 향료, 냉동우유제품, 구운 음식, 홍차(60~75mg), 초콜렛(20mg), 수면제(100~200mg), 각종 드링크류(20mg)에도 함유되어 있기 때문에 사용 시 주의를 요한다.

표 5-2 커피의 성분(%)

성분 \ 구분	생커피 열매	찐커피 열매	12g의 분말을 180cc의 물에 3분간 끓여낸 것
수분	11.9	1.6	98.3
단백질	12.1	14.6	0.3
지방질	12.0	16.5	0.3
당분	42.8	43.5	–
섬유질	16.6	18.4	–
회분	3.2	3.7	–
카페인	1.4	1.7	1.1

(5) 카페인 다량섭취 시 질병유발

카페인 섭취가 많으면 몸속의 좋은 콜레스테롤(고밀도 지단백 콜레스트롤)을 감소시켜서 동맥경화증과 협심증, 심근경색 등의 순환계 질환을 유발할 확률이 높다. 카페인을 제거시키지 않은 커피보다 제거시킨 커피가 오히려 심질환을 일으킬 확률이 더 높다고 한다.

카페인이 동맥경화를 촉진하는 원리를 보면, 카페인은 아드레날린의 분비를 증가시켜 피하지방 가운데 중성지방을 분해하여 혈액으로 지방산을 방출시켜서 이물질이 콜레스테롤과 함께 혈관내 동맥경화를 일으킨다는 것이다. 카페인은 위산분비를 증가시키기 때문에 위염, 위궤양, 십이지장궤양 등이 있는 사람은 자제해야 한다.

특히 어린이, 임산부, 고혈압 환자들은 커피를 마셔서는 안 된다. 그러나 정상인의 경우 하루 4잔 이하인 500mg 미만은 건강상 큰 문제가 없다고 한다.

(6) 커피와 체중조절

커피 속, 카페인의 지방대사 과정을 보면, 카페인이 카테콜라민(Cathecholamine)의 방출을 자극하여 지방조직의 분해활동을 증가시킴으로써 혈중 유리지방산, 콜레스테롤, 트리글리세라이드 등을 상승시킨다.

혈청내 고밀도 지단백 콜레스테롤을 감소시켜 체중감소 효과가 다소 있을 수도 있으나, 질병유발율이 훨씬 많기 때문에 체중감소를 위해서 희망을 가지고 열심히 마시는 과오는 범해서는 안된다.

특히, 커피를 마실 때 우유, 크림, 프리마 등을 섞어 마시는데 이러한 것은 이 물질에 들어있는 단백질과 카페인이 결합하여 체내에서 카페인의 흡수를 어렵게 하는 작용을 한다. 커피 속에 설탕을 추가적으로 타면 고열량과 고단백 식품으로 인해 오히려 비만이 쉽게 일어 날 요인을 제공할 수도 있다.

장거리 경기 전에 350ml 정도의 진한 커피를 복용하면, 지방산이 동원되어 지구력을 증가시키는데 이것은 카페인이 호흡수와 깊이를 증진시켜서 더 많은 산소를 공급할 수 있어 지방을 연료로 사용해 오랫동안 에너지 공급을 고갈 없이 사용할 수 있기 때문일 것이다. 올림픽 등 국제규모 경기뿐 아니라 오늘날에는 국내경기에서도 소변검사를 통해서 진한 커피 4잔 이상을 마셨을 때는 입상 자격을 박탈하기도 한다.

08 비만관리를 위한 식이요법

헨리 빌러(Henny Bieler)의 저서에서 “가장 좋은 약은 바로 식품이다” 라고 한 것 같이 식이요법은 섭취하는 열량을 줄이되 무기질이나 비타민 등 인체가 필요로 하는 여러 가지 영양소를 골고루 섭취하도록 식단을 짜고, 고단백 저칼로리 식이를 기본으로 한다. 그러나 일정한 체중을 계속 유지하기 위해서는 운동이 필수적이다. 늘씬하고 건강해 보이는 몸매는 결코 식이요법만으로 얻을 수 있다. 운동은 근육손실을 막아 줄 뿐만 아니라 지방대사율을 높여주고 식욕을 조절하며 감소시킨 체중이 다시 원상으로 돌아가는「요요-현상」을 막아준다. 여기서 말하는 요-요(yo-yo) 라는 것은 오뚜기와 같은 장난감을 말하는 것으로써 식이요법이나 운동요법 또는 병행실시 등으로써 체중을 감소시켰더라도 계속적으로 노력하지 않는다면 금방 감량 전 체중으로 되돌아가는 현상을 요-요 현상이라 한다.

1) 식이요법시 체중감량

체중과 체지방량을 측정한 후 목표체중을 설정하고 체중감량은 1주일에 약 500g을 넘지 않도록 한다. 자신의 하루 섭취량에서 300~500kcal 정도 줄인 양을 식이요법의 칼로리로 하며, 하루 200~300kcal 정도의 운동량을 정해 식이요법과 병행한다. 식이요법은 46가지 영양소가 골고루 들어있는 균형식이어야 하며, 근육손실을 막기 위해 적어도 1,200kcal 이상을 유지해야 한다. 지방 1kg은 약 7,700kcal에 해당하기 때문에 식이요법이나 운동요법 어느 하나만으로 이를 뺀다는 것은 거의 불가능하다. 1주일에 450g의 체중을 줄이기 위해서는 하루 섭취 열량 중 500kcal를 적게 먹어야 한다. 체지방 1g0 7.7kcal이므로 하루에 500kcal씩 일주일을 줄이면 3,500kcal이므로, 3500/7.7=454g을 줄 일 수 있다.

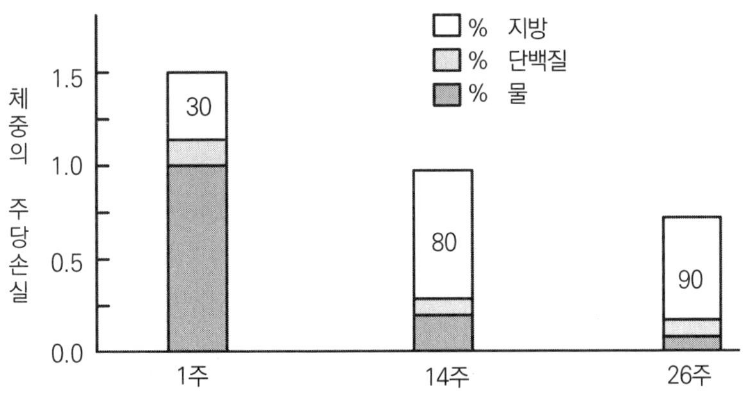

그림 5-5 주당 매일 1,000kcal 부족 된 식이요법에 의한 체중감량

간략하게 말하자면, 3,500kcal를 감량시키면, 체지방 손실이 약 500g 정도 된다. 따라서 하루 500kcal씩을 7일간(1주일) 감량하면(7×500kcal=3500kcal), 약 500g 정도의 체지방을 감소시킬 수 있다. 식이요법만에 의한 칼로리 감소와 더불어 더욱 효과적인 방법으로써 육체적인 운동은 칼로리 소비를 증가시켜 체중 감량을 유발시킬 수 있다. 강렬한 장시간 운동으로 매일 1,000kcal 정도를 소비하며, 운동선수가 아닌 사람의 보통운동은 200~400kcal의 범위 내에서 소비된다.

열량을 통제하는 다이어트 없이 운동만 할 때 두드러진 체중 감소는 없고 때로는 실질적인 체중이 증가함을 볼 수 있다.

〈그림 5-5〉 1은 식이요법만에 의해 체중감량시 주당 체중손실을 나타낸 것이다.

2) 식이요법 요령

식이요법시 영양소는 당질 60%, 단백질 15%, 지방 25% 정도의 비율로 섭취하는 것이 좋으나, 비만에 영향을 주는 지방질 뿐 아니라 당질의 섭취를 줄이는 것이 중요하다. 그러나 단백질은 몸의 골격을 유지하는 영양소이기 때문에 항상 15% 이상의 비율로 유지시켜야 한다. 지방은 위에서 머무는 시간이 길기 때문에 어느 정도의 공복감 억제에 효과가 있으나, 동물성보다 식물성지방을 선택하는 것이 좋으며, 채소류 등을 많이 섭취하도록 하는 것이 좋다.

어떤 식이요법이든 간에 유지수준보다 약 500kcal 정도 이하 되는 식이가 바람직하다. 굶김과 절식은 보통 동의어로 생각되지만, 굶김은 비타민과 무기질을 특별히 공급하지 않는다는 점에서 차이가 있다.

완전 절식을 하게 되면, 근육과 간에 저장된 당원질양은 상대적으로 짧은 2일 정도에 이용할 수 있으나, 그 후부터는 근육의 단백질로부터 아미노산이 포도당을 새로 만들어서 사용한다. 따라서 단백질 손실이 일어나는 혈중 및 요중 케톤체의 수준이 상승되면 여러 가지 바람직하지 못한 잠재적인 합병증으로 오심, 설사, 구토, 자세에 따른 저혈압, 영양결핍, 불규칙한 월경, 그리고 급사 등의 부작용이 생길 수 있으므로 상식적인 차원에서 무리하게 사용해서는 안 된다. 이러한 장시간 절식의 이득에 대해서는 실망적이다. 왜냐하면 절식으로 인한 많은 양의 체중감소는 재빨리 다시 본래대로 증가되기 때문이다.

케이즈(Keys)와 브로젝(Brozek)의 연구결과를 보면, 하루의 섭취칼로리를 900kcal 로 하여 식사요법을 실시했을 때, 체중감소의 35%는 지방이외 조직의 감소라고 한다. 장시간 감식을 계속하면 체력이 저하되고 때로는 빈혈과 같은 영양상의 문제도 일어나며, 기초대사도 저하된다고 하였다. 이와 같이 운동요법은 체중감소 이외에 여러 가지 장점이 있음에 대하여, 식이요법에 의한 감식에는 여러 가지 결점이 있기 때문에 위험이 있음을 알아야 한다.

3) 저지방 식이요법과 콜레스테롤

저지방 식이요법은 비만인의 체중감소 뿐만 아니라 혈청콜레스테롤이나 트리글리세라이드를 감소시킬 수 있다. 지방은 지방분해효소인 리파제에 의해서 1몰의 글리세롤과 3몰의 지방산으로 분해된다. 이 지방산이 장시간 운동시 연로로 이용되나 혈중에 지나치게 많으면 지방조직 등에 트리글리세라이드 형태로 저장된다.

콜레스테롤은 지방의 한 종류로써 혈관을 순환하고, 몸의 모든 세포에 존재하는 지방성 물질이다. 높은 수준의 콜레스테롤은 동맥경화와 혈관내벽에 지방축적의 원인이 되어 심장마비나 뇌졸중을 일으키지만, 비타민 D를 만들 때, 부신호르몬, 성호르몬, 담즙을 생성 할 때 그리고 신경세포내 특히, 뇌와 척수의 절연체로써 반드시 필요하다. 따라서 음식 1,000kcal 당 100mg의 콜레스테롤을 권장하나, 하루에 300mg 이하로 제한해야 한다. 고밀도 지단백 콜레스테롤(좋은 콜레스테롤)은 혈중 콜레스테롤의 상승을 방지해 주어 심장병 예방을 도와주며, 저밀도 지단백 콜레스테롤(나쁜 콜레스테롤)은 콜레스테롤을 증가시켜 심장병을 일으키게 한다.

불포화지방인 해바라기와 땅콩 등 야채성 기름과 섬유성 물질인 야채 등은 콜레스테롤을 낮출 수 있으나, 포화지방인 동물성 기름은 피해야 하며, 권장수준의 콜레스테롤은 200mg/dl 이하, 경제수준은 200~240mg/dl 그리고 위험수준은 240mg /dl 이상이다.

우리가 일반적으로 콜레스테롤이 많다고 기피하는 음식 중 낙지, 오징어, 새우, 패류 등은 이것에 함유된 타우린 이라는 아미노산이 콜레스테롤의 합성과 분해 등푸른생선인 멸치, 고등어 등에 많이 포함된 지방산인 에이코사 펜타엔산은 고도의 불포화 지방산으로써 혈중의 나쁜 콜레스테롤을 낮추어 주는 역할을 한다.

이 밖에도 고단백, 저지방, 저칼로리인 흰살생선은 다이어트로써 현대인들의 식단에서 인기가 높다.

4) 비만인들의 열량 구성비율

보도인(Beaudoin)과 메이어(Mayer)에 의한 열량 구성비를 보면, 비만자는 정상인보다 점심의 열량 구성비가 줄어드는 반면, 저녁의 열량 구성비는 증가한다는 내용으로 한 끼에 너무 편중되고 있다는 것을 나타내고 있다. 따라서 탄수화물은 총열량의 55~60%, 지방은 20~25%(하루에 체중 1kg 당 1~1.5g) 그리고 적절한 무기질과 비타민으로 구성되어져야 한다. 편식과 과식 그리고 식사시간을 지키지 않는 이유로 비만이 형성됨을 인식해야 한다. 특히, 지방은 동물기름에 많은 포화지빙산(동물성지방)과 물고기나 식용유에 많은 불포화지방산(식물성지방)으로 구성되는데 그 비율은 1 : 2로 구성해야 한다.

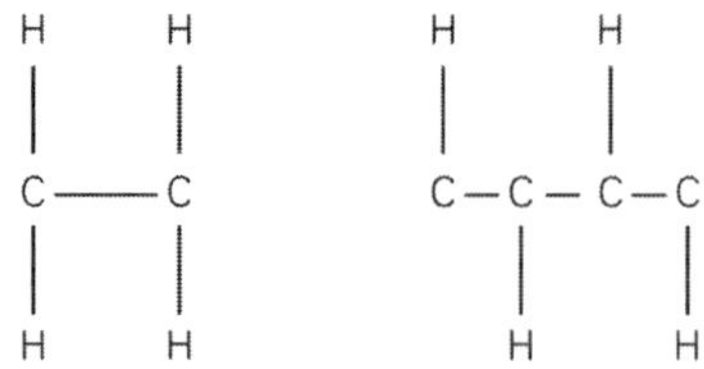

(포화지방산) (불포화지방산)

그림 5-6 포화지방산과 불포화지방산의 분자모형

5) 63주 3단계 훈련을 하는 울트라 패스트(Ultra fast) 프로그램

이 프로그램은 단식, 재식이, 체중유지의 3단계로 나눌 수 있다. 첫째, 단식은 체중을 감소시키기 위해 열량을 적게 섭취하면서 몸속에 비축된 지방을 소모시키는 단계로 16주간 진행된다. 단백질, 미네랄, 비타민의 필수영양소를 함유하는 다이어트 식품만 먹으면서 가벼운 에어로빅 운동을 하는데, 1주일이면 1.5~2kg의 체중이 줄어들게 된다. 둘째, 재식이 기간은 7주인데 다이어트 식품을 계속 섭취하면서 일반 음식물을 먹는 과정이다. 식단은 표준체중을 유지하게끔 850kcal를 기준으로 작성된다. 두 단계가 끝나면 셋째 단계인 체중유지로 접어드는데 체중이 다시 늘어나지 않도록 유지하는 것이 과제이며, 여기서 실패할 확률이 가장 높기 때문에 영양사가 가족식단을 분석해 열량과 영양가 등을 상담해주고 이상적인 식단을 짜도록 도와준다. 이 기간은 40주이다.

피하지방 측정기로 1주일에 한 번씩 비만의 정도를 측정한 뒤, 적절한 운동량을 알려주고 환자는 컴퓨터가 부착된 각종 기구로 운동을 하면서 상태를 스스로 파악하고 의사의 지시를 따라 운동량을 증감시키게 한다. 3단계가 성공적으로 끝나게 되면, 보통 10~30kg의 체중이 줄어들게 된다. 이상의 모든 단계에서 운동요법을 병행실시하며 중도에서 낙오자가 없도록 철저한 계획으로 실시되면 상당히 효과적일 수 있다.

6) 식이요법 지침서

(1) 칼로리 제한 프로그램을 시작할 때 수분섭취량은 제한하지 말 것(체지방 감소가 줄어든다).

(2) 매 식사 전후 한 잔의 물을 마시자.
(너무 많은 물은 위의 산성도를 낮추어 소화에 지장이 있다)

(3) 열량이 적고 만복감을 주는 해조류, 버섯류의 녹황색 채소류와 과일을 적당하게 섭취한다.

(4) 자극성 음식보다 담백한 음식을 섭취하자.

(5) 하루권장량 칼로리보다 500~1,000kcal을 감량하여 대사에 장애가 없어야 한다.

(6) 지속적인 체중감량은 주당 500g을 초과하지 말 것.

(7) 단식이나 심각 할 정도로 제한된 칼로리는 미세한 지방손실에도 많은 양의 물과 전해질, 광물질, 당원질 고갈 그리고 비지방조직의 손실이 온다.

7) 비만인의 식단구성

비만증 환자는 800~1,500kcal로 감식하며, 1일 식사 회수는 3~4회로 나누어서 조금씩 먹는 것이 식사를 하지 않고 걸렀다가 한꺼번에 대량으로 섭취하는 방법보다 체중조절에 효과적이며 또한 간식은 피해야 한다.

한 조사에 의하면, 하루 5회 식사를 하는 사람들이 3회 식사를 하는 사람들보다 총 칼로리 섭취량이 다소 높은데도 불구하고 체중이 보다 감소되었다. 아침식사를 많이 하는 사람들보다도 저녁식사를 많이 하는 쪽이 훨씬 비만의 위험도가 높다고 하였다. 이것은 저녁식사와 밤참의 간식 등으로 체내에 지방합성이 촉진되어 비만의 결정적인 원인이 된다고 하였다. 섬유소가 많은 식사는 식후 급격한 혈당 상승을 방지하며, 만복감을 높여서 체중감량 시 효과적이다. 이러한 섬유질 식품은 곡류, 채소류, 해조류, 버섯류 등이다.

이상의 것을 참고로 한 비만증의 식사요법, 식단 구성의 예는 아래에서 보는 바와 같다.

표 5-4 비만증의 식사요법 식단 예

	식단명	재료	분량(g)	어림치
아 침	팥밥	백미	50	2/3 공기
		팥	10	
	양송이탕	양송이	60	
		무우	30	
		파(대파)	소량	
	사태찜	쇠고기(사태)	40	
		무우	20	
		당근	20	
		마늘	약간	
	깻잎나물	깻잎(전)	40	
		양파	10	
		식용유	1티 스푼	
	배추김치	배추김치	70	
	우유	우유	1봉	

점 심	비빔밥	백미	60	2/3 공기
		쇠고기	20	
		숙주	20	
		시금치	20	
		당근	20	
		호박	20	
		오이	20	
		다시마	5	
		계란	50	
		식용유	2티 스푼	
		고추장	10	
	미역냉국	미역(건)		
		오이	6	
		통깨	약간	
		실파	10	
		마늘	약간	
간 식	옥수수삶은것	옥수수	50	중 1/2개
	수박	수박	250	대 1쪽
저 녁	보리밥	보리	10	2/3 공기
		백미	50	
	된장찌개	호박	60	
		느타리	20	
		풋고추	5	
		양파	20	
		파	10	
		된장	20	
		고추장	5	
	돼지불고기	돼지고기	60	
		양파	20	
		파	10	
		식용유	1티 스푼	
		마늘	약간	
	호박잎쌈	호박잎	30	
		깻잎	20	
		풋고추	10	
		쌈장	20	
	깍두기	깍두기	70	

09 비만관리를 위한 운동요법

1) 운동처방이란?

운동처방이란 운동이 최고의 약이라 했듯이 적절한 운동이라야 효과가 있으며 지나친 운동은 노동이지 운동이라 할 수 없고, 오히려 해가 된다. 약도 적당한 양일 때 신체에 이롭지 과용이나 남용하면 극약이 될 수도 있다. 예를 들면, 중·노년기와 병약자들에게 부적절한 조언이나 처방은 지나친 피로 등 돌연 심장마비의 위험이 종종 일어나고 있다.

병에 따라서 약의 성분과 양, 조제법 등이 다르듯이, 즉 강한약과 약한약(운동강도), 약의 용량(운동량) 그리고 매일 복용할 것인가(운동빈도)의 3가지가 있듯이 개개인의 체력에 따라서 운동의 양과 질을 결정하는 것이 운동처방이라 할 수 있다. 대상에 따라서 일반인들의 건강증진, 선수들의 경기력 향상 그리고 질병을 가진 사람들의 재활 의학적인 운동처방 등에 대한 알맞은 운동을 실시해야 한다.

2) 운동처방의 효과

비만인에게 운동을 실시하게 되면 다음과 같은 효과를 기대할 수 있다.

(1) 체조직의 구성을 변화.
(2) 산소 운반능력 증가.
(3) 포도당 대사를 위한 인슐린 수용체의 감수성을 증가시켜 말초조직에 대한 인슐린의 효과를 증진.
(4) 고밀도 지단백(좋은) 콜레스테롤의 상승.
(5) 저밀도 지단백(나쁜) 콜레스테롤을 감소시켜 동맥경화증을 예방.
(6) 중성지방을 감소시켜서 지질대사의 장애를 교정.
(7) 혈압의 하강.
(8) 혈소판의 기능 향상으로 혈전증 예방.
(9) 정신적 스트레스 해소.

3) 운동처방의 구성요소

운동처방은 달리기, 배구, 수영 등 어떤 형태의 운동을 할 것인가?(운동형태), 어느 정도 강한 운동을 할 것인가?(운동강도), 운동을 얼마나 지속적으로 할 것인가?(운동시간) 그리고 1주일에 몇 일 운동을 할 것인가?(운동빈도) 등의 요소로서 구성된다.

(1) 운동형태

비만인에게 가장 적합한 운동은 걷기, 걷기-하이킹, 달리기, 달리기-수영, 자전거타기, 자전거타기-크로스컨츄리, 수영, 에어로빅 댄스 등의 유산소운동이 좋은데 이러한 운동은 대근군의 근육을 부드럽고 다이나믹하게 하는 운동이다.

자전거 에르고미터와 수영은 환자의 관절부위에 충격을 방지하며 비만인에게 매우 유익한 운동형태이다. 그러나 몸매가 없는 사람은 수영복 입기를 꺼려하며, 비지방과 지방조직의 과다로 밀도가 낮아 부력 때문에 최상의 강도에 도달하기 어려우며 또한 그들은 수영을 배우려 하지 않는 경향이 있다.

배드민턴, 배구, 농구, 탁구 등의 레크레이션 활동이 운동 프로그램에 포함되면 흥미를 가지고 참여하기 쉽다.

(2) 운동강도

주 운동 프로그램에 들어가기 전 몇 주 또는 몇 달간 근육강화 운동과 체중감량 프로그램에 참여해야 한다.

운동강도는 안전한계와 유효한계로 볼 때 운동 프로그램 초기 단계에는 최대 산소섭취량의 50~75%, 즉 최대심박수의 60~85%정도가 적당하다. 가장 현명한 방법은 운동강도는 낮게 운동시간은 길게 하여 소정의 운동량을 완수하는 것이다.

심박수를 기준으로 해보면, 목표심박수는 모든 사람들의 연령에 적합한 것을 산출할 수 있는데 다음과 같다.

최대심박수 = 220-나이 (남자는 220-나이, 여자는 205-나이)

목표심박수 = [(최대심박수 - 안정시 심박수) × 1.0(최대운동으로써 100%) / 0.8(최대운동의 80%) / 0.5(최대운동의 50%)] + 안정시 심박수

예를 들면, 나이가 30세, 안정시 심박수가 70회/분인 사람이 최대운동의 70%의 강도로 운동하고자 한다면, 최대심박수는 220-30=190이며, 190-70=120, 120×0.7=84, 84+70=154회/분, 따라서 분당 154회의 심박수는 이 사람의 목표 심박수로써 70% 운동강도가 되는 것이다.

보통 비만인이고 운동경험이 없을 때는 40~50%에서 운동을 시작하며, 운동에 참가해 본 경험이 있는 비만인은 50~60%로 보통 강도의 운동을 시작하여 점진적으로 운동강도를 높여야 하는데, 강도는 10~15일 간격으로 점차적으로 높여야 상해를 방지 할 수 있다.

이와 같이 심박수로 보면, 비만인은 30~60분간 운동시 120~140회/분 정도의 운동을 실시해야 하며, 2마일을 걷거나 뛰거나 해서 완주하면, 본격적인 운동 프로그램에 참여할 수 있는 시점으로 볼 수 있다.

운동시 단계를 보면 처음 3~5주는 느리며, 6~16주는 조금 빨라지고, 17~24주 때는 30~60분 동안 연속적으로 운동할 수 있게 된다. 비만인이 최대심박수의 70%에서나 그 이하에서 운동을 실시했다면 85%에 도달 될 때까지 5%를 점진적으로 높여나가야 한다.

기란돌라(Girandola)와 홀랜드(Holland)의 연구에 의하면, 높은 강도의 간헐적 운동과 낮은 강도의 지속적 운동의 효과를 비교한 연구에서, 체지방 감소가 높은 강도에서 운동을 한 것보다도 낮은 강도의 장시간 운동에서 보다 큰 효과가 있다고 하였다.

	준비 단계	강화 단계	마무리 단계
운동시간	5~10분	5~60분	5~10분
운동강도	낮게	중간~높게	낮게

그림 5-7 각 단계별 운동시간과 운동강도

(3) 운동 지속시간

운동을 한번 실시하게 되면 어느 정도 지속해야 효과가 좋을 것인지를 밝혀보고자 한다. 운동을 시작하여 호흡순환계가 정상상태에 도달하는 데는 가벼운 운동은 3분, 강한 운동은 5분 이상 걸리며 항정상태에 도달한 후 10분 이상을 계속해야 운동의 효과가 있다. 초보자의 경우 적어도 15~20분 이상 운동을 지속하는 것이 좋다.

운동량은 운동강도 × 운동시간으로 나타낼 수 있다. 따라서 운동강도가 강할수록 운동시간은 감소되며, 운동강도가 낮으면 운동시간이 길어지게 되어 결국 운동량은 동일하다. 될 수 있는 한 운동강도를 증가시킬려고만 하지 말고 강도를 낮게 해도 장시간하면 운동효과가 같이 때문에 상해의 위험을 무릅 쓰고 강도만 높여야 운동효과가 나타날 것이라는 인식을 바꾸어야 한다.

(4) 운동빈도

1주일에 몇 번 운동에 참여하는 것이 좋을 것인가를 살펴보면, 처음 프로그램 시작 시 주 3회 이상이 효과가 좋다고 한다.

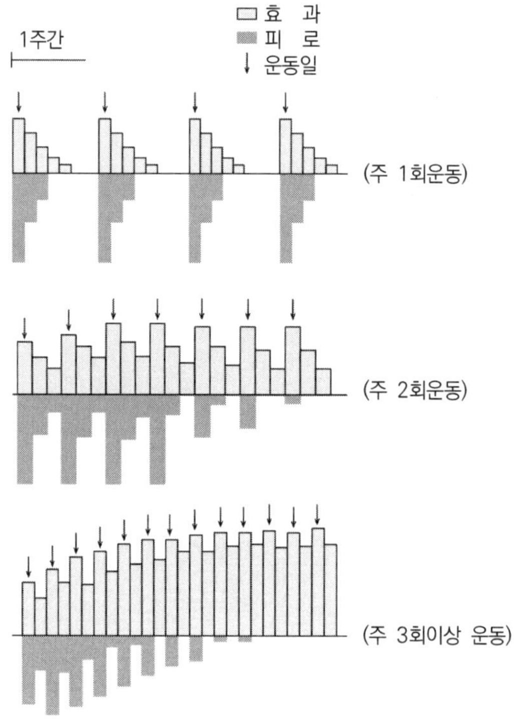

그림 5-8 운동빈도와 그 효과

〈그림 5-8〉을 보면, 주 1회 운동을 근육통과 피로가 발생하며, 주 2회는 약간의 운동효과가 나타나며, 주 3회 이상은 운동효과가 최대치를 나타내는데, 여러 가지 여건을 고려하여 주당 3~5회의 빈도를 선택하면 된다. 그러나 질병이 있거나 장거리 지구력운동을 처방할 때는 하루건너 하루씩 체력을 조정하는 것이 중요한데, 매일 격렬한 운동시 근골격계가 충분히 휴식할 시간이 없어져서 상해가 발생하기 쉽다.

비만인의 체중감량에는 주 3일보다 주 4~5일 낮은 강도의 운동처방이 더욱 좋을 것이다.

4) 비만인의 전신체력 운동처방 프로그램

* 단계 1. 트랙이나 트레드밀 위에서 적당한 강도로 걷기/조깅 또는 고정된 싸이클 에르고미터에서 페달을 밟아 4~6분 동안 준비운동을 한다.
* 단계 2. 5~10분간의 유연성운동, 스트레칭 운동에서 신전은 15~30초 동안 짧게 해야 하며 신전된 근육은 전체적으로 풀어야 한다.
* 단계 3. 10~15분 동안 걷기, 싸이클, 저충격 에어로빅댄스 등 리드미컬하고 역동적인 운동을 목표심박수에 따라 행한다.
* 단계 4. 근육강화 운동은 역도를 포함해서 미용 체조를 15~20분간 일련의 운동을 행한다. 비만 화자들은 적어도 10~15회 역기를 들어 올릴 수 있는 것을 선택하는 것이 좋다. 비만환자가 단련이 된 경우 보통과는 다른 근수축운동을 포함하는 근육강화운동에 중점을 둔다.
* 단계 5. 10~12분 동안 유산소 운동을 반복한다.
* 단계 6. 상체부위를 강화시켜주는 로밍머신과 수동식 크랭크, 에르고미터로 4 ~6분 동안 근육강화 운동을 한다.
* 단계 7. 천천히 걷기, 유연성 운동, 스트레칭 등을 포함하는 운동을 10~12분동안하여 정리운동을 한다.

5) 비만인을 위한 걷기 운동처방 프로그램

(1) 걷기와 달리기의 차이점

다리에는 전신근육 중 2/3가 집중되어 있는데, 노화는 다리에서 온다고 할 정도로 직립보행을 하는 인간에게는 대단히 중요하다. 걷기는 달리기와 구별 시 두 다리가 모두 공중에 뜬 상태가 되면 달리기요 두발 중 한 발이 지면에 붙어 있게 되면 걷는 것이다. 걷기는 지면을 체중의 1.1~1.2배로 충격을 주지만 달리기는 체중의 3~4배의 충격을 더 받게 되어 발목, 무릎, 허리에 받는 충격도 걷기보다 3~4배가 된다.

따라서 걷기운동은 속도를 빨리해도 무릎 장애 등의 위험성이 적다.

(2) 걷기시 칼로리 소비

보통 걷기시 칼로리 소비는 다음과 같이 계산할 수 있다.

$$\text{체중} \times \frac{\text{걸음수}}{10000} \times 5.5$$

예를 들어 체중 65kg인 사람이 5000보를 걸으면

$$65 \times \frac{5000}{10000} \times 5.5 = 180kcal$$가 소비된다.

걷기운동 90분은 약 300kcal를 소비하게 되는데 거의 1만보를 걸었을 때이다.

걷기 운동을 20분 정도하게 되면, 당질이 연료로 사용되다가 지방산으로 전환되는 시점이므로, 비만인들이 운동에서 효과를 보기위해서는 반드시 20분 이상 운동이 지속되어져야 한다(그림 참조).

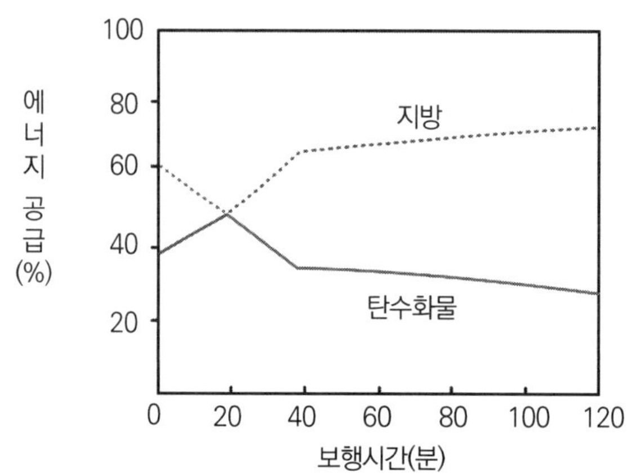

그림 5-9 운동의 초기는 당질이 주체이지만 운동이 지속되면 지방의 연소가 우세하게 된다.

걷기운동은 지면에 따라 칼로리 소비가 변하는데 모래 위에서 걷게 되면 평지에서보다 약 2배 이상의 칼로리가 소비되며, 부드러운 눈 위를 걷게 되면 트레드밀 위에서보다 약 3배 정도의 칼로리 소비가 많아지며, 팔을 크게 흔들면서 걷게 되면 보통 걸음보다 5~10%까지 칼로리 소비가 많아진다. 또한 2㎞ 걷는 것과 1㎞ 달리기 사이의 칼로리 손실양은 같다.

게첼(Getchell)과 무어(Moore)는 주 3~4일 걷기와 조깅 프로그램으로 두그룹을 하루 30분씩 10주간 운동을 시켰다.

두 그룹은 700~800g의 체중 감량이 있었으며, 총 6군데의 피부두께는 여자는 144.6㎜에서 115.4㎜, 남자는 148.8㎜에서 110.6㎜로 감소된 효과를 보고 하였다.

이상의 결과로 볼 때 걷기운동 프로그램이 비만인들의 체중 감소에 효과적이며 상해 방지를 위해서도 아주 좋다고 할 수 있다.

6) 비만인을 위한 달리기 운동처방 프로그램

(1) 적정 강도와 조깅 중독증

비만이 되면 피하지방만이 아니라 근육과 혈관에까지 지방 침착이 일어나 동맥경화 현상이 생기게 된다.

비만인의 체지방을 제거하기 위해서는 최대산소섭취량의 60% 정도의 낮은 강도에서 지방이 최대로 연소되며 이보다 낮은 강도에서도 마찬가지로 지방이 연료로 이용된다. 이러한 강도는 빠르게 걷는다든가 가벼운 조깅정도가 되며 심박수로 보면, 20대는 135회/분, 50대는 125회/분 정도가 된다.

운동을 2개월 정도 하게 되면, 뇌에서 엔돌핀(Endorphin)이라는 물질이 약 145%까지 상승되어 운동을 통해 도취감(행복감)에 빠지게 되는데 이러한 것에 도달하기 위해서는 30분 이상 운동이 필요하다. 주평균 100~150㎞, 매일 15~20㎞ 정도를 주파하는 사람은 조깅을 하지 않으면, 가벼운 우울증상과 불면, 식욕감퇴 등을 나타낼 수 있는데 이것을 조깅 중독증이라 한다.

이러한 조깅 중독증을 예방하기 위해서는 분당 250m 정도의 속도로 2~5㎞ 정도 주 3일 운동하는 것이다.

추가적으로 역도 선수들은 특유의 트레이닝에 의해서 크고 복잡한 근육이 형성됨에 따라 순환기 계통은 새로 형성된 세포에 혈액을 공급해야 하는 등 불필요하게 부담을 받게 된다. 이러한 역도 선수들이 가벼운 달리기 운동을 하게 되면, 근육을 이완시키고, 심장과 폐를 강화함으로써 이상의 여러 가지 문제점이 해소 될 수 있을 것이다.

(2) 달리기와 에너지 소비량

장거리 달리기시 1분에 체중 1㎏당 1kcal가 소비된다. 78㎏이 1㎞를 달리면 78 kcal가 소비되며, 산소 1ℓ는 5kcal를 발생하므로 15.6ℓ의 산소소비도 일어난다. 걷기와 달리기시 속도에 대한 산소 소비량의 변화는 〈그림 5-10〉에서 보듯이, 시간당 8㎞보다 빠른 속력은 속보보다 달리는 것이 에너지 소비면에서 경제적이라 할 수 있다.

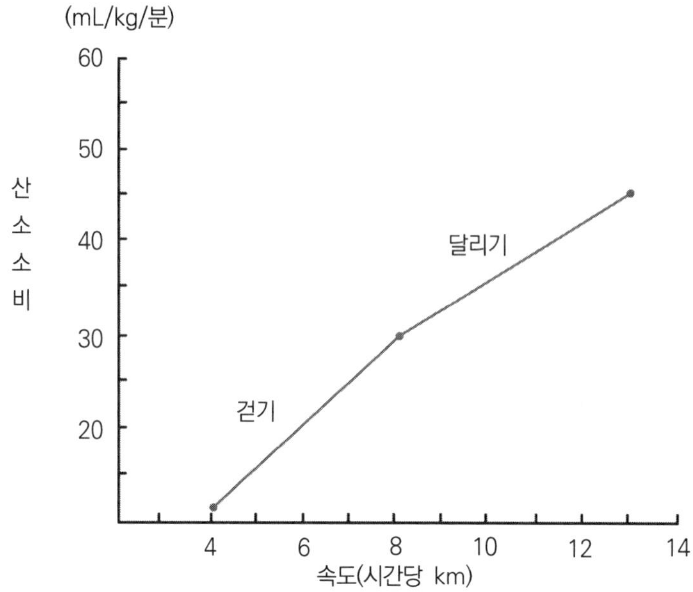

그림 5-10 달리기와 걷기의 속도에 대한 산소 소비량

달리기는 바람의 영향을 많이 받게 되는데 바람이 별로 없을 때 시간당 15.9㎞로 달리면 산소 소비량이 분당 2.92ℓ이나, 맞바람에서는 3.09ℓ로 5.5% 가량 산소소비량이 증가한다.

레온(Leon) 등은 19~31세 사이의 앉아서 운동하지 않은 비만인들에게 트레드밀 경사 10%, 시간당 3.2마일의 속도로 주 5일 동안 하루 90분씩 운동을 실시하였다. 한번 운동시마다 1100kcal가 소모되는 16주 운동 후 체지방 무게는 5.0㎏으로 감소되었으며, 제지방은 오히려 0.2㎏증가하였다. 음식섭취는 운동초기에 약간 증가하였으나, 그 다음에는 점차 트레이닝 전 수준보다 적게 섭취하였다는 보고를 하였다.

이것은 비만인들에게 달리기 운동프로그램의 이중 효과를 설명한 것이다. 즉 달리기 운동은 음식 섭취와 체지방 역시 감소된 결과를 가져왔다.

7) 비만인을 위한 웨이트 트레이닝 운동처방

(1) 골다공증과 웨이트 트레이닝

헤팅거(Hettinger)와 뮬러(Müller)의 근거에 의한 중량물, 용수철 또는 자신의 체중을 이용한 트레이닝으로써 근력증진 뿐 아니라 근파워나 근지구력 까지도 증가시키는 효과가 있다. 특히, 비만인들을 위한 근지구력 웨이트 트레이닝은 혈관계가 발달하여 모세혈관의 크기와 수를 증대시키며 유산소운동에 의해서 체지방량을 줄이고 제지방량을 증대할 수 있는 운동이다.

50세 전후에 생기는 폐경기 때 골다공증이라고 해서 뼈 속에서 칼슘이 빠져나가 뼈에 구멍이 생겨 골밀도가 낮아지면 여러 가지 골절상을 입기 쉬운데 이러한 골다공증을 예방하기 위해서는 젊었을 때 웨이트 트레이닝을 실시하여 최대로 골밀도를 높여주는 운동이 필요하다. 골질량이 30% 이상 소모된 여성들은 척주골절, 대퇴골절, 또는 요통 등으로 고생할 수 있는데 이러한 때를 예상하여 심폐지구력 강화 운동도 중요하지만 근력 증강을 위한 웨이트 트레이닝을 실시함으로써 이러한 골다공증을 방지할 수 있음을 알아야 한다.

(2) 웨이트 트레이닝의 체중감량 효과

파헤이(Fahey)와 브라운(Brown)은 9주동안 주3회 웨이트 트레이닝 프로그램을 실시한 결과 지방체중은 감소하였으나, 비지방 조직은 증가하였다고 한다.

마찬가지로, 윌모아(Wilmore)도 하루 40분씩 주2일 웨이트 트레이닝을 10주간 실시한 결과 역시 지방은 감소하고 비지방조직은 증가하였다고 한다. 이처럼 비만인에게 웨이트 트레이닝을 적용하면 체중 감소에 효과가 나타났으며 특히, 여서들에게는 폐경기에 골다공증을 예방할 수 있는 중량운동인 웨이트 트레이닝으로 근력 및 뼈를 단련해야 한다.

(3) 웨이트 트레이닝 방법

① 운동강도

운동강도는 최대로 발휘할 수 있는 근력의 2/3이지만, 체중감량 프로그램에서는 1/2이 적당하다. 최대 근력의 15% 이하에서는 운동이 계속 되더라도 웨이트트레이닝의 부하가 되지 않는다. 따라서 초보자는 대개 최대로 반복할 수 있는 회수(최대 반복회수)의 60%가 적당하지만 몸통은 최대반복 회수의 40%, 팔과 어깨도 40%로 하는 것이 좋다고 한다.

표 5-5 최대 근력에 대한 최대 반복 회수

최대 근력에 대한 %	최대 반복 회수
100%	1회 반복
80%	3~5회 반복
60%	8~10회 반복
50%	13~20회 반복
30%	50~60회 반복

웨이트 트레이닝의 운동부하는 무겁게, 가볍게, 중간 무게의 순으로 실시한다.

월요일(화요일)	중량
수요일(목요일)	경량
금요일(토요일)	중중량

어떤 무게를 12회 정도 반복하게 되면 5%의 무게를 높이면서 실시한다.

② 운동시간

선수급은 1.5~2시간 정도 지속하며 초심자와 체력단련자는 약 50분 정도 실시하는데 무게를 들어 올리는데 2초, 내리는데 4초 걸리게 한다.

이것은 근력 양성시 너무 빨라도, 늦어도 좋지 않는 중간 템포가 좋은데 이렇게 하면 혈류 속도가 증가되어 근육내 신진대사를 촉진시켜 근육을 비대하게 한다. 이러한 방법을 충혈법이라 한다.

③ 운동빈도

주 3회가 적당한데 이것은 전문가에 의하면 한 차례의 웨이트 트레이닝 후 48시간의 휴식 시간을 권유한다는 것을 근거로 볼 때 이에 따라서 월요일, 수요일, 금요일 또는 화요일, 목요일, 토요일에 실시한다. 분할법(Split routine)에 의해서 신체를 팔, 다리, 몸통 3부분으로 나누어서 주내에 하루하루 다르게 분할해서 실시한다.

표 5-6 분할법에 의한 요일별 운동 요령

팔	월요일	목요일
다리	화요일	금요일
몸통	수요일	토요일

④ 세트 수

초보자는 3~5세트를 실시하고 세트간 3~5분간의 휴식시간을 가지며 선수급은 5~10세트까지 한다.

⑤ 호흡법

자연 호흡을 원칙으로 하며 무거운 중량을 들 때에는 호흡을 정지하여 흉근을 안정시켜야 한다. 따라서 무게를 들어 올릴 때 숨을 내쉬고 무게를 내릴 때는 숨을 들이쉬게 하여 운동시 성문이 열려있게 하여 흉곽내의 압력을 이상적으로 유지시켜야 한다.

⑥ 운동순서

처음은 엉덩이와 다리의 큰 근육에서 시작하여 다음에 몸통과 어깨, 팔로 하며 몸통과 허리, 목 근육으로 운동을 실시한다. 특히, 혈압이 높은 사람이 무거운 중량을 들 때 혈압이 갑작스럽게 상승되어 위험할 수도 있으므로 주의를 요한다.

⑦ 웨이트 트레이닝 프로그램의 예(표 5-7)

표 5-7 웨이트 트레이닝 운동 프로그램

트레이닝 항목	부하	필요시간(분)
윗몸일으키기(45회)	20회 × 2세트	3
자전거 롤러(20km/H)	5회 × 5세트	5
래트머신의 풀다운(20kg)	10회 × 3세트	3
핵 스쿼트(20kg)	10회 × 3세트	3
벤치 프레스(30kg)	10회 × 3세트	3
체스트 웨이트운동(20kg)	10회 × 3세트	3
총		20

8) 비만인을 위한 수영 운동처방 프로그램

(1) 비만인과 수영

전신운동으로써 조화 있는 신체발달을 가져오고 심폐기능 향상에 도움이 되며 특히, 비만인들의 체중 관리에 효과적이다.

수영운동을 40분 정도 실시하게 되면 약 80ℓ의 산소가 소비된다. 즉 1ℓ의 산소는 5kcal의 에너지를 발생시킴으로써 5 × 80 = 400kcal가 소비되는 운동이다.

오스카이(Oscai) 등도 지방조직의 세포 증식과 수의 변화를 알아보기 위하여 23주 동안 하루 60분 주 6일간의 운동요법과 음식을 제한시킨 식이요법의 영향을 알아본 결과에서도 비만인에게 지방 세포수를 증식시키지 않고 지방세포수의 크기를 감소시키기 위해서는 운동과 식이요법의 병행이 가장 좋은 효과를 보였다고 한다.

특히, 비만증 치료시 물의 부력에 의해 운동이 일어나는 충격을 감소시켜 관절염이 있는 비만인에게도 적합한 운동이다. 수영 운동은 지상운동의 약4배 정도의 에너지가 소비되는 전신운동이며 수영을 잘 하지 못해도 물속에서 조깅 또는 체조를 하면 상당한 효과를 볼 수 있을 것이다.

9) 비만인을 위한 에어로빅 운동처방 프로그램

(1) 에어로빅 운동

에어로빅 운동이란, 크렙스 싸이클 및 전자전달계에 관여하는 효소의 활성화 및 미토콘드리아수를 증가시켜 신체에 최대한 많은 양의 산소를 공급하여 심장과 폐의 기능을 촉진하고 에너지원으로 지방을 이용할 수 있는 능력을 증진 시켜준다.

에어로빅 운동은 1968년 이래 본격화 되었으며, 에어로빅 댄스는 경쾌한 음악에 맞추어서 활기찬 움직임으로 심폐기능 및 체력발달을 도모하고 체중조절과 몸의 균형유지를 위한 운동으로 좁은 실내 공간에서도 누구든지 할 수 있는 운동이다.

축적된 지방조직에서부터 지방산이 유리되는데는 최소한 약20분 정도 소요되기 때문에 낮은 강도로 장시간 운동함으로써 체지방을 감소시킬 수 있다.

에어로빅 운동은 관절을 더욱 튼튼하게 강화해 주는 효과까지 가진다.

(2) 무산소운동과 유산소(에어로빅)운동시 에너지 공급의 차이점

① 안정시 에너지 공급

에너지원의 연료는 대부분 지방(⅔)이며 나머지는 탄수화물(⅓)이다.

단백질은 제외되어 있는데 이것은 무시할 정도로 적은 양이기 때문이다.

유산소 에너지 시스템은 심장과 폐의 산소 전달 시스템이 각 세포에 충분한 산소를 공급할 수 있는 과정을 말한다.

② 운동중

최대로 낼 수 있는 유산소 능력이 60% 이하 또는 90% 이상을 요구하는 활동 중에는 저장된 당원질이 유의하게 고갈되지 않는다. 그러나 유산소능력의 65~90%의 운동강도로 탈진시까지 운동하면 거의 모든 당원질이 고갈된다.

ⓐ 단시간 고강도 운동(무산소 운동)

100m, 200m, 그리고 400m 달리기와 최대 운동 부하로 2~3분 동안 수행할 수 있는 운동을 포함한다.

여기서 사용되는 에너지는 대부분 탄수화물이며(¾), 지방도 약간 이용된다(¼).
이러한 형태의 운동시 피로의 원인은 혈중 및 근육내 무산소성 대사과정의 부산물로써 피로의 화학적 물질인 젖산이 축적되기 때문이다.

심한 운동시 젖산은 안정시의 20~30배까지 증가하기도 하며 농도가 높을 때는 근육에 강직을 일으키는 원인이 된다.

ⓑ 장시간 저강도 운동(유산소 운동)

운동시 체내에서 필요한 산소 공급을 부족됨이 없이 원활하게 공급할 수 있는 즉, 운동시 호흡시 헐떡거리지 않는 약 12분 이상의 운동에서부터 마라톤에 이르기까지의 아주 가벼운 강도로써 오래실시 할 수 있는 모든 형태의 유산소(에어로빅) 운동을 말한다.

1시간이상 지속되는 운동중에는 당원질의 저장이 유의하게 감소되기 시작하며 지방이 에너지원의 주연료로 이용되는데 이러한 형태의 운동시 피로의 원인은 단시간 고강도의 운동과 다르게

첫째, 간에 저장된 당원질의 고갈에 의한 혈중포도당 농도의 감소

둘째, 근육에 저장된 당원질의 고갈에 의한 국부적인 근피로

셋째, 수분과 전해질 손실로 인한 체온 상승

넷째, 장시간 운동에 의한 심리적 지루감 등이다.

이러한 유산소(에어로빅) 운동이 비만한 사람의 체지방 감소에 가장 중요한 운동형이 된다. 왜냐하면 체지방을 산화하는데 필요한 것은 충분한 산소공급이기 때문에 30~60분 가량 지속적인 운동시 체내 저장지방이 주연료로 산화된다.

그러나 단시간 고강도의 운동시 주연료는 탄수화물이며 지방은 거의 동원되지 않기 때문에 비만인들은 장시간 저강도로 운동해야 효과적이다.

ⓒ 에어로빅 운동으로 심폐지구력 향상을 운동처방

a. 운동형태 : 대근군을 사용하며 장시간 행하는 리드미컬한 유산소 운동(걷기, 달리기, 수영, 자전거 타기, 등산...)

표 5-8 에어로빅 운동처방 프로그램 구성의 예

구성	최대능력의 강도	프로그램내용	여러 가지 부하(분)
준비운동	50-60%	1) 달리기 2) 관절운동 3) 유연성 4) 스트레칭 5) 신체운동 6) 기본운동	(3) (2) (1) (1) (1) (10)
유지단계 트레이닝	70-80%	1) 조깅형 2) 팔운동을 하면서 조깅 3) 다리 트위스트 운동과 함께 조깅 4) 재즈 댄싱이나 유산소 운동	(1) (1) (2) (5)
정리운동	20-30%	1) 느린템포로 기초운동 2) 요가 스타일 3) 이완(서서, 앉아서)	(2) (2) (5)
총소요시간			20

b. 운동강도 : 최대산소 소비량의 50~80%가 적당(최대 심박수 60~80%)

c. 운동시간 : 15~60분 정도가 적당(20~30분간의 준비 및 정리 운동시간을 제외한 실제 주운동 참여시간)

d. 운동빈도 : 주 3~5회 이상(주 6회 이상 하면 상해의 위험이 있다)

ⓓ 비만인을 위한 에어로빅 운동 프로그램

에어로빅 운동 프로그램은 쿠퍼(Cooper) 박사의 이론을 근거로 실시한 예를 보면 아래 표와 같다.

이상과 같은 에어로빅 운동은 비만인의 체중 감량에 최대 효과를 나타낼 것이며, 에어로빅 운동시 손에 1.5㎏ 이하의 무게를 들고 하는 운동은 효과가 없으며, 1.5㎏이상을 가지고 운동시 무게를 가지지 않고 운동하는 사람에 비하여 심박수가 10~12회/분까지 상승되는 효과가 있으나, 지나치면 테니스 엘보 등 관절에 문제가 생길 수도 있다.

10) 식이요법과 운동요법의 차이점

아래 표에서 나타난 것 같이 식이요법만으로 체중을 감소시킬 경우에는 체지방은 감소하지만 근육도 위축된다. 따라서 체중의 감소량은 외견상으로는 체중변화가 크지만 몸속에 저장된 체지방은 크게 감소되지 않아 바람직한 체중감량법으로 볼 수 없다.

표 5-9 운동과 식이요법의 차이점

	운동요법	식사요법
체지방감소	체중감소량이 보다 많다	체중감소량이 보다 적다
체지방 체중의 변화	증 가	감 소
체력	증 강	저하되는 경우가 많다
인슐린 감수성	개 선	약간 개선
정신위생적 작용	적극적	소극적
실행의 난이도	노력을 필요로 한다.	비교적 쉽다.

10 비만관리를 위한 행동수정요법

1) 행동수정요법이란?

비만의 요인이 되는 행동을 스스로 인식하고 통제하며 수정할 수 있는 바람직한 행동이 되도록 행동을 변경시키는데 사용되는 요법을 행동요법 또는 행동수정이라 한다.

비만자의 식사 및 행동습관을 교정하여 제한된 칼로리를 섭취하도록 하고 운동을 통한 칼로리 소모를 증가시켜 결과적으로 부적인(-) 에너지균형을 가져와 체중감소를 유발하는데 중점을 두고 있다.

2) 행동치료(3단계)

첫째, 불량한 음식 섭취 습관을 초래하는 요인을 스스로 찾아내는 단계로 시작한다.

둘째, 과식을 피하기 위하여 자극조절을 하게 된다.

셋째, 비만인이 바람직한 행동을 할 경우 보상을 주는 것이다. 특히, 이 경우에는 배우자와 부모의 격려가 큰 도움이 된다.

행동치료의 중도 포기율은 20% 미만으로 다른 치료방법들보다 20% 내지 50% 가량 낮은 편이고 감소된 체중을 장기간 유지하는데는 행동치료를 사용한 체중감소 프로그램의 결과가 더 좋은 것으로 나타나고 있다. 그러나, 행동치료만 사용한 경우 다른 치료들보다 체중감소율이 더 높아지지는 않는다고 한다.

일반적으로 사용되는 치료형태는 식이요법, 약물요법, 수술요법, 행동수정법, 진단, 심리분석, 심리치료, 그리고 신체운동을 포함하지만 행동치료는 식이요법, 운동요법 등 다른 치료법과 함께 결합하여 사용할 때 더욱 성공적으로 될 것이다.

3) 세분화된 단계별 행동지침

1단계 : 감소시킬 체중을 정하고 기간을 설정한다.

2단계 : 잘못된 식습관과 1일 섭취량을 조사한다.

3단계 : 현재의 에너지 소비량과 운동량을 조사한다.

4단계 : 하루에 어느 정도의 에너지 섭취를 줄이고 에너지 소모를 늘일 것인지를 결정한다.

5단계 : 개인에게 알맞은 식사처방과 운동처방을 받아 실천하게 한다.

6단계 : 체중, 식사섭취량 등 운동에 관한 일지를 기록하게 한다.

7단계 : 체중감소가 이루어지더라도 체중조절에 계속 힘쓰도록 한다.

이와 같은 행동요법시 중요한 조치중 하나가 비만인들에게 동기 유발을 시켜야 한다는 것이다.

동기유발은 목표와 보상이 수립되어야하며 체중감량에 대한 명백한 이유를 밝혀야 한다. 예를 들면, 더 예쁘게 보이기를 원한다든가 또 고혈압이나 당뇨병 환자일 경우는 건강하기 위해서 등이다. 현실적인 체중목표를 수립해야 하며, 이러한 목표가 현재 체중과 상당히 거리가 멀 때에는 중간목표를 세워야 한다.

또한, 비만인에게 체중감소율, 체중감소 기간, 그리고 체중감소가 일어나지 않는 이유 등 체중감소에 대한 전반적인 교육이 되어져야 한다. 만약 이러한 것이 교육되지 않는다면, 심한 근심과 불안감, 그리고 낙심으로 인한 중도탈락자가 생기기 쉽다.

4) 체중조절시 행동원리

체중조절을 위한 행동원리는 아래 표에서 볼 수 있다.

표 5-10 체중조절의 행동적 원리

자극조절	행 동 원 리
쇼핑	식사 후 음식쇼핑 목록으로 쇼핑 먹기 쉬운 음식을 피한다. 목록에 필요한 것 이상의 돈을 가지고 가지 않는다.
계획	음식섭취를 줄이기로 계획 간식 대신 운동을 한다. 계획된 시간에 식사한다. 다른 사람에 의해 제공된 음식은 먹지 않는다.
활동	음식을 눈 밖에 놓는다. 모든 음식은 한 장소에서 먹는다. 손쉽게 구할 수 있는 가정의 저장소로부터 음식을 치운다. 탁자에서 접시를 치운다. 작은 접시와 용기를 사용한다. 음식을 나르는 사람이 되지 않는다. 식사 후 식탁을 바로 떠난다.
휴일파티	파티 전에 먹는 습관의 계획을 세운다. 파티 전에 낮은 칼로리를 먹는다. 음식을 정중하게 사양하는 법을 연습한다.
먹는 습관	입안이 가득할 때 포크를 내린다. 삼키기 전에 완전히 씹는다.

	식사 도중 멈춘다. 먹는 동안 다른 것을 하지 않는다.
보상	가족과 친구로부터 도움을 청한다. 보상기준으로 자기검증기록을 사용한다. 특별행동에 대해 특별보상을 계획한다.
자기감시	먹는 시간 · 장소 · 형태 · 양 · 동석자 · 느낌 등의 식사일기를 쓴다.
영양교육	문제영역을 확인하기 위해 식사일기를 사용한다. 계획할 수 있는 약간의 변화를 만든다. 음식의 영양가를 익힌다. 지방섭취를 감소하고, 복합 탄수화물을 늘인다. 특히, 계단사용을 늘인다. 하루에 걸은 거리를 기록한다. 적절한 운동을 시작한다. 공식기록을 한다. 운동을 점차적으로 증대시킨다.
인지적 재구성	비합리적인 목표를 세우지 않는다. 진전에 대해 생각하고 결점을 생각하지 않는다. 항상, 전혀 등의 명령문을 피한다. 이성으로 부정적 생각을 피한다. 합리적인 체중목표를 정한다. 언제, 어떠한 사건이 일어나고, 다음은 어떤 반응을 해야 하는지를 결정할 힘이 있다고 깨닫는다(부정반응은 조절될 수도 있다.)

5) 어린이를 위한 행동요법

어린이 비만을 치료할 때 고려해야 할 것은 비만의 정확한 측정이며 또한 지침서를 작성하여 어린이와 부모의 충분한 이해와 협력을 구한다면 가능하다.

식습성이나 생활습성의 개선은 가정전체의 협력 없이는 불가능하며 식사의 문제를 비롯하여 운동, 생활능력, 정신면까지 배려하지 않으면 안 된다.

또한, 어린이들의 식사속도, 식사량, 식사회수, 식사 사이의 휴식시간 그리고 씹는 시간 등을 관찰에 의해서 어린이들이 음식섭취시 행동요법 사항으로 교육이 이루어지면 식사행동으로부터 면역이 되어 상당한 효과를 볼 수 있다.

11 비만관리를 위한 약물요법 및 수술요법

1) 수술요법이란?

수술은 극도로 심한 비만(표준 체중의 100% 이상)으로 생명에 위협을 주거나 다른 모든 방법으로도 실패한 경우에 한하여 하는 마지막 방법이다. 우리나라에서는 지방 제거술을 제외하고는 많이 시행되지 않고 있다. 음식물 섭취를 제한시키기 위한 하악 강선결박과 소화관에서의 흡수를 제한하기 위한 공회장 회로술, 위 회로술, 위추벽 형성술 등이 있으며, 심한 복부 비만시 복부 지방 조직을 제거하기 위한 성형술 등이 있다. 수술 이전에 각 개개인에 적합한 부위 및 각 수술의 장단점에 대하여 충분히 검토하고 장점이 압도적으로 큰 경우에만 수술을 시행하여야 한다.

2) 수술요법의 종류

(1) 하악 강선결박

상악과 하악의 치아를 강선결박하여 음식물 섭취를 소량의 유동식으로 제한시키는 방법으로 단기간의 체중감량에는 효과가 있으나, 구강 위생 등이 문제되며 강선제거시 체중의 증가가 현저하여 많이 쓰이고 있지 않다.

(2) 복부 성형술

심한 복부 비만시의 지방조직 축척에 의한 피부주름 등 외관상의 문제가 있을 시에만 국소적으로 시행한다.

(3) 위 수술방법

위를 절단하여 근위부를 공장과 문합하는 위 회로술과 봉합기를 사용하여 위에 주름을 형성하는 방법(위추벽 형성술) 등이 있으며, 위의 용량을 적게 하여 음식물 섭취를 제한함으로써 체중감소의 효과를 볼 수 있다.

(4) 공회장 회로술

근위부 공장 35㎝를 원위부 회장 10㎝와 단축 봉합술로 연결하는 방법이다. 섭취된 음식의 흡수를 적게 하는 방법인데, 수술에 따르면 합병증이 많이 생겨 거의 사용되지 않는다.

(5) 지방 제거술

피하 지방을 제거하는 방법인데, 이는 국소적으로 지방 침착이 심할 때 사용할 수 있다.

국소적인 지방 제거 시술로 전체적인 체지방을 줄이지는 못하며 뚜렷한 체중 감소를 이루기 어렵다. 이러한 수술들은 표준 체중의 200% 이상인 병적인 비만인에 대하여, 비만의 모든 다른 치료들을 시행하였는데도 불구하고 체중감소를 성공하지 못했을 경우 행해져야 할 것이다.

(6) 지방 흡입술

비만한 사람의 복부에 축적되는 지방질은 피부 바로 아래의 표재성 지방층과 보다 깊이 위치한 심부 지방층으로 구분한다. 지방 흡입술은 바로 이러한 심부지방층을 외과적으로 제거하는 시술로서 여성의 몸매를 아름답게 유지하는 미용효과 뿐 아니라 비만치료도 기대할 수 있다. 즉, 전신비만의 경우에도 복부지방 흡입술을 시행하게 되면, 지방질이 빠져나간 자리가 아물면서 생기는 결체조직이 배를 조이는 효과를 가져와 공복감 저하를 유발하고 팔, 다리의 지방 감소도 가능한 것이다. 시술 후에는 코르셋 같은 탄력복을 3주에서 8주 정도 착용해야 한다.

지방 흡입 제거술은 지방 흡입기라는 고정밀 진공펌프를 통해 가느다란 관을 인체에 삽입, 피하지방조직을 빨아내기 때문에 수술 흔적이 거의 없는 편이다. 피부가 지방조직에 의해 주머니처럼 처지고 근육도 약할 경우에 실시하는 것으로 지방 조직과 함께 피부도 잘라낸다.

(7) 지방 전기 분해술

최근 프랑스에서 도입된 '스테아트론'이라는 전기침을 이용한 전기 지방분해술은 외과적 수술 없이도 지방조직을 분해하는 방법 중 아주 뛰어난 기계이며 양방 한방을 접목시킨 기계이다. 보통 1회 시술시 소요시간은 1시간이며 1~2㎝의 감소가 된다. 이 시술의 장점은 다음과 같다.

① 피를 흘리지 않는다.
② 피부의 탄력을 증가시킨다.
③ 여러 부위를 동시에 뺄 수 있다.
④ 종아리는 물론 신체 어느 부위도 뺄 수 있다.
⑤ 입원 필요 없이 통원치료가 가능하다.

이것은 심장이나 신장에 이상이 있거나 임산부와 정맥 혈전증 환자의 경우는 피하는 것이 좋다. 결론적으로 전기 지방 분해술은 비만의 치료를 원하는 사람에게 큰 희망이 될 것이며, 더불어 비만의 재발을 막기 위해 식이요법과 운동요법을 병행하면 보다 나은 효과를 기대 할 수 있다고 한다.

12 비만관리를 위한 한방요법

1) 한방요법이란?

한방요법을 살펴보면, 먼저 소화기계가 약해 체내의 수액대사가 정체된 경우 살이 찌면서 몸이 무겁고 쉽게 피로하며 땀이 나기 쉽다. 수분 섭취량에 비해 소변량이 적고 몸이 자주 붓는다. 이 경우에는 주로 방기황기탕이나 오령산계통을 가감하여 투여한다. 소화기계의 대사가 잘 안 될 때에는 명치끝이 답답하고 몸이 무겁고 헛구역질, 어지럼증이 생기는 담음현상이 나타나는데, 주로 이진탕, 육군자탕 계통이 투여된다. 한편 심장 계통의 기가 쇠해 신진대사가 잘 안되면 손발이 차고 몸이 잘 붓고 몸이 무거우며 추위를 몹시 탄다. 이때는 몸을 따뜻하게 해주면서 부기를 빼주는 진무탕이나 팔미환을 응용할 수 있다.

2) 약제로 사용되는 물질

(1) 호두

호두를 물에 4시간 담가 두었다가 백미 100g을 넣어 갈아 약한 불에 30분간 끓인 후 한방에서 파는 홍조류를 넣어 아침, 저녁 한 두 차례 복용한다.

(2) 민들레

뿌리를 깨끗이 씻은 다음 말려서 후라이팬에 튀긴 다음 가루를 내어서 아침·저녁으로 물에 타서 공복에 마신다.

(3) 국화차

꽃이 필 무렵 채취하여 그늘에서 말린 다음 벌꿀에 타서 밀봉하여 습기 있는 차가운 곳에 두었다가 3~4주일 뒤에 꺼내서 열탕에 타서 마신다.

(4) 연전초

잎과 줄기를 작게 잘라 그늘에 말린 다음 공복에 마신다.

(5) 가미옥적산, 천금문무탕

비만, 간 기능 개선에 큰 효과가 있다. 그 외에도 여러 가지 한방 요법이 있지만 무엇보다 중요한 것은 자신의 마음가짐이 가장 중요하다고 하겠다.

(6) 대시호탕

체격, 영양, 안색 모두가 좋은 비만증으로 미식이나 과식 때문에 군더더기 살이 찌며 운동부족으로 피하지방이 침착되어 중년 뚱뚱보가 되어 명치부터 양쪽 옆구리에 걸쳐서 저항과 압통이 있는 흉협고만의 증상을 나타내며, 두중, 어깨가 뻐근하고, 숨이 차고, 변비 등이 있을 경우에 쓰인다. 본방을 오랫동안 복용하면 체내 및 혈액의 불순물이 대소변이 되어 배설되며 그 결과 신진대사의 이상함이 조절되어 전신상태가 개선되는 것으로 중년 뚱뚱보가 아주 스마트하게 된다.

(7) 방풍통성탕

몸 전체가 연한 느낌이 드는 씨름꾼형의 비만증으로 배꼽을 중심으로 충만하여 있으며 큰 북처럼 불쑥 튀어나와 있는 타입에 쓰인다. 많은 경우에는 어깨가 뻐근하고, 숨이 차며, 변비 등의 경향이 있다. 대황을 가감하여 1일 1~2회의 변통이 있도록 한다. 본방은 몸 전체의 신진대사 기능을 조절하는 약방이다.

(8) 대승기탕

복부가 팽만하여 저항과 압통이 있고 완고한 변비가 있는 비만증에 쓰인다.

(9) 방기황기탕

얼굴이 희고 몸이 뚱뚱한 부인으로 땀이 많이 나고 피로가 쉽게 오는 비만증에 쓰인다.

(10) 기미 소요산

비만이지만 빈혈기미로 안색이 좋지 않고 두통, 어깨가 뻐근하고 불면 등이 나타나며 월경 불순의 부인에게 쓰인다.

3) 서암뜸

서암뜸은 뜸의 본래 치료원리인 온열자극을 장시간 주면서 쑥진이 묻지 않도록 고안한 독창적인 치료법으로 혈액, 심박수, 체온 등에 미치는 효과가 매우 우수하다고 한다. 이 뜸은 절대 뜨겁지 않고 은근한 온열자극이어야 한다는 것이며, 스트레스해소, 냉증, 변비 등에 효과가 좋다. 서암뜸이 뛰어난 효과를 보이는 것은 체내 혈액순환과 근육활동을 도와줌으로써 신진대사가 활발해져 에너지 소모가 많아지기 때문이라고 밝혔다.

4) 침구요법

체내 음양 부조화로 생긴 기체를 풀어주어 신진대사를 촉진시키는 체침법과 체내자율신경을 조절하여 식욕을 억제시키기 위해 귀에 놓는 이침법과 사암침, 근래에는 수지침도 많이 응용되고 있다.

(1) 체침은 주로 이침과 병행 하는데 이침은 귀에 인체의 내장과 모든 기관의 조직 기능이 반응하는 것을 이용하여 시술하는 것으로 이는 주로 자율신경 조절에 역점을 둔다.

(2) 이침요법은 불필요한 식욕을 억제해 주고 몸이 가벼워지거나 동작이 경쾌해진다. 매주 꾸준히 체중이 줄어들긴 하지만 하루 이틀에 체중이 감소되는 것은 아니므로 끈기가 필요하며 정확한 체질감별과 진단을 통해 이뤄져야 하므로 전문의의 도움을 받도록 해야 한다.

(3) 전기침 : 전기침을 이용하여 피하지방을 분해시켜 글리세롤 성분을 소변을 통해서 체외로 배설시키는 시술법이다.
마취 없이 가는 전기침으로 시술하므로 환자에게 통증을 주지 않으나 피하지방 덩어리가 클 때는 큰 효과가 없다.

한약은 식욕 억제제라기보다는 몸에 좋지 않는 것 들을 제거해서 비만증에 합병되는 여러 질환의 치료와 예방을 한다. 침 치료 역시 식욕억제 효과의 작용에 보조역할을 한다. 한방치료는 약물의 의존성, 습관성이 없으며 부작용도 거의 없는 것이 특징이라고 한다.

결론적으로, 지방 제거술도 식이요법과 운동요법을 병행할 때 효과가 있다고 할 수 있다.

13 비만관리시 주의사항

1) 비만증이 원인이 되어 발생한 질환 또는 비만증에 동반된 특정 질환에 대한 적절한 진단과 치료가 이루어져야 함.
2) 자기 몸에 맞는 적절한 식사요법 및 운동요법을 지속적으로 시행할 것.
3) 체중관리에 대한 충분한 동기유발 및 생활방식의 변화가 있어야 함.
4) 행동수정요법이 병행되어야 함.
5) 체중감량의 일차적인 목표는 현재 체중의 3~5%를 우선 감소시키며 단계적으로 10%까지를 감량하는 것이 좋다.
6) 6개월 이상에 걸쳐 현재 체중의 10%정도를 감량하는 것이 안전하다.
7) 짧은 기간에 체중이 많이 줄어들게 되면 곧 다시 비만해지는 요요현상이 잘 일어난다.
8) 체중 감량 후 다시 체중이 증가된 사람은 다음의 체중 감량 시 관리 효과가 점차 줄어든다.
9) 완전히 체중이 안정될 때까지는 적어도 2년 이상 걸리며 평생 동안 관리를 계속한다는 생각을 가져야 한다.
10) 체중을 감량할 때 1주일에 1㎏이상 급격히 줄어드는 것은 위험하며 0.5㎏정도 줄이는 것이 가장 이상적이다. 1주일에 0.5㎏을 빼려면 하루 평균 500㎉를 덜 섭취해야 한다.
11) 다이어트로 누구나 체중을 줄일 수 있으나 그 효과는 사람에 따라 다르며 체중이 줄어드는 것과 몸매가 보기 좋아지는 것은 반드시 일치하지 않는다.
    몸매를 목표로 한다면 운동요법을 병행하여 근육을 형성하고 그로 인해 체형을 가꾸는 것이 좋다.
12) 체중조절은 그 사람의 유전적인 양상, 식습관, 행동방식 등 많은 변수가 있으므로 다른 사람의 성공사례를 그대로 적용하여 성공하기는 힘들다.

건강과 웰빙	
Ask-a-Doctor	www. askadoctor.com
Dr. Well	www. drweil.com
Intellihealth	www. intellihealth.com
MedScape	www. medscape.com
Natural Health	www. naturalhealthmag.com
Net Live MD	www. netlivemd.com
On health Network Co.	www.onhealth.com
The Cooper Center	www. cooperaerobics.com
The Mayo Clinic	www. mayoclinic.com
ThriveOnline	www. thriveonline.com
WebMD	www. webmd.com

인터넷 다이어트와 운동 프로그램	
Cyber Diet	www. bodyfatguide.com
eDiets	www. ediets.com
eNutrition	www. enutrition.com
Jenny Craig	www. jennycraig.com
Nutrio	www. nutrio.com
Real Age	www. realage.com
Shape UP!	www. shapeup.org
Slim-Fast	www. slim-fast.com
The Zone Diet	www. enterthezone.com
Weight Watchers	www. weightwatchers.com

14 과체중, 비만 및 체중감소가 경제에 미치는 영향

모든 발간된 보고서를 참조하면 전 세계적으로 비만의 비용은 상당하다. 비만이 경제에 미치는 영향을 평가했던 모든 국가들에서 비용은 국가 보건비용의 2%에서 6%에 이를 정도로 많은 양이었다. 비만의 유병률이 가장 낮았던 국가일수록 이 질병으로 인한 경제 부담이 낮아지는 경향을 보였다. 불행하게도 미국은 과체중과 비만인의 유병률과 절대적인 숫자가 세계에서 현재 가장 높다. 미국에서의 모든 관점에서(예: 정부, MCO, 고용주), 보건의료 이용, 보건의료 비용, 그리고 간접 경제 경과가 비만과 관련 되어 있다. 발간된 연구들은 비만의 비용의 주된 원인이 제2형 당뇨병, 관상동맥질환, 그리고 고혈압이라고 보고해왔다. 이것은 치료 목적으로 인구의 일부(이러한 질환이 있는 사람)를 중점으로 하여 비만을 치료하는 것이 가장 비용 효율적인 방법이라는 것을 제시한다. 비용 효율 모델은 이러한 결론을 지지한다. 비용 대비 효율의 비를 제시하는 대규모의 장기 연구들은 가장 비용 효율적인 치료 방법을 결정하기 위하여 진행 중이다.

체중 관리의 보건의료 경제학을 보다 잘 이해하기 위해서 비만의 예방과 치료의 직간접 비용 절감을 평가하는 것이 편리할 것이다. 비만이 계속 전염병처럼 증가할수록 성인과 아동 비만의 예방은 더욱 강조될 것이다. 현재 미국에서는 성인과 아동에서 체중 증가와 지방량의 증가가 반영되어 제2형 당뇨병의 발생률의 증가가 관찰되고 있다. 더군다나 최근의 Diabetes Prevention Program과 Finnish Trial의 보고를 보면, 당뇨병 발생의 위험이 있는 비만인에서 약간의 체중 감소(7%)가 제2형 당뇨병의 발생률을 58%까지 줄여줄 수 있다고 제시했다. 그리고 또한 성인에서 약간의 체중 증가는 비만의 여부와 관련 없이 보다 많은 보건 의료비용과 관련되어 있다. 그러므로 예방을 위한 노력은 성인에서 체중 증가의 중단에 초점을 두어야 하고, 성인과 아동의 비만 예방은 중요한 보건의료 분야이고 잠재하는 보건의료 비용 분야이다.

비만의 체중 감소 비용과 비용 효율성에 대해서는 더 많은 연구가 필요하다. 체중감소가 약물 사용뿐만 아니라 직접 보건의료 비용의 다른 영역(예: 의사방문, 병원 진료와 입원기간, 검사 비용)에 미치는 여향에 대해 얻을 수 있는 정보는 거의 없다. 또한, 오직 한 연구만이 체중 감소의 생산성과 장애에 미치는 영향을 평가했고, 개입 시술도 수술적방법 하나뿐이다. 위 수술과 관련된 장기간의 회복과정으로 인하여 이 연구는 비침습적인 비만 치료에까지 일반화할 수는 없다. 그리고 비만의 비침습적인 치료 방법의 간접비용 절감에 대한 데이터는 없다. 마지막으로 비만 치료가 발달할수록 비용 효율적인 방법이 비만 치료에 사용되기 위해서는 비용 효율 연구들이 진행되어야 한다.

CHAPTER 6

체형과 셀룰라이트

01 셀룰라이트란?

셀룰라이트(cellulite)가 처음으로 거론된 것은 1920년대로 거슬러 올라가며 주로 미용측면에서 거론되었다.

셀룰라이트(cellulite)란 세포를 가리키는 'cellula'와 염증을 의미하는 '-ite'의 합성으로 세포의 염증을 뜻한다. 우리 몸의 대사과정 중에서 배출되는 독소나 노폐물, 지방, 수분이 둔부나 허벅지 부위 등에 뭉쳐 피부층 전체가 오렌지 껍질과 같은 둥근 형태로 울퉁불퉁 부풀어 오르는 현상이다.

셀룰라이트(Cellulite)란 지방조직과 결합조직이 뭉쳐 살이 뭉쳐져 있는 상태의 통상적인(비의학적인) 용어이며, 일반적으로는 세포들의 '화농'이라는 의미를 갖고 있어 세포들의 염증이라고 말할 수 있다. 의학적으로는 여러 가지로 불리 울 수 있겠지만, gynoid lipodystrophy(GLD)라고 부르는 것이 일반적이다.

우리 몸의 물질대사의 변화와 세포 사이사이에 수분과 노폐물이 과도하게 생성되면 지방의 독소가 더이상 빠져나가지 못해 셀룰라이트가 형성되는 것이다. 이리하여 체내에 쌓인 노폐물 및 수분은 지방과 섞여서 셀룰라이트를 형성하는데, 이것이 뭉쳐서 진피층으로 밀고 올라와서 튀어나와 있거나 움푹 들어가 있어 피부 표면이 고르지 못하게 되어 울퉁불퉁한 것처럼 보인다. 주로 혈액순환 또는 림프순환이 잘 안 되는 경우, 운동부족, 노폐물 · 독소 · 수분 등의 배출이 제대로 이루어지지 않은 경우에 생기며, 그 대부분은 진피 아래에 생긴다. 수분 · 노폐물 · 지방으로 구성된 물질이 신체의 특정한 부위에 뭉쳐 있는 상태를 말한다.

최근 20, 30대 여성 2,000명을 대상으로 설문조사한 결과에 의하면 전체의 90.3%에 해당하는 1,806명이 부분비만으로 고민하고 있는 것으로 나타났다.

부분비만을 꼽는 여성들이 가장 고민하는 신체부위는 엉덩이와 허벅지가 32.5%로 가장 많았고 배와 허리 25.2%, 종아리 13.7%, 볼살과 이중턱 10.6%, 팔뚝 6.5%로 뒤를 이었다.

부분비만은 가장 먼저 살이 붙지만 가장 늦게 빠지는 특징을 보인다. 부분비만 부위의 지방덩어리는 지방세포가 크고, 섬유막과 뒤엉켜 복잡한 구조를 이루고 있어 다른 부위 지방과는 차이를 보인다. 이를 셀룰라이트라고 한다.

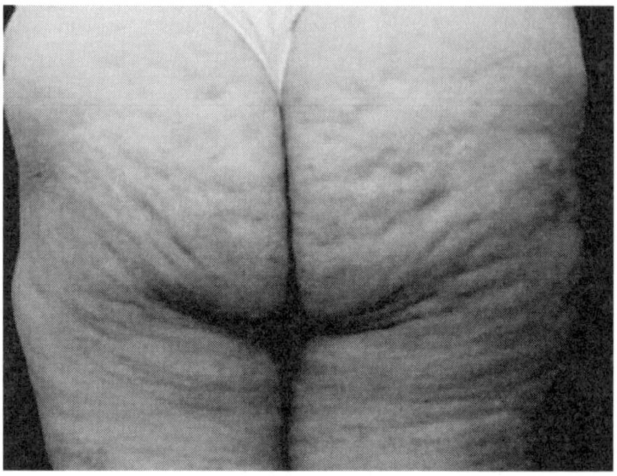

그림 6-1 둔부의 셀룰라이트

02 셀룰라이트의 생성 원인

평소에 편식을 심하게 하는 사람, 동물성지방 또는 당분 등을 많이 섭취하는 사람, 스트레스를 많이 받거나 피로가 쌓인 사람, 임산부 등에게 많이 나타나는 경향이 있다. 전 연령층에서 나타나며, 특히 여성에게 많이 나타난다. 잘 발생하는 부위로는 지방대사와 관련된 신경전달물질이 엉덩이, 허벅지 부위에 집중되어 있어 엉덩이, 허벅지에 특히 많이 발생하고 그 외에도 팔, 배, 무릎 주위 등에도 발생하며, 체형과는 상관없이 나타난다. 여성호르몬이 허벅지와 같은 특정부위에 지방합성을 돕는 효소를 활성화시켜 특정 부위에 지방을 축적하게 된다. 또 여성들은 피하지방이 발달하기 때문에 허벅지, 배 등에 지방이 축적되면서 탄력을 잃고 늘어지게 된다. 게다가 부분비만은 가장 먼저 살이 붙지만 가장 늦게 빠지는 특성이 있다.

특히 부분비만 부위의 지방덩어리는 지방 세포가 크고 섬유막과 뒤엉켜 복잡한 구조를 이루고 있어 다른 지방과는 다르다. 셀룰라이트란 지방이 섬유질과 뒤엉켜 있고, 그 위를 다시 섬유막으로 둘러싸여 있는 커다란 지방 덩어리다. 따라서 지방이 축적되긴 쉬워도 빠져 나오기는 어렵다

1) 호르몬의 불균형

셀룰라이트는 95% 이상 여성에서 발생하며 여기에는 에스트로겐이 중요한 역할을 한다. 여성 호르몬과 남성 호르몬이 불균형을 이루면 수분과 지방이 몸속에 쌓여 혈액과 체액의 순환이 원활하지 못하게 되므로 셀룰라이트가 생성된다. 따라서 피임약의 복용도 원인이 될 수 있다.

2) 영양 및 식이 요인

성장기에 칼로리를 과잉섭취하면 지방세포의 크기 뿐 아니라 숫자도 증가하므로 성인이 되어 셀룰라이트가 생기기 쉬운 상태가 된다. 불규칙한 식습관, 특히 단식이나 무리한 다이어트를 반복하는 경우, 식사량이 너무 심하게 들쑥날쑥한 경우는 지방 합성이 촉진되고 분해가 억제되어 셀룰라이트가 잘 생길 수 있다. 탄수화물 과다 섭취도 지방합성을 촉진하고 셀룰라이트가 잘 생기게 한다. 따라서 셀룰라이트를 치료하거나 예방하기 위해서는 무리하게 칼로리를 제한하는 저칼로리식이 보다 적절한 칼로리의 균형 있는 영양식이어야 한다.

3) 순환장애

혈액과 림프 순환이 원활하지 못할 때 모세혈관의 혈액순환 장애를 일으켜 지방세포끼리 뭉쳐지면 지방세포의 팽대화와 함께 주변의 노폐물이 대사되지 않아서 쌓이게 되고 이것이 결국 셀룰라이트를 형성한다. 임상연구 결과에 의하면 셀룰라이트가 있는 부위의 혈류량이 35% 이상 감소되어 있는 것으로 나타났다. 이런 부위에서는 혈류량이 늘어나야 지방분해가 원활해진다. 그리고 유해산소의 혈관손상으로 인해서도 셀룰라이트 형성을 촉진하고, 노화로 인해 나이가 들어갈수록 림프액 순환이 되지 않아서 수분과 노폐물이 쌓이게 되어 셀룰라이트가 발생한다. 몸에 꼭 끼는 옷이나 하이힐을 자주 신는 것도 원인이 되므로 주의한다.

4) 유전적인 요인

셀룰라이트는 지역적 인종적 차이를 보인다. 유럽의 경우 지중해 주변지역 여성들에게서 셀룰라이트가 더 잘 생기는 것으로 알려져 있다. 비만에 유전적 요인이 있듯이 체형도 유전적 요인이 있어 부모의 체형을 따르는 경향을 보인다. 지방세포의 수는 자궁내 환경, 신생아 및 영양 상태와 밀접한 관계가 있으며 유전적인 영향도 받는다. 생후 1개월이 지나기 전에 비만이 되는 유아의 에너지 소모가 비만이 되지 않는 유아의 에너지 소모보다 적다는 사실은 유전적 영향이 크다는 것을 짐작케 한다.

5) 심리적인 요인

카테콜아민의 아드레날린수용체 자극, 시상하부-뇌하수체-부신피질 호르몬 축(HPA axis)의 피드백 기능 둔화, 혈중 코티졸 상승, 식사장애 등을 통해 셀룰라이트를 일으키거나 악화시킨다. 갈등이나 불안, 스트레스를 받으면 부신에서 코티졸이라는 호르몬이 나와 신체 호르몬 반응을 변화시켜 셀룰라이트 형성을 촉진한다.

6) 생활습관

불규칙한 생활, 운동 부족, 수분 부족, 음주, 흡연 등으로 몸에 무리가 오면 신진대사가 원활하게 이루어지지 않게 된다. 편리한 교통으로 인한 적은 활동량, 컴퓨터 업무로 앉아있는 생활의 지속, 인스턴트 위주의 식습관 등이 젊은 여성의 부분비만을 부추긴다. 운동부족과 신체활동량 부족은 에너지밸런스의 불균형을 초래하여 지방을 쉽게 쌓이게 할 뿐 아니라 하체 부종, 정맥-림프순환 장애를 유발할 수 있다.

7) 노화

사람의 몸에는 림프관을 따라 노폐물들을 혈액으로 보내 처리하는 역할을 한다. 그런데 나이가 들수록 림프액 순환이 잘 되지 않아 수분과 노폐물이 쌓이게 되어 셀룰라이트가 발생한다.

8) 기타

내인성(이상지질혈증, 고요산혈증, 인슐린 - 당대사 이상으로 인한 고혈당 등) 및 외인성(알코올, 커피의 과다섭취, 흡연 등) 요인에 의해 간, 위, 신장, 내분비계, 신경계에 영향을 받게 되면 혈액의 점도가 증가하고 혈액 순환이 원활해지지 않으면서 국소 부종 등이 생길 수 있다. 그 밖에도 피로를 유발하는 자세(예를 들면 오랫동안 가만히 앉아있는 자세), 반복되는 작은 외상(microtrauma), 근육 긴장저하(hypotonia) 등도 말초 혈관 순환장애를 일으켜 셀룰라이트를 일으키거나 악화시킨다.

03 셀룰라이트의 생성 과정

1) 충혈단계

피하지방조직의 구조가 변화하는 단계로 지방구 세포들끼리 서로 뭉치고 콜라겐섬유들은 점점 밀도가 높게 밀집된다.

2) 혈행장애단계

밀집된 콜라겐 섬유들이 혈관을 누르게 되므로 혈장성분들이 지방구 세포들 사이로 스며나와 부종을 유발하게 된다.

3) 경직화단계

수분과 독소가 축적된 결합조직들에 의해 갇히게 된 지방구 세포들의 축적이 셀룰라이트의 특징인 피부 융기를 만들게 되는 것이다. 결국 자연적인 콜라겐 분해과정이 감퇴되므로 결합조직의 조기노화를 부르게 되고 신경계도 압축되므로 꼬집을 때 통증을 더 민감하게 느끼게 된다.

04 셀룰라이트의 종류

1) 작은 덩어리의 셀룰라이트

운동선수 등 마르고 단단한 체격을 가진 젊은 여성에게서 잘 나타난다. 만졌을 때 매우 딱딱하다. 이러한 상태는 혈액 중의 림프액이 탁해져서 독소가 축적되어 있기 때문이다.

2) 부드럽고 넓은 부위의 셀룰라이트

지나치게 다이어트 하는 여성에게 잘 나타난다. 이런 현상이 잘 나타나는 사람은 전체적으로 몸이 둥근 형태이고 피부 탄력이 떨어진다. 피부를 잡아보면 울퉁불퉁하게 나타나는 오렌지와 같은 거친 피부를 볼 수 있다.

3) 압축형 셀룰라이트

가장 단단한 느낌을 주며 통증을 예민하게 느끼게 되는 상태이다.

4) 부종형 셀룰라이트

하체의 정맥이나 림프순환장애가 함께 있는 상태로 쉽게 다리가 붓거나 무거움을 느끼게 되는 상태이다.

5) 연성 셀룰라이트

스폰지처럼 매우 무른 형태로 집었을 때 별 통증이 없으며 탄력 없이 처진다. 주로 허벅지 안쪽이나 팔 안쪽에서 찾을 수 있다.

05 셀룰라이트와 남성, 여성의 차이

1) 남성

남성의 피부조직은 두껍고 치밀하게 구성되어 있어서 피부 아래의 지방세포층이 올라오지 못하도록 확실하게 막아주기 때문에 셀룰라이트 생성의 부담이 없는 편이다.

2) 여성

셀룰라이트는 95% 이상 여성에서 발생하며 여기에는 에스트로겐이 중요한 역할을 한다.

이 여성호르몬이 지방세포가 몰려있는 허벅지, 엉덩이, 아랫배 같은 부위에서 지방합성을 돕는 효소를 활성화시키고 또한 지방대사와 관련된 신경전달물질이 이러한 부위에 집중되어 있어 엉덩이, 허벅지, 아랫배가 셀룰라이트의 주요 발생 부위이다.

우리 몸은 쓰고 남은 에너지를 지방 형태로 저장하게 되는데, 특히 여성은 피하에 많이 쌓이게 된다. 피하 지방층이 커지면 림프액과 혈액 순환을 억제하게 되고, 부종이 오면서 노폐물과 함께 지방이 섬유질로 둘러싸이게 된다. 이 상태가 지속되면 결국 단단한 지방 덩어리인 셀룰라이트가 되는 것이다.

피하지방층의 구조에서 보면 피하지방층도 두껍고 섬유조직이 치밀하게 결합되어 있지 못해 지방층을 잘 누르지 못할 뿐만 아니라 두껍고 벌집 모양 형태가 지방조직 속에서 수분과 노폐물, 지방이 혼합되어 부풀게 되면 엉성한 섬유조직으로 짜여진 물질이 결합조직을 밀고 올라와 피부 표면이 울퉁불퉁하게 되는 것이다.

06 셀룰라이트의 병리적 변화

1) 지방세포의 비대 혹은 증식으로 인한 피하지방조직의 이상
2) 이로 인한 결합조직(connective tissue), 특히 뮤코다당질(mucopolysaccharide, MPS)의 과중합(hyperpolymerisation)에 의해 결합조직을 이루고 있는 물질들의 점도 증가(hyperviscosity)
3) 미세순환(microcirculation) 장애 등이 있다.

07 셀룰라이트의 관리

셀룰라이트는 단순한 운동과 식이요법만으로는 잘 제거되지 않으며 화학적인 방법으로 지방을 분해하거나 물리적인 방법으로 깨뜨리는 것이 효과적이다. 그 대표적인 방법이 온도차에 의한 방법, 마사지, 래핑, 전파 파장에 의한 방법 등이 있다. 부위별 관리를 효과적으로 하기 위해 이와 같은 방법을 적절히 사용하는 것이 좋다.

흔히들 알려진 것처럼 비만과 밀접한 관계가 있지는 않다. 하물며 셀룰라이트가 해결되어야 비만이 해결되는 것은 아니며, 셀룰라이트 때문에 특정부위에 지방이 축적되는 것은 더욱 더 아니다. 다만 셀룰라이트 발생부위가 복부와 둔부, 즉 여성들의 지방축적이 쉬운 부위이기 때문에 일치를 보이는 것뿐이다. 셀룰라이트는 특정 부위의 피하에 지방이 축적되면서 미세혈류 장애와 림프순환 장애를 일으키고 부종과 결절이 생성되면서 피부와 체형의 변화를 초래하는 미용상의 문제이다. 흔히 셀룰라이트는 과체중이나 비만한 여성에게 생기는 문제라고 생각하는 경향이 있는데 일반인들의 생각과 달리 셀룰라이트는 뚱뚱하지 않은 여성들에게도 생기며 셀룰라이트의 경중도 역시 비만도와 반드시 일치하지 않는다.

우선은 관련인자인 스트레스, 흡연, 식이 등을 조절하는 방법이 있으며 의학적으로는 여러가지 방법이 사용되나 대부분 의학적 근거가 미약하다.

1) 물리/운동 요법(kinesiotherapy)

림프 드레인, 림프 마사지, 근육운동

2) 수술요법

지방흡입술, subcision 등

3) 비수술요법

Mesotherapy, Carboxytherapy, O2-O3 therapy, Hydrolipoclasia

4) 특수장비

depressotherapy, pressotherapy, electrostimulation, ultrasonolysis, iontophoresis 등

5) 물리/운동 요법(kinesiotherapy)

림프 드레인, 림프 맛사지, 근육운동

6) 전문 관리실에서의 관리

셀룰라이트란 지방이 섬유질과 뒤엉켜 있고, 그 위를 다시 섬유막이 둘러싸고 있는 커다란 지방덩어리다. 따라서 지방이 축적되는 것은 쉬워도 빠져 나오기는 매우 어렵다. 이런 것들은 유산소운동만으로는 고체형태의 지방덩어리가 쉽게 안 빠진다. 그 이유는 바로 셀룰라이트화된 경직된 지방덩어리 때문인 것으로 알려져 있다. 마사지나 기기를 이용하여 단단한 지방을 부드럽게 만들어주고 고체형태의 지방덩어리를 액체형태의 지방산으로 만들어서 혈액순환을 도와주고 지방연소에 필요한 산소공급을 원활하게 해주고 또한 림프계의 순환을 도와줘서 세포사이에 정체되어 있는 각종 배설물을 땀, 소변, 대변을 통해서 체외로 쉽게 빠져나오게 해준다는 원리로 관리를 하는 것이다. 따라서 오랫동안 꾸준히 관리를 받게 되면 경직된 지방층이 제거된 팽팽하고 탄력 있는 피부가 만들어진다.

① 바디 마사지 전에 순환과 신진대사 증진을 위해 몸을 따뜻하게 한다. 더모 로션, 핫젤 사우나 박스, 열매트, SPA 등을 이용

② 바디 마사지 전에 바디 브러시를 이용하여 셀룰라이트 부위를 집중적으로 문질러 분해를 돕는다.

③ 림프 마사지를 통해 체액, 노폐물, 독소 등을 림프관을 통해 배출시킨다.

④ 셀룰라이트 분해를 돕는 로션이나 크림, 아로마 등을 이용하여 마사지한다.

⑤ 중 · 저주파 기기, 석션, 엔더몰로지, 초음파 등으로 셀룰라이트가 있는 부위를 집중적으로 관리한다.

⑥ 해초 팩 등을 활용하여 노폐물과 독소 배출을 돕는다. 해초에 들어있는 요오드 성분은 지방세포들의 세포막을 자극시켜 지방 분해를 높이며 칼슘과 마그네슘은 수분 정체현상을 막아주며 보습효과가 좋다.

7) 홈케어 관리

① 하루에 수분을 2L 이상 마셔서 노폐물의 배출을 용이하게 한다. 더 이상의 셀룰라이트 생성방지 효과와 이미 생성된 것에 대한 개선효과가 있다.

② 규칙적인 운동과 식습관을 갖는다. 유산소운동과 근력운동을 병행하고 지나친 당분과 지방의 섭취를 절제한다.

③ 샤워 전 바디 브러시를 이용하여 셀룰라이트 부위를 자극한다.

④ 더모로션이나 핫젤을 일주일에 2~3회 발라주고 매일 셀룰라이트 샤워젤과 안티 셀룰라이트 로션을 셀룰라이트 부위에 발라준다.

⑤ 몸에 꼭 끼는 속옷이나 청바지 등은 피부세포에 산소공급과 신진대사를 방해하여 살이 찌는 원인이 되고 살이 붓는 것도 피부 표면적을 넓히는 요인이 되므로 주의해야 한다.

08 셀룰라이트와 화장품

셀룰라이트 관리에 사용되는 화장품은 혈액순환을 촉진시켜 신체내의 독소와 노폐물을 배출시키고, 피부의 결합조직을 구성하는 주섬유인 콜라겐의 합성을 촉진하고 피부의 수화작용과 탄력을 강화시키는데 주로 이용되는 성분을 함유하고 있다.

▶ 림프순환 촉진(제라늄, 로즈마리), 정맥류개선(사이프러스), 독소배출(티트리), 피부탄력유지(파츄리), 임파계자극(그레이프 푸루트) 수화작용과 피부 탄력강화(뮤코폴리사카라이드), 파손된 모세혈관 복구 및 강화(레몬)제품의 효과를 높이기 위해선 각질 관리가 필수이다. 일주일에 2회 정도 각질을 제거해야 슬리밍 성분이 피부 속으로 빠르게 흡수된다. 또 몸이 따뜻한 상태에서 더욱 효과적이므로 목욕 후 바르는 것이 좋은데, 이때 아로마 제품을 활용하면 효과를 배가 되는 효과를 얻을 수 있다. 신진대사를 원활하게 해주는 주니퍼베리나 셀룰라이트 분해와 독소 배출 효과가 있는 사이프러스 등이 효과적이다. 바르는 타이밍도 중요한데 우리 몸은 새벽 1~5시 사이에 지방이 분해 되고 수분 배출이 원활해지므로 잠들기 전 바르는 것이 가장 좋다. 슬리밍 제품은 단시간 사용으로 효과를 기대하기 어려우므로 두 달 이상 꾸준히 발라야 한다. 셀룰라이트를 분해하는 효과는 없지만 피부 내 콜라겐 섬유의 재생을 도와 처진 피부를 탱탱하게 만들어준다.

CHAPTER 7

체형관리와 뱃살

01 뱃살이란?

뱃살은 원칙적으로 뱃속 내장에 낀 기름을 말한다. 마치 풍선을 부는 것처럼 내장 속에 기름이 차곡차곡 쌓여 뱃가죽을 바깥으로 불룩하게 밀어내면서 튀어나오는 것이 뱃살이다.

비만의 의학적인 기중은 복부둘레가 남성 90cm 이상, 여성 80cm 이상일 경우이다. 옷의 허리 치수로는 남성 35.4인치, 여성 31.5인치 이상이면 비만으로 친다.

이 기준은 키나 몸무게 등 체격과 상관없이 일률적으로 적용된다. 실질적으로 문제가 되는 뱃살은 뱃가죽이 아니라 뱃가죽 깊숙이 위치한 내장의 기름이다.

▶ 비만 가운데서 뱃살이 유독 중요한 이유는 무엇인가

비만 가운데서 뱃살이 유독 중요한 이유는, 어떤 부위의 살보다 뱃살이 가장 건강에 좋지 않기 때문이다. 목이나 얼굴, 팔과 다리에 찌는 살은 말 그대로 피하지방일 뿐이다. 의학적으로 백색지방(white fat)이라고 부른다. 외모상 보기 좋지 않지만 건강에 크게 해로운 것은 아니다.

그러나 뱃살로 내장에 끼는 황색지방(yellow fat)은 혈관의 동맥경화를 초래하며 체내 호르몬 균형을 깨뜨리고 염증을 유발하는 등 각종 성인병의 뿌리가 된다.

뱃살은 거미형 체형, 즉 팔과 다리는 가는데 몸통은 뚱뚱한 체형을 만든다. 이들의 특징은 체중계의 눈금이 정상인 경우가 많다는 것이다. 그러나 배는 불룩 튀어나와 있다. '마른 비만'인 셈이다. 마른 비만이 중요한 이유는 한국인 비만의 대부분을 차지하며, 거미형 체형이 일반 비만보다 건강에 더 해롭기 때문이다.

그 예로 가정주부 김모(45)씨의 사례를 살펴보면, 김씨는 160cm의 키와 60kg의 체중을 갖고 있다. 체질량지수는 23을 약간 웃도는 정상이다. 그러나 김씨의 허리둘레는 84cm(33인치)로 전형적인 거미형 체형이다. 팔과 다리의 근육이 적어 체중은 보통이지만 체지방 측정 결과 김씨의 뱃속에는 6kg이나 되는 내장 지방이 들어 있는 것으로 나타났다.

내장 지방이야 말로 고혈압·동맥경화·당뇨·심장병·뇌졸중 등 각종 성인병의 주범이다. 내장 지방은 인슐린 호르몬의 기능을 떨어뜨려 성인병의 도화선 역할을 한다.

표 7-1 대사증후군 - 세계보건기구 (WTO)

허리둘레	남성 - 90cm(35.4인치) 이상 여성 - 80cm(31.5인치) 이상
혈 압	수축기 혈압 130mmHg 이상 이완기 혈압 85mmHg 이상
공복혈당	110mg/dL 이상
중성지방	150mg/dL 이상
고밀도 콜레스테롤	남성 40mg/dL 미만 여성 50mg/dL 미만

연세대의대 내과 허갑범 교수팀이 최근 건강검진을 받은 성인 1,100여명을 대상으로 조사한 결과를 보자. 마른 비만으로 인슐린 호르몬의 기능이 떨어진 경우 일반인 대비 발병 가능성이 당뇨는 10배, 고혈압은 1.8배, 지방간은 9배나 증가한 것으로 밝혀졌다. 콜레스테롤 수치도 2.5배 증가한다. 가장 주목할 만한 결과는 대사증후군의 증가이다.

허 교수의 연구 결과, 마른 비만의 경우 그렇지 않은 경우에 비해 대사증후군 발생률이 무려 84배나 높은 것으로 나타났다. 허 교수는 "한국인 2명 중 1명은 뇌졸중과 심장병, 당뇨 등 성인병으로 숨지지만, 내막을 살펴보면 바른 비만에서 비롯된 대사증후군이 공통적으로 깔려 있다."고 강조했다.

세계보건기구(WHO)에서 제시한 대사증후군의 기준은 〈표 7-1〉과 같다.

과거에는 불룩 나온 뱃살이 인격의 상징이니 품격의 상징이니 하면서 관대한 시선으로 봤지만, 최근 통계에 의하면 직장인들이 가장 살을 빼고 싶은 부위가 '배'라고 할 정도이다. 그 이유는 각종 성인병의 온상이라는 사실 때문이기도 하지만 최근 불어 닥친 몸짱 열풍도 한 몫하고 있어 너도 나도 '뱃살과의 전쟁'이라 할 정도로 살을 빼려고 애를 쓰고 있다. 또한 뱃살은 한번 오르게 되면 좀처럼 빠지지 않는다는 특징을 가지고 있다.

복부비만 자체가 질병이라고 볼 수는 없지만 이를 좌시할 경우 각종 성인병으로 이어질 수 있다. 복부비만인 사람은 정상인에 비해 심장병 발병률이 9배나 더 높고, 뇌졸중 발생 확률도 2.3배 정도 높다. 한국 남성들은 매년 허리 치수가 1인치씩 늘어난다고 하며, 그들 중 4명에 한명 꼴은 대사증후군이라는 연구결과가 발표됐다. 대사증후군이란 각종 성인병, 예를 들면 고혈압, 고지혈증, 당뇨병, 뇌졸중, 심근경색 등의 질병이 한사람에게 동시다발적으로 생기는 것을 말한다.

대사증후군의 원인은 바로 이 뱃살이다. 서양과 달리 배에 집중적으로 살이 찌는 한국 남성들은 대사증후군 위험이 매우 크다.

따라서 건강을 유지하기 위해서는 뱃살부터 없애는 것이 급선무다. 하지만 뱃살이라고 다 같은 살이 아니다. 살이 찌는 원인에 따라서 그 모양도, 해법도 다르다.

02 뱃살 유발원인

뱃살을 유발하는 원인은 크게 술, 흡연, 불규칙적인 식사, 운동부족, 일하는 환경, 스트레스 등 잘못된 생활습관 때문이라고 볼 수 있다.

1) 알코올

남성들은 퇴근 후 잦은 술자리로 과음을 하게 되는데, 알코올은 1g당 7kcal의 열량을 가지고 있어서, 술을 마시게 되면 높은 열량의 섭취로 인해 하루 필요 이상의 열량이 체내에 저장됨으로서 비만증이 되는 것이다.

2) 근무환경과 운동부족

사무직에 종사하는 남성들을 보면 오전 9시에 출근하여 7~8시 퇴근할 때까지 하루 종일 컴퓨터 앞에 앉아 있고, 출·퇴근 시에도 자신의 자가용으로 하는 경우가 많다. 게다가 웬만한 계단도 걷지 않고 엘리베이터를 이용하며 집에 가도 피곤해서 움직이지 않기 때문에, 자연히 복부에 지방이 쌓이게 되는 것이다. 바로 이러한 것이 뱃살에 큰 영향을 주게 된다.

3) 신체조건

여성은 태생적으로 남성에 비해 비만해지기가 쉽다. 체지방량은 많은 데 비해 기초대사량이 떨어져 몸속의 지방을 태우기가 더 어렵기 때문이다. 하지만 남성이 이러한 신체적 조건만 믿고 방심하는 것은 금물이다. 지난해 보건복지부가 발표한 국민건강영양조사를 분석한 자료에 따르면 여성 비만인구는 1998년 39.6%에서 지난해 37.5%로 줄었지만 남성 비만인구는 같은 기간 19.6%에서 23.7%로 크게 증가한 것으로 나타났다.

4) 스트레스

현대인의 질병을 유발한다고 하는 정신적인 스트레스도 뱃살의 원인이 된다. 그 이유는 가정과 사회에서 스트레스를 받게 되면 과음이나 과식을 유발하게 되고 이로 인해 열량섭취도 늘어나게 되기 때문이다.

5) 생활습관

전문가들은 "비만은 생활습관병"이라고 말한다. 복부비만도 유전적인 요인이나 대사질환과 같은 예외적인 경우만 아니라면 평소 음식을 조절하고 꾸준한 운동과 규칙적인 생활을 해줌으로써 예방, 치료할 수 있다. 특히 폭식은 물론 급하게 먹는습관을 버리는 것이 중요하다. 우리 몸이 포만감을 느끼는 데는 보통 20분 정도가 걸리기 때문에 빨리 먹다 보면 충분히 먹고도 미처 포만감을 느끼지 못해 과식을 하기 쉽다.

6) 흡연

최근엔 국내에서 흡연이 복부비만과 연관이 있다는 연구결과가 발표되기도 했다. 이에 따르면 하루에 담배를 2갑 이상 피우는 사람은 비흡연자에 비해 복부비만이 될 확률이 1.54배, 또 1갑 반에서 2갑 피우는 사람은 1.25배 높은 것으로 나타났다. 특히, 흡연은 여성 직장인의 허리둘레와 더 관련이 있는데, 흡연을 하면 지방이 피하보다 내장에 더 많이 쌓여 내장 비만을 유발시키므로 더욱 건강에 안 좋게 된다.

03 뱃살유형과 대책

뱃살을 유발하는 일반적인 원인이외에 개인에 따른 뱃살의 유형을 살펴보면 보다 구체적인 원인을 알 수 있으며, 그에 알맞은 해결의 실마리를 찾아낼 수 있다.

1) 윗배 볼록형(내장지방형)

내장에 지방이 낌으로써 배 위쪽이 불룩하게 나오는 경우다. 배가 좀 나왔다고 느끼는 대다수 남성이 여기에 해당한다. 내장 지방은 열량이 높고 지방함유량이 많은 음식을 자주 섭취함으로써 생긴다. 술은 대표적인 고칼로리 음식이기 때문에 잦은 음주와 운동부족에 시달리는 사무직 남성에게서 내장형 복부비만이 쉽게 발견된다. 다행인 것은 내장형 복부비만을 일으키는 내장 지방은 운동을 통해 쉽게 타버린다는 점이다. 따라서 식이요법을 통해 음식을 조절하고 꾸준히 운동만 해주면 비교적 쉽게 뱃살을 뺄 수 있다.

폭식과 과식을 자주 하는 사람에게 많이 나타나며 남성에게 많이 발견된다. 팔 다리는 가는 반면 윗배만 볼록 튀어나왔다고 '거미형 비만'이라고도 하고, 내장에 지방이 많이 쌓인다고 '내장비만'이라고도 한다.

내장주변의 지방세포는 쉽게 핏속으로 흘러들어 저밀도 지단백 콜레스테롤 수치를 높인다. 이로 인해 고혈압, 당뇨병, 고지혈증 등 성인병에 걸릴 위험을 높이고 심혈관 질환을 유발해 돌연사로 이어질 수도 있다.

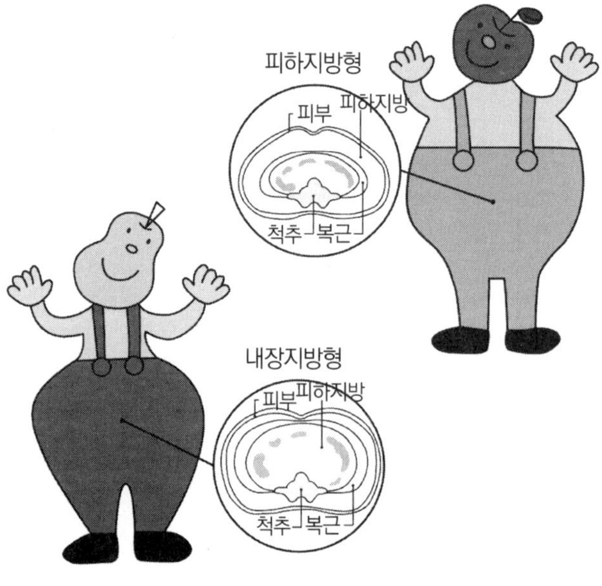

일반적으로 폭식과 과식 등의 불규칙한 식사방법이나 스트레스를 많이 받게 되면 위장이 나빠지게 되며, 위가 줄었다 늘어났다 하는 과정에서 위장이 커져 윗배가 나오게 되는 것이다. 공복 시 속이 쓰린 현상이 나타나며 식사를 한 후 소화도 잘 안 되는 경우가 많다. 이런 경우 다른 배살 유형보다 더 관리를 잘해야 한다.

▶ **대책**

- 하루 열량 섭취량은 1500kcal로 제한하며, 야채와 해조류 위주의 저지방식을 해야 한다.
- 짜고 매운 음식은 먹지 않도록 하며, 고기는 기름을 뺀 살코기를 먹는 것이 좋다.
- 술과 담배는 절대 멀리하도록 한다.
- 운동은 하루 30분 이상씩 1주일에 5회 이상, 3개월 이상 꾸준히 해주는 것이 좋으며, 관절과 근육이 손상되는 것을 막기 위해서 운동 전 5~10분간 스트레칭을 해주도록 한다.
- 반면 윗몸 일으키기 같은 복근운동은 근육을 단련시킬 뿐 내장에 있는 지방을 분해하지 못하기 때문에 그리 효과적이지 않다.
- 이런 유형의 비만은 합병증이나 심혈관 질환이 없는지 검사해볼 필요가 있으며, 만약 합병증이 진행되었다면 반드시 치료도 병행해야 한다.

2) 아랫배 볼록형(피하지방형)

아랫배가 불룩하게 나왔다면 피하지방 축적에 따른 하체형 비만으로 볼 수 있다. 이는 주로 여성에게서 볼 수 있는 복부비만의 유형으로, 피부와 복근(腹筋) 사이에 피하지방이 쌓임으로써 배가 나오는 경우다. 여성은 몸 안에 피하지방을 많이 축적하도록 진화해 왔기 때문에 보통 남성보다 체지방이 5% 정도 많다. 더 많은 체지방은 대부분 아랫배 부분에 축적된다. 특히 임신과 출산을 거치면서 아랫배가 나오는 경우가 많은데, 이는 여성 호르몬의 증가와 같은 여성의 신체적 특성에 따른 것이다. 피하지방은 내장 지방처럼 쉽게 없어지지 않는다. 이는 생존을 위한 에너지원으로 사용되기 때문에 지방 중에서 가장 나중에 소비된다. 혈액, 근육, 간 등에 남아있는 지방이 모두 연소된 후에야 비로소 피하지방은 타기 시작한다. 재난사고 발생시 여성이 오랫동안 살아남을 수 있는 것은 최후의 에너지원 역할을 하는 피하지방 덕분이다. 마찬가지로 운동을 통해 피하지방을 태우기 위해선 먼저 신체 다른 부위에 있는 피하지방이 모두 연소돼야 한다. 그만큼 없애기가 힘들다는 말이다.

뱃속에 피하지방이 쌓인 정도는 혼자서도 진단할 수 있다. 우선 배에 단단하게 힘을 준다. 이때 물렁물렁하게 만져지는 뱃살의 두께가 1~2㎝ 정도라면 피하지방이 정상 범위 내에서 축적된 정도라고 볼 수 있지만 그 이상이라면 피하지방 축적에 따른 복부비만을 의심해 봐야 한다.

주로 여성에게서 흔히 나타나는 유형으로 원활하지 못한 대장운동으로 인해, 아랫배에 가스가 차거나 변비가 있어 아랫배만 유난히 볼록하다. 변비가 심하고 활동량이 부족한 여성이나 운동을 게을리하는 사람들에게 잘 나타날 수 있다. 굶거나 폭식을 반복하면 장이 불규칙적으로 활동하여 변비가 생기기 쉽다. 내장 지방이 많은 윗배 볼록형보다는 덜 위험하지만 방심하면 안 되며, 이런 경우에는 활동량을 늘려 기초 대사량을 늘려나가는 것이 중요하다.

▶ 대책

- 많이 걷도록 하며, 짧은 거리라도 걷는 습관을 들이는 것이 기초 대사량을 늘리는 방법이다.
- 수영 등의 운동이 도움이 되며, 바닥에 엎드려 팔과 다리를 쭉 뻗은 상태에서 10~20㎝ 높이까지 상체를 뒤로 젖히는 방법의 스트레칭도 좋다.
- 훌라후프 돌리기도 혈액순환을 도와주므로 효과가 있다.
- 운동은 일주일에 4~5일, 하루 30분 정도 하는 것이 적당하다.
- 아랫배만 나온 유형은 장운동이 잘 되지 않는 경우로 변비 해결이 우선이다.
- 식이섬유가 많은 음식이나 과일 야채 등을 충분히 섭취하고 물도 많이 마셔야 한다.
- 짧은 거리라도 꼭 걸어 다니고 계단 오르기나 수영 등의 운동을 하는 것이 좋다.

3) 허리살 처짐형(옆구리 볼록형, 내장지방형)

복부비만은 신체적 특성 및 생활습관으로 인해 보통 남성과 여성이 다르게 나타나지만 비만이 심한 사람은 양쪽의 특성이 모두 나타나기도 한다. 즉 윗배와 아랫배가 동시에 나왔다면 내장형 비만은 물론 피하지방까지 축적된 경우다. 남성 중에서 유난히 뚱뚱한 사람, 여성 중에서 과식하고 술을 자주 마시는 사람은 두 가지 복부비만 유형을 함께 지니게 된다. 때로는 갑상선 기능 저하증, 쿠싱 증후군 등과 같은 내분비대사 장애로 인해 비만이 오기도 한다. 이는 대사기능에 문제가 생겨 음식을 제대로 소화하지 못함으로써 지방이 몸 속에 축적되기 때문이다.

출산 경험이 있는 여성과 폐경기 이후의 여성에게 보이는 유형이다. 배가 같은 둘레라고 해도 허리살 처짐형은 뱃가죽이 더 두껍게 잡히는 것이 특징이다. 피부는 탄력을 잃고 많이 늘어져 있고, 옷을 입으면 허리살이 옆으로 비어져 나온다. 바지만 입어도 허리 살이 옆으로 삐져나오는 유형이다. 아랫배 볼록형처럼 피하 지방이 원인이지만, 겉모양은 현저히 다르다. 피부에 탄력이 없고 늘어져 외관상으로도 거북한 경우가 많다. 특히 출산 후 여성들에게 흔하다. 산모들은 임신 중 운동량이 지나치게 적지만 영양 섭취는 넘치는데다, 출산 후에는 산후 조리를 하기 위해 많이 움직이지 않기 때문에 임신 중 늘어났던 배와 증가된 체중이 정상으로 돌아오지 못하는 경우가 많다. 우리나라 여성 비만의 60% 이상은 이와 같은 산후 비만이 원인이다.

피하지방이 원인이며, 피부에 탄력이 없고 늘어지게 되어, 외관상 보기 싫은 경우가 많다. 특히 출산한 임산부에게 흔한데, 임산부들은 운동량이 지나치게 적은데 반해, 영양섭취는 많이 하기 때문이다. 치료는 칼로리 제한과 꾸준한 운동을 한다면 효과를 볼 수 있다.

▶ **대책**

- 지방의 섭취를 줄이고 보리, 현미 등의 잡곡을 먹는 것이 좋다.
- 수영과 에어로빅 등의 유산소 운동이 필수이다.
- 축 처진 피부를 탄력 있게 하고 지방을 제거하기 위해 복부운동을 하는 것이 좋다. 운동법은 바닥에 앉아 다리를 쭉 뻗은 상태에서 양손으로 타월의 양끝을 잡고 팔을 쭉 뻗은 상태에서 허리를 좌우로 움직여 준다.
- 피부에 탄력을 주는 아로마 마사지도 효과적이다.

4) 배 전체에 살찐 유형(소아비만이나 고도비만이 발전된 남산형)

남산형은 위아랫배가 연결돼 완만한 언덕을 이룬 복부비만 형태로 피하지방뿐 아니라 내장지방도 증가되어 각종 성인병 등의 합병증이 특히 많이 생기는 타입이다.

합병증도 더욱 많을뿐더러 오랫동안 비만을 유발하는 습관을 지녀왔기 때문에 생활습관을 고치는 것이 무척 어렵고 치료가 더욱 힘들다. 이 유형은 주로 어려서부터 비만이었던 경우가 많다. 그러기 때문에 그 어떤 유형보다 치료가 힘들다. 성인이 된 뒤 나타나는 비만은 지방 세포의 수는 늘어나지 않고 세포 자체의 크기가 커지는 반면 소아 비만은 지방세포 수가 늘어나기 때문이다. 물론 다른 형태의 복부 비만도 심해지면 남산형으로 진행될 수 있다.

매우 왕성한 식욕의 '대식가형'이나 '과식형'이 많으며 변비가 있어 아랫배가 항상 무겁고 팽만감등을 느낀다. 치료를 위해서는 운동, 식이 및 약물요법, 규칙적인 생활습관 등이 모두 필요하다.

▶ **대책**

- 절대 금연, 금주하여야 한다.

- 패스트푸드, 청량음료, 단 음식 등은 피해야 한다.
- 일일 열량 섭취는 1500kcal이하가 되도록 하며, 곡물과 야채위주의 식습관이 좋다.
- 등 푸른 생선과 기름을 뺀 살코기 등을 섭취하여 부족한 동물성 단백질을 보충해 주어야 한다.
- 규칙적인 운동은 필수이며 운동을 시작할 때 평생을 즐기며 할 수 있는 운동을 고르는 것이 바람직하다. 등산이나 테니스, 탁구, 댄스 등은 다른 사람과 함께 대화하며 어울리기에 적합하다. 특히 요가는 체중 감량에 의한 스트레스도 줄이고 살도 빼는 일석이조의 효과를 볼 수 있다.
- 고도비만에 합병증이 동반된 경우에는 전문가의 처방과 진찰에 따라 하루 700~800kcal만 섭취하는 초저열량 다이어트를 해야 한다.
- 남산형 복부비만은 몇 달 안에 해결될 문제가 아니다. 길게는 평생, 짧게는 1~2년 이상 꾸준히 치료를 해야 한다.
- 아울러 비만을 유발하는 행동 양식도 변화시켜야 한다.
- 이 같은 방법에도 불구하고 좀처럼 뱃살이 빠지지 않을 때는 비만 치료제의 도움을 받을 수 있다. 그러나 이는 어디까지나 보조적인 치료일 뿐 전적으로 치료제에 의존해서는 안 된다는 사실을 명심해야 한다.

04 뱃살 관리를 위한 복부마사지

복부는 배의 근육이 느슨한 상태에서 하는 것이 효과적이다. 누워 무릎을 세우고 손바닥을 비벼 손을 따뜻하게 만든 뒤 슬리밍 제품을 바른다. 슬리밍 제품을 바른 뒤 손바닥 전체를 밀착시켜 아래에서 위로 쓰다듬는다.

1) 원 그리며 쓰다듬기

양 손 바닥을 이용하여 시계방향으로 원을 그리며 복부를 쓰다듬는다.

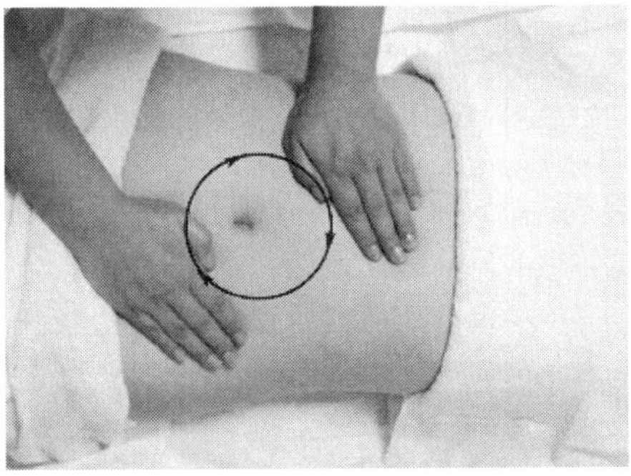

2) 배꼽주위 마찰하기

양 사지를 포개어 배꼽주위를 시계방향으로 원을 그리며 마찰한다.

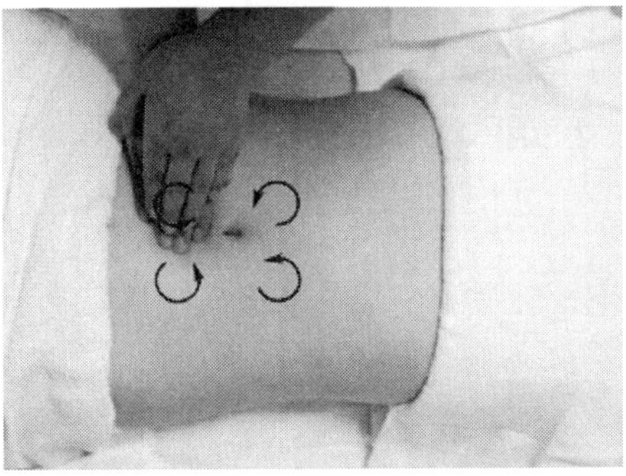

3) 복직근 부위 반죽하기

엄지와 사지를 이용하여 복직근을 꼬집듯이 교대로 반죽한다.

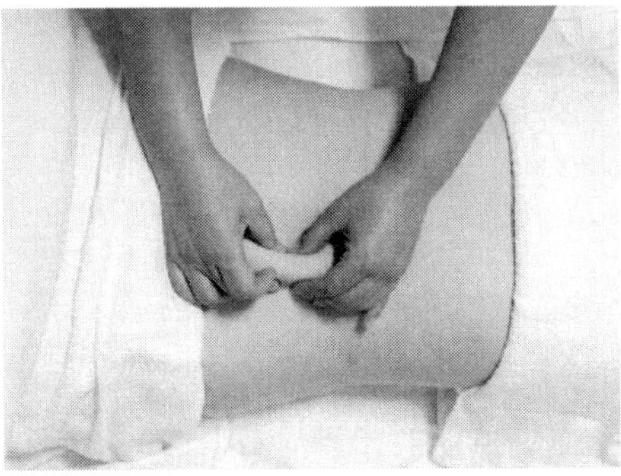

4) 복직근 밀어 올리기

주먹을 쥐어 마디를 이용하여 복직근을 밀어 올린다.

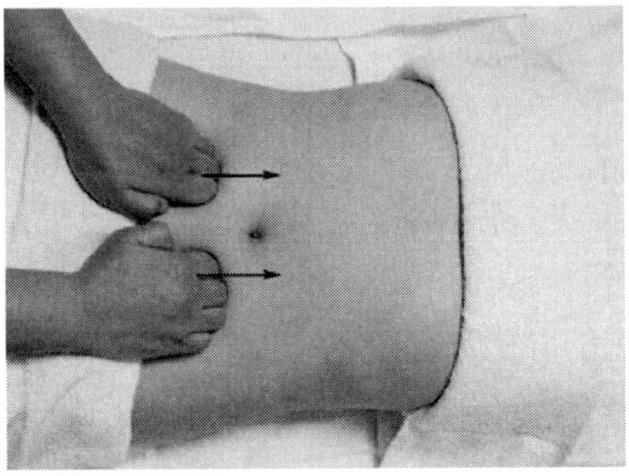

5) 옆구리 끌어올리기

양 손바닥을 교대로 하여 옆구리를 끌어 올린다.

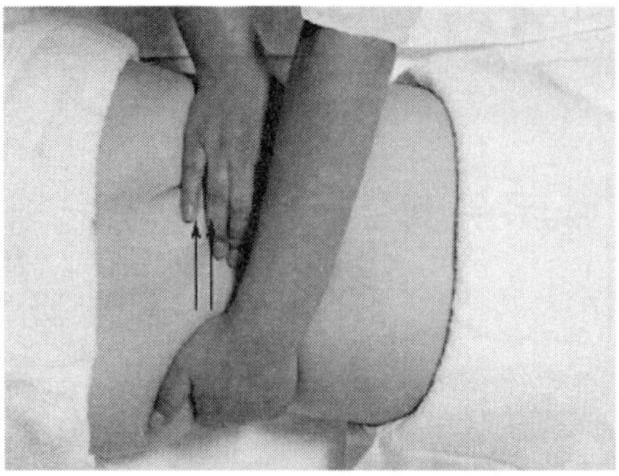

6) 옆구리 반죽하기

엄지와 사지를 이용하여 꼬집듯이 교대로 반죽한다.

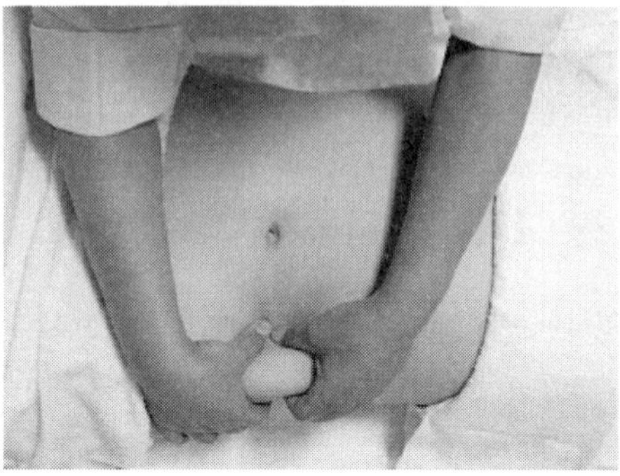

7) 옆구리 쓸어 올려 내리기

양 사지를 붙여서 옆구리를 끌어올린 후 엄지를 마주하여 밀착하여 쓸어내린다.

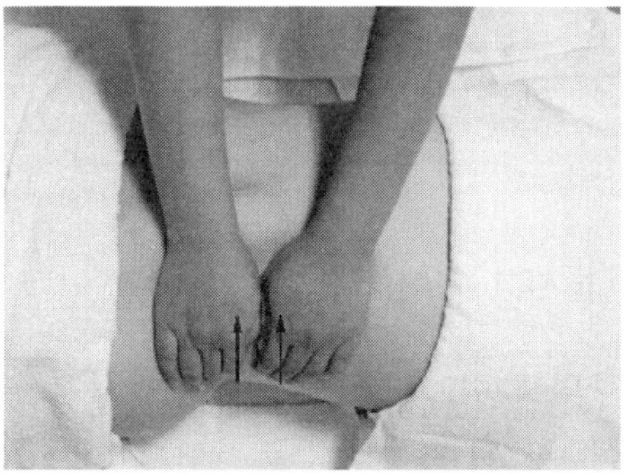

8) 옆구리 들어올리기

양 팔을 엇갈리게 옆구리를 잡고 끌어올리면서 튕겨준다.

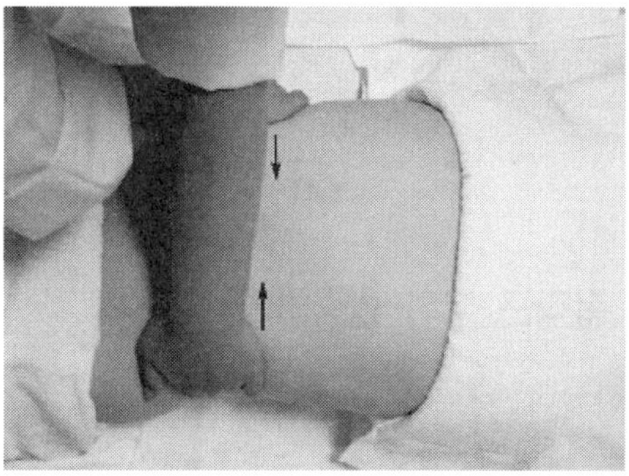

9) 전체 쓰다듬기

양 손바닥으로 배꼽 아래에서 검상돌기까지 쓰다듬고 올라갔다가 양 쪽 늑골을 감싸고 내려와 허리 뒤쪽에서 배꼽 쪽으로 쓸어 올린다.

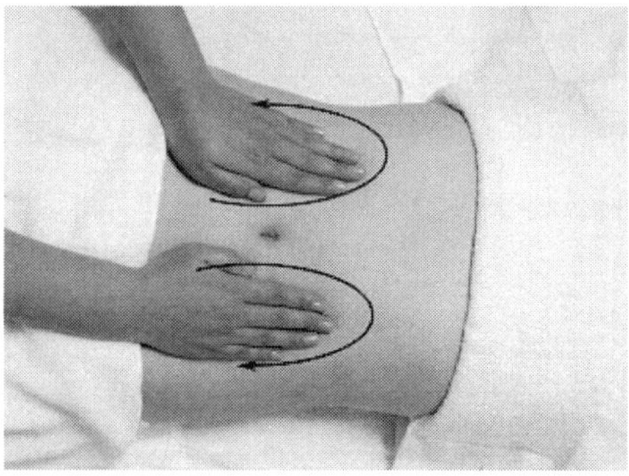

05 뱃살을 뺄 수 있는 습관 및 뱃살을 빼기 위해 지켜야 할 점

1) 뱃살을 뺄 수 있는 습관

(1) 따뜻한 물을 자주 마신다.

아침에 일어나 식사 전 공복에 마시는 것이 좋다. 물은 끓인 것으로 마시도록 하며, 설탕이나 달게 해서 마시는 것은 효과가 없다. 커피나 콜라 등의 당분도 똥배가 나오게 하는 원인이 되므로, 되도록 줄여야 한다.

(2) 복식 호흡을 한다.

아랫배를 이용하여 배를 부풀렸다 집어넣는 식의 호흡방법, 하루 30분~1시간 정도 자기 전에 해주면 효과적이다. 단 호흡 후에 음식을 먹으면 좋지 않다.

- 배를 내밀면서 코로 천천히 숨을 들이마셨다가 숨을 잠시 참은 후 3~5초 정도 잠시 정지한다. 숨을 내 쉴 때도 천천히 내뱉도록 하며, 배를 집어넣으면서 입으로 숨을 내뱉는다. 즉 배 모양은 일반 호흡할 때와 반대가 된다.

(3) 목욕시 복부를 마사지 해준다.

배 마사지는 내장의 기능을 활발히 하며, 변비를 없애고 배의 지방도 감소시켜준다. 욕조에 누워서 해도 되고, 목욕 후 마사지 오일이나 바디밀크를 바른 후 해도 된다.

- 배꼽을 중심으로 한손 끝으로 시계방향으로 크게 주무른다.
- 손끝으로 힘 있게 배를 누르며 원을 그린 후, 시계방향으로 돌리며 마사지한다.
- 허리 윗부분의 배를 양손으로 강하게 쥐고 주무른다.

(4) 발바닥 자극법

엄지와 검지발가락 사이부터 토답(발바닥의 움푹 들어간 부분)이 소화기의 기능과 관련이 있다. 실제의 소화기와 같은 순서로 연결되어 있어 위쪽부터 순서대로 눌러주면 되는데, 골프공이나 지압봉을 이용하여 약간 아플 정도로 매일 10분 이상 눌러주면 효과가 있다. 내장비만일 경우 더 효과가 있다.

(5) 올바른 자세로 걷는다.

워킹은 아랫배를 빼는 가장 쉬운 방법이며, 일주일에 3회 정도 20분씩만 걸으면 효과적이다. 또한 워킹은 전신운동이므로 몸매의 전체적인 균형을 찾을 수 있다. 단, 워킹은 식후

30분 전에는 하지 말도록 한다.

▶ **올바른 워킹법**

- 앞뒤로 팔을 크게 흔든다.
- 무릎을 펴고 걷는다.
- 발뒤꿈치부터 닿도록 한다.
- 팔꿈치가 옆으로 움직이면 안 된다.
- 발끝이 안쪽을 향하지 않도록 한다.

(6) 복부 스트레칭를 자주 해준다.

스트레칭은 집에서 손쉽게 할 수 있으며, 복부근육을 유연하게 해준다. 횟수 제한 없이 언제도 상관없으며, TV를 보면서, 음악을 들으면서, 휴식을 취하면서 스트레칭 하는 습관을 들이면 좋다.

- 배 스트레칭 : 우선 배를 바닥에 대고 팔과 다리를 쭉 편 후 똑바로 엎드린다. 팔을 땅에 대고 상체만 일으켜 몸을 활처럼 휜다. 10초 정도 한 후 다시 엎드리는 것을 20회 정도 반복해주면 배의 근육이 늘어난다.
- 옆구리 스트레칭 : 다리를 어깨 넓이로 벌리고 똑바로 선다. 손은 깍지를 껴서 머리 위로 팔을 쭉 펴서 올린 후 좌우로 옆구리를 펴준다. 이때 숨을 고르게 쉬면서 천천히 한다.

(7) 복부운동으로 배 근육을 단련한다.

요즘 몸짱 열풍에 맞춰 뱃살을 운동을 해서 탱탱한 근육으로 만드는 것이 가장 좋은 방법이다. 근육이 단련되면 지방도 쉽게 연소되므로, 여러 번 반복하여 운동하도록 한다.

복부운동의 종류로는 윗몸일으키기, 누워서 다리 들어올리기, 허리 돌리기 등이 있다. 누워서 다리 들어올리기는 누운 다음 다리를 꼿꼿이 편 채로 45도 정도 들어 올렸다 내렸다 하면 된다. 들어 올릴 때는 숨을 들이마시고, 내릴 때는 숨을 내쉰다.

2) 뱃살을 빼기 위해 지켜야 할 점

① 술안주를 멀리하라.
② 웨이트 운동으로 근육량을 늘려라.
③ 아침식사를 거르지 말고, 끼니에 굶지 않는다.
④ 시간을 정해 놓고 하루 세 번, 규칙적인 식사를 하며, 천천히 여유있게 먹는다.
⑤ 잠자리에 들기 4시간 전에 저녁을 먹고 저녁 7시 이후에는 먹지 않는다.

⑥ 술, 라면, 떡, 탄산음료, 과자, 인스턴트 음식이나 패스트푸드 식품은 피하고 맵고 짠 음식은 먹지 않는다.
⑦ 칼국수, 쌀밥 등 혈당 지수가 높은 흰 음식을 멀리하고, 검은 음식을 먹는다.
⑧ 식성을 바꾸면 몸매가 바뀐다. 고기대신 채식 섭취를 늘리고, 등푸른 생선을 먹는다.
⑨ 유산소운동(걷기, 뛰기, 조깅, 자전거타기, 수영, 에어로빅, 체조, 스트레칭 등)을 하루 30분~1시간 정도 꾸준히(3개월 이상)한다.
⑩ 물을 자주 마시되(하루 8컵 정도), 운동 전에 마신다.(운동 중이나 후에는 마시지 않는다)

3) 뱃살빼기 5계명

(1) 운동을 쪼개서 하라

매주 일요일 3시간씩 운동을 지치도록 해도 뱃살이 빠지지 않는다고 푸념하는 이들이 많다. 그러나 격렬한 운동을 했다고 뱃살이 바로 빠지는 것은 아니다. 이처럼 몰라서 띄엄띄엄 운동하면 폭식의 위험성이 있으며 오히려 근육과 관절의 손상으로 장기적인 운동을 방해할 수도 있다. 운동효과는 길어야 이틀 정도 밖에 유지되지 않는다. 따라서 운동은 강도가 높은 것보다 꾸준하게 하는 것이 중요하다. 뱃살에는 오히려 하루 1시간 정도 낮은 강도로 매일 꾸준히 운동하는 것이 좋다. 물론 산소를 이용해 숨을 헐떡거리는 유산소 운동이라야 한다.

특히 몸 속 지방은 운동을 시작하고 30분은 지나야 비로소 대사를 통해 제거된다. 운동을 하면 먼저 탄수화물이, 그 다음은 단백질이 연료로 이용된다. 뱃살의 원흉인 지방은 가장 나중에 연소된다. 따라서 단시간 고강도보다 느긋하게 지방까지 태울 수 있는 장시간 저강도의 운동이 뱃살빼기에 효과적이다.

(2) 근육량을 늘려라

유산소운동과 달리 무산소운동인 덤벨이나 바벨들기 등 근육운동은 몸 속 지방을 태우지는 않는다. 그러나 근육은 인체의 거대한 난로 역할을 한다. 음식물을 통해 쌓인 잉여열량을 근육에서 태워 없애는 것이다. 운동선수들이 많은 양을 먹는 데에도 불구하고 뱃살이 나오지 않는 중요한 이유는 근육에서 잉여열량을 바로 제거해 버리기 때문이다.

하루 중 에너지 소비는 크게 3가지로 나뉜다. 총열량의 30%는 활동 대사량으로 일상적인 활동과 운동으로 소모한다. 10%는 식사성 열발생으로 음식물의 흡수 및 소화에 열량을 소모한다. 남은 60%의 열량은 기초대사량으로, 체온유지와 맥박과 호흡, 두뇌활동 등 기본적인 생명 유지에 사용된다. 문제는 열소모에서 가장 큰 비중을 차지하는 기초대사량이 나이가 들면서 감소한다는 것이다. 같은 열량의 음식을 먹어도 나이가 들면서 살이 더 잘 찌는 이유는 근육량이 줄어 기초대사량이 감소하기 때문이다.

나이와 체중 등의 조건은 같으나, 근육량만 13kg 차이 나는 두 남성의 기초대사량을 비교해 보았을 때 그 결과, 근육이 많은 남성은 적은 남성보다 휴식시 열량 소모량이 500kcal나 많았다. 두 남성이 똑같이 운동으로 다이어트를 시작했을 때 근육량이 많은 사람이 1kg더 빠진다는 뜻이다. 근육이 많은 남성이 더 효과적으로 열량을 소비하기 때문이다.

특히 지방은 근육에서 주로 연소된다. 그러나 운동으로 특정 부위의 지방만 빼는 것은 불가능하다. 뱃살빼기에 좋다는 복근운동도 전체적으로 살이 빠지면서 뱃살도 함께 빠지는 것이지 뱃살만 빠지는 것은 아니다. 다만 복근운동은 근육이 강화되어 배가 안으로 들어가게 하므로 여성이 거들을 입은 것과 같은 효과를 발휘하여 겉으로 보기에 뱃살이 빠지는 것 같은 느낌은 덤으로 얻을 수 있다.

근육을 효율적으로 늘리기 위해서는 바벨과 덤벨 운동 등 근육에 일정부분 과부하가 걸리는 운동이 따로 필요하다. 이른바 헬스 운동이 요긴하다는 뜻이다. 전문 트레이너나 책자의 도움을 받는 것이 좋다. 일반적으로 부위별로 간신히 10회 정도 반복할 수 있을 만큼의 무게로 시작해야 한다. 이틀에 한번씩 10회 반복 3세트 정도로 실시해 주면 충분하다.

(3) 아침식사를 거르지 마라

아침을 굶으면 당연히 점심이나 저녁 식사량이 많아진다. 폭식을 하게 된다는 뜻이다. 아침을 굶으면 몸에서는 비상사태가 선포된다. 예컨대 오후 7시 무렵 저녁식사를 하고 다음날 아침을 굶고 12시에 점심 식사를 한다면 무려 17시간이나 인체는 기아 상태에 놓이게 된다. 뇌는 별 것 아니라 인식할 수 있지만 췌장과 간, 부신 등 인체 내장기관은 이를 심각하게 받아들인다. 따라서 가능하면 에너지 소비를 줄이는 쪽으로 신진대사와 내분비기능을 새로 세팅한다. 먹은 것은 무엇이든 지방의 형태로 몸 안에 저장하려고 한다. 그 때문에 조금만 먹어도 살이 잘 찌는 것이다. 비단 뱃살빼기 뿐 아니라 다른 이유로도 이미 아침식사가 필요하다는 것은 의학적으로 충분히 검증된 사실이다. 아무리 귀찮고 번거롭더라도 아침식사만은 꼭 챙겨 먹는 습관을 기르도록 하자.

(4) 흰 음식을 멀리하라

똑같은 열량이라도 흰 음식이 몸에, 특히 뱃살에 훨씬 해롭다. 이유는 흰 음식의 혈당지수가 높기 때문이다. 혈당지수(glycemic index)란 특정 음식이 혈당을 얼마나 빨리 올리느냐 하는 속도의 개념이다.

설탕이나 쌀밥 등 흰 음식일수록 위장에서 금세 분해되면서 혈액으로 녹아들어가 혈당을 신속하게 올린다. 이것이 췌장에 큰 부담을 준다. 혈당을 낮추느라 췌장이 인슐린 호르몬을 과잉 분비해야 하며 이러한 상태가 반복되면 췌장이 탈진에 빠지고 당뇨가 생기게 된다. 또 혈당을 떨어뜨리는 인슐린의 질이 떨어지고(이를 의학적으로 인슐린 저항성의 증가라고 표현한다) 이렇게 되면 우리 몸의 잉여열량이 뱃살로 훨씬 더 많이 축적된다.

혈당지수를 식품별로 일일이 알 필요는 없다. 대개 흰 음식처럼 입에서 씹었을 때 혀에서 바로 단 맛이 느껴지는 것일수록 혈당지수가 높다. 설탕이나 과자, 초콜릿, 흰 쌀밥 등이 여기에 해당한다. 그러나 같은 탄수화물이라도 잡곡밥은 도정되지 않은 껍질에 둘러싸여 있는 녹말이므로 단맛이 천천히 느껴지며 위장 안에서도 서서히 흡수된다. 따라서 혈당지수가 낮고 췌장에 부담을 주지 않는다. 아울러 뱃살을 빼는 데에도 도움을 준다.

참고로 감자가 고구마보다 혈당지수가 높다는 점을 알아두자. 기왕이면 고구마가 뱃살빼는 데 좋다는 뜻이다. 특히 기름에 튀긴 감자칩은 그 자체로 열량이 높을 뿐더러 혈당지수도 높으므로 뱃살로 고민하는 사람이 가장 경계해야 할 식품 중 하나이다.

(5) 술안주를 멀리하라

같은 음식이라도 안주로 먹으면 지방으로 더 많이 축적된다. 알코올이 먼저 대사되면서 음식물의 대사를 방해하기 때문이다. 술 자체도 고열량 식품이다. 따라서 무심코 먹는 술안주에 손이 가지 않도록 주의해야 한다. 술과 함께 먹는 음식은 먹는 족족 뱃살로 간다. 앞서도 언급했지만 치킨 샐러드 1인분만 해도 1,600kcal나 된다는 사실을 기억하자.

뱃살에 대해 더 알기

1 허리둘레는 어떻게 재는가?

허리둘레는 정확하게 측정해야 한다. 어떤 자세로 측정하는가에 따라 차이가 날 수 있기 때문이다. 공인된 측정방법은 다음과 같다. 우선 양발을 25~30cm 정도 벌리고 서서 체중을 균등하게 분배시킨다. 측정위치는 마지막 갈비뼈 아래에서 엉덩이 뼈 가장 윗부분을 연결하는 수직선의 중간 부분이다.

자신보다 다른 사람이 측정하는 것이 정확하다. 측정하는 사람은 옆에 서서 줄자가 허리를 압박하지 않을 정도로 느슨하게 측정해야 한다.

2 뱃살빼기 5계명

1. 운동을 쪼개서 하라
2. 근육량을 늘려라
3. 아침식사를 거르지 마라
4. 흰 음식을 멀리하라
5. 술안주를 멀리하라

가장 좋지 않은 것은 소주와 함께 곁들이는 삼겹살이다. 삼겹살은 지방이 많아 열량이 매우 높은 것은 물론, 위장 속에서 알코올 흡수를 방해해 덜 취하게 하므로 자신의 주량보다 많이 마시게 하는 부작용을 낳는다.

뱃살빼기 5계명이 얼마나 효과적인지 알아보기 위해 직장인들을 대상으로 직접 실험해 보았다. 그 결과 2주 동안만 5가지 계명에 충실한 생활을 해도 내장지방이 평균 30%나 감소한 것으로 드러났다. 뱃살은 다른 부위의 살과 달리 노력하면 금세 빠지는 것을 눈으로 확인할 수 있다.

4) 복부운동

배는 사실상 네 가지 다양한 근육 군으로 나누어져 있다. 그것은 상부복부(Rectus Adbominus), 하부복부, 그리고 외부 및 내부가 그것이다.

당신의 배에 가장 좋은 운동을 하려면 당신이 편히 할 수 있는 몇 가지 운동을 찾아야 한다. 어떠한 운동을 하든지 천천히, 그리고 꾸준한 페이스로 하여야 하며 첫 번째 통증이 오면 이를 중단하여야 한다.

배를 강하게 단련시키는 간단한 운동 목록이 있다.

(1) 압박(Crunches-방수 및 중간 복부)

지면에 발을 평평하게 눕거나 벤치 또는 침대, 의자, 기타 물체 위에 눕는다. 두 손을 배 위에 교차 시키거나 몸 옆에 놓는다. 어깨를 가볍게 무릎 쪽으로 모은다. 배에 수축을 느끼게 한다. 그러나 등은 항상 지면을 향해 단단히 편 상태로 붙어 있어야 한다. 운동의 범위는 15cm~20cm에 불과하다. 운동을 완료한 시점에는 완전히 숨을 내뱉는다. 15 내지 20회 반복한 다음 20초를 쉬고 다시 반복한다.

(2) 발가락닿기(상부복부)

등을 대고 눕는다. 다리를 모아 상체와 90도가 되게 한다. 팔을 발가락을 향해 똑바로 들어 올린다. 상체를 발가락을 향해 구부렸다 폈다 한다. 15~20번 반복한 후 20초를 쉬고 다시 반복한다.

(3) 케이블그런칭(상부복부 및 측면)

로프가 달린 높은 케이블 도르래 앞에 무릎을 꿇고 양쪽을 잡는다. 양손을 귀 옆으로 내리거나(손바닥을 마주 보게 한다) 또는 바로 이마 위로 내린다. 손은 그 자리에 멈추고 몸을 천천히 앞뒤로 구부린다. 우선 턱을 가슴을 향해 댄 다음 어깨와 등도 그렇게 한다. 몸을 최대한 편히 낮춘 다음 천천히 역동작을 실시한다. 15회씩 2번 반복한다.

(4) 역동작크런칭(하부복부)

얼굴이 위로 가게 누워 무릎은 굽히고 발뒤축이 엉덩이에 가깝게 한다. 그리고 손가락 끝은 머리 뒤로 한다. 무릎 각도를 변화시키지 않고 배를 수축하여 꼬리뼈 몇 센티를 지면에서 떨어지게 한다. 그 상태에서 무릎을 가슴 쪽으로 끌어당긴다. 허벅지를 높이 올리지 않도록 하고 발뒤축을 엉덩이 쪽으로 향하게 한다. 천천히 마루 쪽으로 발을 낮춘다. 같은 동작을 동일 횟수로 반복한다. 8~12회로 시작하여 천천히 16회 내지 20회로 올린다.

(5) 다리들기(아랫배)

벤치의 끝이나 지면에 앉아 손을 뒤로 단단히 고정시킨다. 몸을 약간 뒤로 젖힌 상태에서 다리를 앞쪽으로 편다. 천천히 가슴 쪽으로 무릎을 굽히고 앞으로 기댄다. 가슴과 무릎은 복부를 수축할 때 중간 지점에서 만나야 한다. 5초간 수축 운동을 한 다음 이완 한다. 12회 내지 15회 반복한다.

(6) 엎드려뻗치기(측면 및 전체 복부)

다리를 뒤로 펴고 발을 모은 다음 양 팔뚝과 발끝으로 몸을 지탱하면서 20초간 버틴다. 몸을 이완시킨다. 3회 반복

(7) 옆으로뻗치기(사면)

무릎을 굽힌 상태에서 모로 눕는다. 한쪽 팔을 머리 뒤에 두고 다른 팔 하나는 옆으로 올린다. 근육의 초점을 몸통의 측면에 둔다. 신축 운동을 3초간 실시한다. 그런 다음 이완시킨다. 20회 반복 2차례 실시한다.

최선의 복부 운동을 위해 복부 전체 근육을 수축하고 긴장을 유지해야 한다.

CHAPTER 8

체형관리와 다리

01 다리 관리란?

여성들은 원래 웨이트트레이닝을 해도 근육이 잘 발달하지 않는다. 이는 호르몬의 영향인데 근육형성에 중요한 호르몬이 남성호르몬인 테스토스테론이기 때문이다. 여성들은 남성호르몬의 분비가 적어 근육이 잘 형성되지 않는다. 특히 다리 운동들은 주로 중력의 부하를 이용하는 경우가 많아 잘못된 운동을 선택하는 경우 종아리의 근육이 보기 싫게 발달하거나, 근육질인 경우 허벅지도 더 단단하게 굵어질 수도 있다. 모처럼 사이즈를 줄이려고 운동을 하는데, 근육이 더 발달해서는 곤란하다. 특히 다리운동은 자연적으로 체중이라는 부하가 간다. 따라서 누워서 하는 운동을 하는 것이 이상적이다.

몸보다 다리가 두꺼운 체형은 여성 호르몬 분비가 왕성한 젊은 여성에게 흔히 볼 수 있는 형이다. 하반신에 지방이 집중되어서 힙이나 허벅지, 종아리나 발목까지 지방이 붙는 것이다. 따라서 내 다리 유형에 맞는 체조 및 마사지법으로 날씬 각선미를 만든다.

허벅지는 지방이 붙기 쉬운 안쪽과 뒤쪽 부위를 위주로, 종아리는 근육의 뭉침을 풀어주는 식으로, 발목은 아킬레스건을 단련해 발목을 얇게 하는 목적으로 체조를 한다.

다리 마사지는 조금씩이라도 매일 밤에 실시해 그날 그날의 부기를 풀어줘야 효과를 볼 수 있다. 근육형 다리엔 근육의 뭉침을 풀어주고, 지방살 다리엔 근육을 만들어주며, 붓는 다리엔 부기를 해소해 주는 체조를 생활 속에서 틈틈이 실시한다.

02 체형에 따른 다리 형태와 다리 살 빼는 법

1) 과지방 · 과체중형

기본적으로 체중이 많이 나가는 체형의 소유자이다. 특별한 상체비만(陽人)형을 제외한 대부분의 과체중 · 과지방 체형의 사람들은 다리 또한 굵고 두꺼운 것은 당연하다. 체중자체가 증가하므로 종아리에도 살이 찌게 되고 체중이 증가하면 종아리에 걸리는 부하가 커지므로 체중을 지탱하기 위해서 근육도 증가하게 된다.

▶ 과체중 · 과지방형 다리 살 빼는 법

우선되는 것이 체중의 감소이다. 체중을 감소시키면 전체적인 감량과 함께 당연히 다리 쪽의 지방과 근육도 감소가 이루어진다. 그리고 체중이 감소되어 다리에 부과되는 하중이 줄어들면 자연스럽게 다리 쪽의 근육 또한 그 양이 줄어들게 되므로 2차적인 감소가 일어난다.

기본적으로 유산소 운동과 다이어트 식단, 적절한 비만 치료가 병행되어야 한다.

2) 부종형

다리자체가 크게 굵지는 않지만 오랜 시간 서있거나 움직임 없이 오래 앉아 있는 직업을 가진 사람들에게서 나타난다. 종아리 근육은 기본적으로 수분의 함유율이 높기 때문에 다른 부분의 근육보다 쉽게 부종이 발생한다. 혈액순환이 원만하지 않은 사람의 경우 오전 오후의 다리 굵기가 눈에 띄게 차이나기도 한다. 주로 종아리와 그 아래 발목부분이 부어서 전체적으로 둥글어 보이는 속칭 무 다리가 된다.

▶ 부종형 다리 살 빼는 법

다리의 혈액순환을 좋게 하는 것을 우선으로 할 수 있다. 가벼운 스트레칭과 마사지 등으로 붓기를 줄여주고 수면 시에 다리를 조금 높게 해서 다리 쪽에 몰려있던 수분이 잘 빠지게 해주어야한다. 마사지를 할 때 병 등을 이용해서 너무 강하게 자극하는 것은 바람직하지 않다. 부드럽게 자극하며 그날 생긴 붓기는 그날 풀어준다는 생각으로 매일 저녁 자주 풀어주는 것이 좋다. 또한 각탕이나 족탕 등으로 혈액순환을 원활히 해주는 것도 붓기를 제거하는데 도움이 되며 부종을 치료하는 한방 치료를 병행하는 것도 도움이 된다.

3) 근육형

체중에 관계없이 종아리를 구성하는 큰 근육인 비복근과 넙치근이 비정상적으로 발달하여 발생한다. 어느 정도 유전적인 원인이 있으며 잘못된 걸음걸이나 운동, 구두 등이 그 원인이 될 수 있다. 뒤쪽에서 보면 종아리의 윗부분이 아랫부분보다 훨씬 굵어 보이는 속칭 "종아리알"이라고 불리는 형태가 된다.

▶ 근육형 다리 살 빼는 법

다른 유형에 비해 좀 더 세심한 관리가 필요하다. 과체중 근육형이라면 체중감량만으로 효과를 볼 수 있으나 정상체중 또는 표준체중 이하이면서 종아리에 근육이 많은 타입이라면 꼼꼼한 관리를 해주어야 한다. 우선 근육형도 기본적으로 체중의 감소를 전제로 하여야 하며 스트레칭과 유산소 운동을 해주어야 한다. 특히 유산소 운동을 할 때도 뒤쪽 근육을 많이 자극하는 넓은 보폭의 파워워킹이나 줄넘기 등의 운동은 오히려 근육량을 증가시킬 수 있으니 특별한 주의를 요한다. 가능한 좁은 보폭으로 종아리 근육에 강한 힘이 들어가지 않는 걸음으로 유산소 운동을 해주어야 하며 운동 후는 근육을 풀어주는 스트레칭을 통해서 근육을 항상 부드럽고 탄력 있는 상태로 유지해야한다.

4) 기타 모든 형태에 적용되는 다리 살 빼는 지압법

승근, 승산, 위중, 혈을 자극 해주어도 다리 살 빼기에 도움이 된다. 승산혈은 종아리에 힘을 주었을 때 알통선의 가운데 지점으로 종아리의 근육을 풀어주어 선을 예쁘게 해준다. 이곳을 지압하면 변비개선에도 도움이 된다. 위중혈은 무릎 뒤쪽의 접히는 부분 가운데 있는 경혈로 다리 피로와 부기를 빼주는데 좋다. 승근혈은 승산과 위중을 잇는 중간에서 가장 튀어나온 곳으로 이 세 곳을 순서대로 지압하거나 세 곳을 연결한 곳을 집중적으로 마사지 하는 것도 도움이 된다.

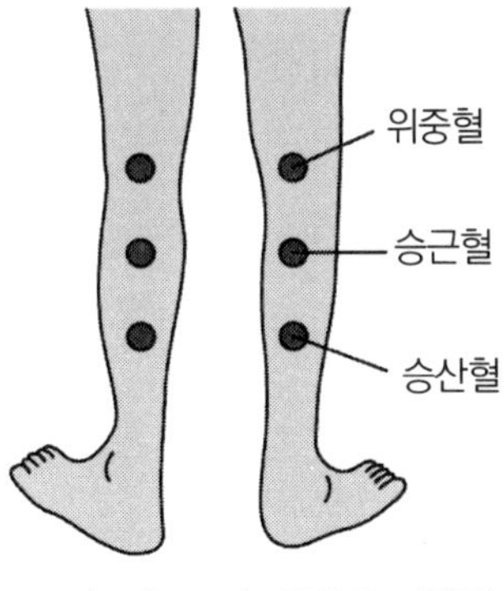

〈그림 8-1〉 종아리 지압점

03 종아리, 발목 관리를 위한 운동법

1) 종아리

(1) 발끝은 바깥쪽을 향하게 하여 다리를 넓게 벌리고 서서, 왼발 발꿈치는 바닥에 붙이고 체중은 오른쪽 다리에 실어 오른쪽 발꿈치를 들어올린다. 오른쪽 다리의 무릎부터 발목까지 수직이 되게 한다. 발을 바꿔 같은 동작을 각 10회씩 반복한다.

(2) 두 손으로 바닥을 짚어 몸무게를 지탱하면서 오른쪽 무릎을 가슴쪽으로 당겨 세운다. 왼쪽 다리는 뒤로 쭉 뻗어 그 상태를 10초간 유지한다. 다른 쪽 다리도 실시한다.

2) 발목

(1) 천장을 보고 누운 후 양손은 몸 옆에 두고 다리를 어깨 폭으로 벌린 상태로 위를 향해 들어올린다. 다음 두 발을 동시에 바깥쪽으로 10회 돌렸다가 안쪽으로 10회 돌린다.

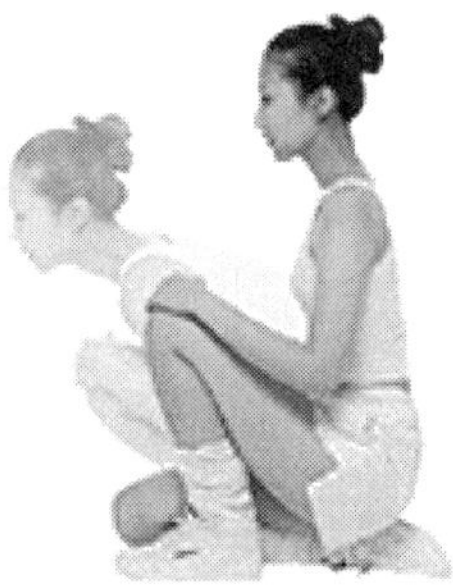

(2) 무릎을 꿇고 앉은 자세에서 오른쪽 무릎을 세운 다음 양손으로 오른쪽 무릎을 잡는다. 숨을 들이쉰 다음 천천히 숨을 내쉬면서 무게 중심을 앞쪽으로 옮겨준다. 그러면 엉덩이는 살짝 들리고 상체가 앞으로 숙여진 자세가 되는데 잠시 가만히 있다가 다시 원위치로 돌아온다. 다른 다리도 실시한다.

3) 종아리 · 발목

다리를 넓게 벌리고 앉아 숨을 들이쉬면서 발끝을 위로 들어 올리고 숨을 내쉬면서 발끝을 내려준다. 10회 반복한다.

04 다리 관리를 위한 마사지

1) 종아리

(1) 아킬레스건 주위 쓸어올리기-전면

다리를 세운 뒤 양 손으로 발목을 잡고 사지로 아킬레스건 부위를 탄력있게 동시에 위로 쓸어올린다.

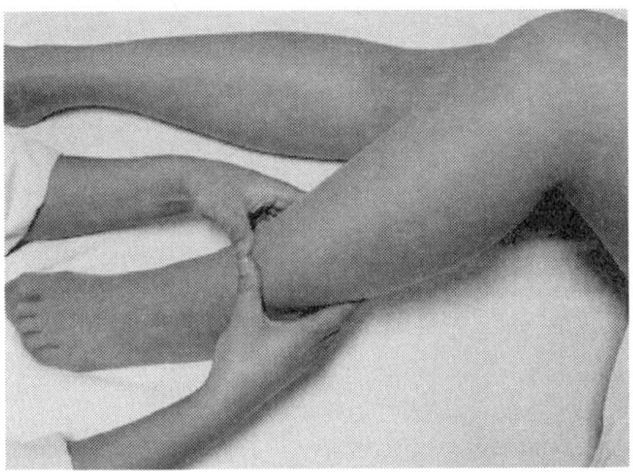

(2) 종아리 근육 문지르기-전면

양 손 사지로 종아리 근육을 수영반대 방향으로 동시에 쓸어 올린다.

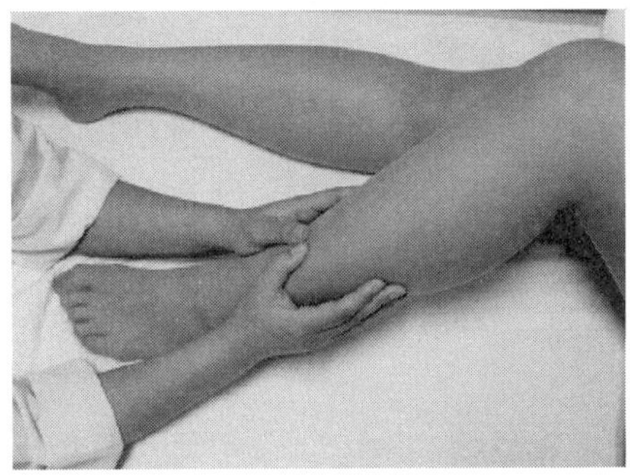

(3) 종아리 근육 쓸어 올리기-전면

양 손바닥으로 발목에서 슬개골 후면까지 교대로 쓸어 올린다.

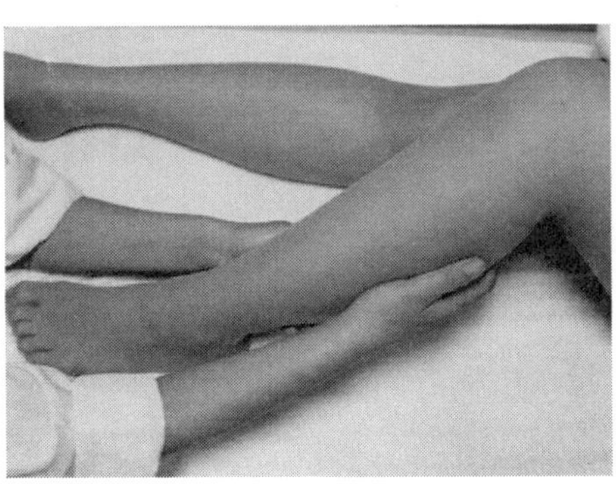

(4) 아킬레스건 밀어올리기-후면

양 손으로 발목을 감싸고 엄지를 이용하여 아킬레스건을 압을 주어 밀어 올린다.

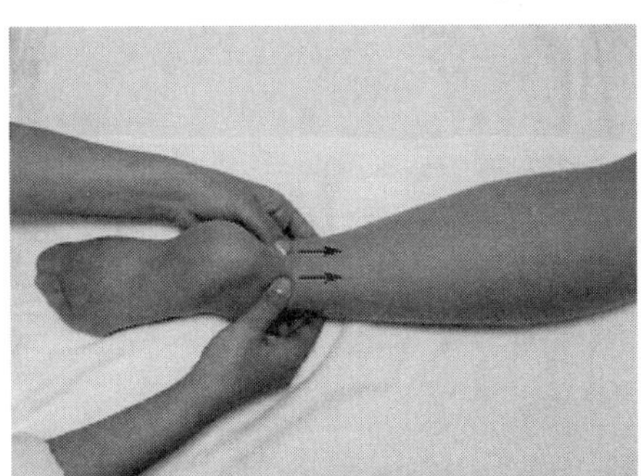

(5) 아킬레스건 문지르기-후면

주먹을 쥐어 마디를 이용하여 아킬레스건 주위를 위·아래로 문지른다.

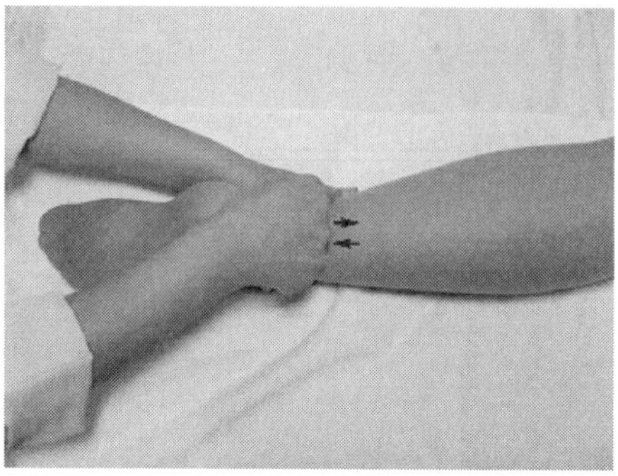

(6) 종아리 근육 집어주기-후면

한 손은 발목을 잡고 다른 한 손의 엄지와 사지를 이용해서 종아리 근육 전체를 집어준다.

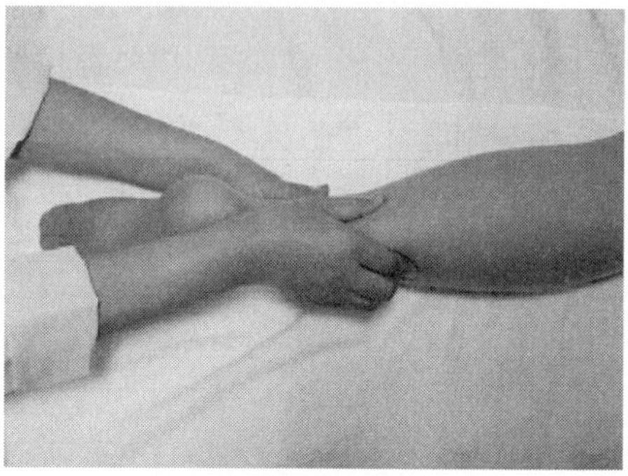

(7) 종아리 근육 마찰하기-후면

양 손으로 종아리를 감싸고 엄지를 이용하여 가지 치듯이 마찰한다.

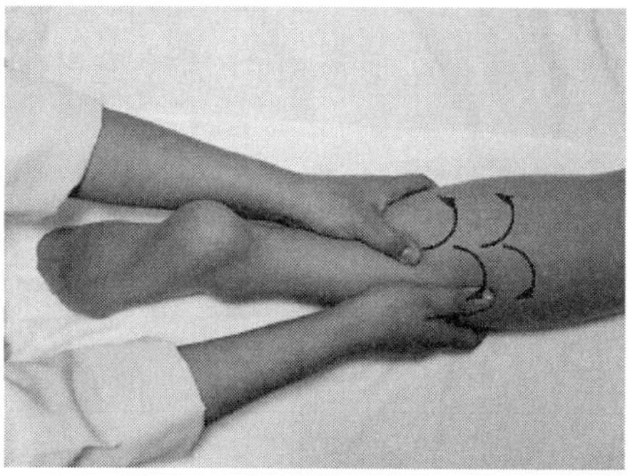

(8) 종아리 밀착하여 마찰하기-후면

양 손으로 종아리를 수평으로 감싼 후 양 손이 맞부딪치도록 빠르게 마찰한다.

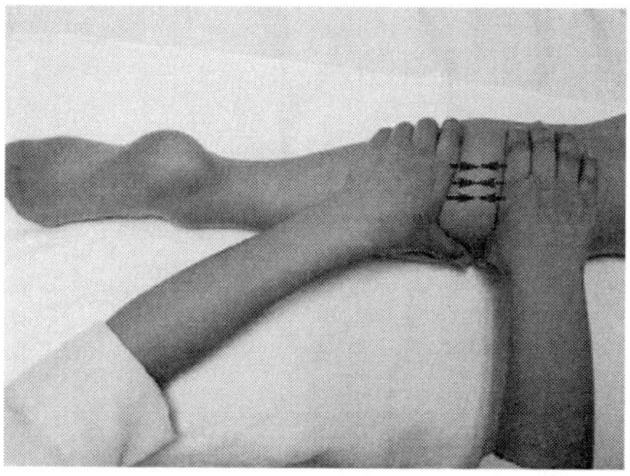

(9) 종아리 비틀기-후면

손가락을 붙여서 손바닥을 종아리에 수평으로 대고 양 손을 엇갈리게 비틀어준다.

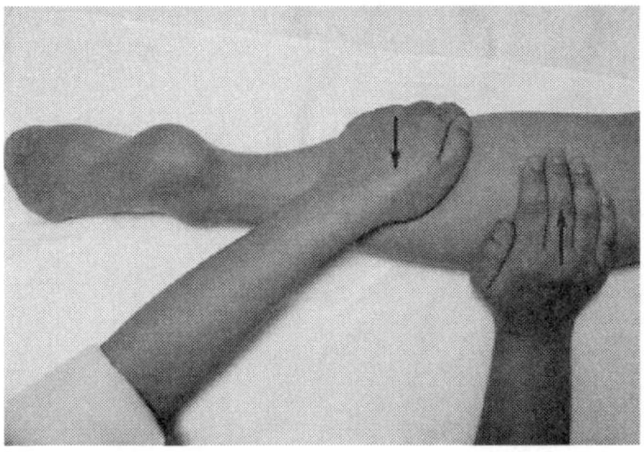

(10) 종아리근육 모아 쓰다듬기-후면

양 손 교대로 발목부터 종아리 근육을 모으면서 쓰다듬어 올라간다.

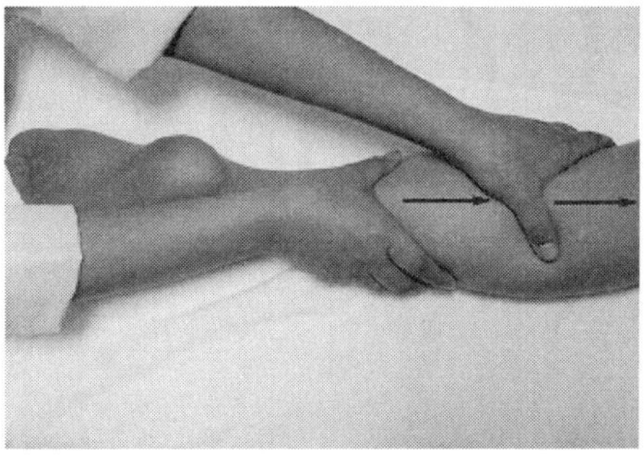

2) 허벅지

(1) 대퇴부 쓰다듬기

양 손의 엄지를 위로하여 대퇴를 감싸고 수평으로 밀어준다.

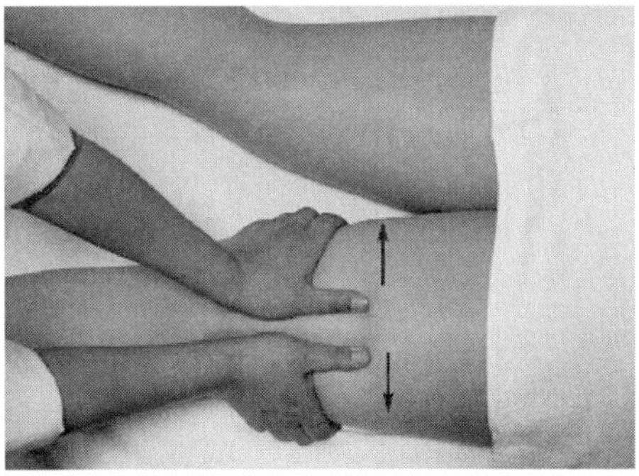

(2) 대퇴부 밀어주기

양 손은 주먹을 쥐어 마디를 이용하여 대퇴부를 밀어 올린 후 쓰다듬고 내려온다.

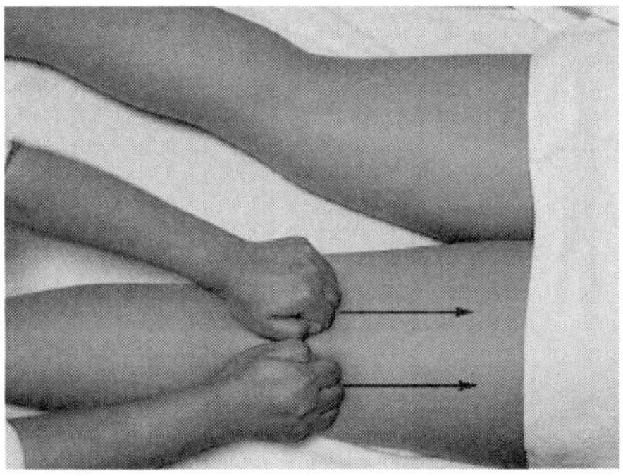

(3) 대퇴부 반죽하기

양 손으로 내·외측 근육을 반죽하듯이 주물러준다.

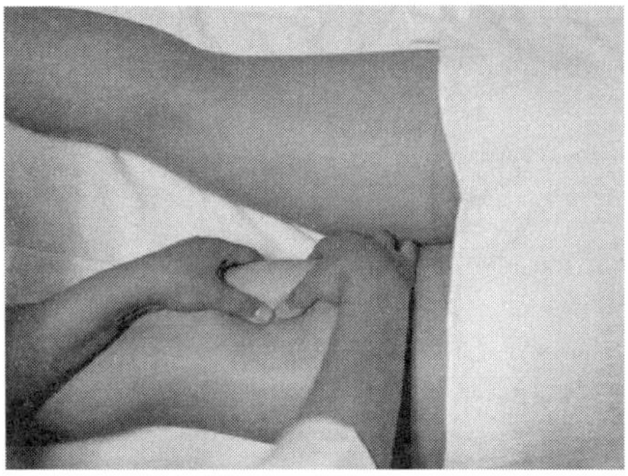

(4) 대퇴부 마찰하기

양 손은 주먹을 쥐어 마디를 이용하여 대퇴부를 굴리면서 마찰한다.

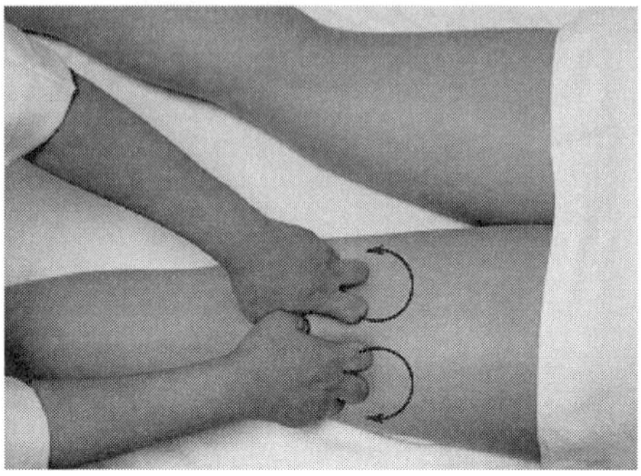

(5) 대퇴부 진동하기

양 손으로 대퇴부를 감싸고 동시에 떨어준다.

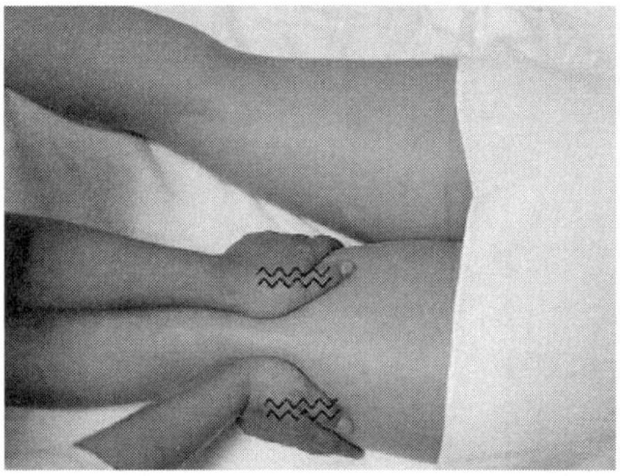

CHAPTER 9
체형관리와 팔

01 팔 관리란?

팔의 비만은 체질적으로 상체 비만인 사람에게 많이 나타난다. 다른 신체 부위에 비해 활동량이 적어 지방이 쉽게 쌓이고, 한번 찌면 잘 빠지지도 않는다. 팔 부위의 기의 흐름이 원활하게 이루어지지 못하면 노폐물이 배출되지 않아 지방이 과잉 축적된다. 스트레스나 과로 또한 목과 팔의 근육을 긴장시켜 혈액순환을 방해함으로써 팔의 비만의 원인을 제공한다.

몸에 군살이 붙는 주요 장소가 바로 상완 부분이다. 굵은 팔을 가진 남성과 여성은 살집의 구성에서 큰 차이를 보인다. 남성이 팔이 굵은 이유는 발달된 근육 때문이지만 여성의 경우는 가는 근육에 두꺼운 지방층이 발달되어 있는 것이다. 액와부위를 만져보면, 오돌한 임파절을 많이 볼 수 있고, 지방은 셀룰라이트화 되어 무게가 나가게 된다. 전완부는 오히려 지방이 감소하게 되고, 상완부위에 급격히 지방이 축적되는 것을 볼 수 있으며, 견갑골 쪽이나 등살, 승모근 부위에도 지방이 많이 축적되게 된다.

대개 여성의 경우 팔의 뒤쪽에 종아리 전체보다 더 많은 지방이 몰려 있다. 처음 살이 찔 때는 군살이 상완의 뒷부분에 집중된다. 따라서 처음에는 팔의 외형적인 모습에 큰 변화가 없다. 그러나 군살이 더 늘어나면 팔을 들어 올렸을 때 살집이 아래로 처지고 팔의 윤곽과 분리되어 덜렁거리게 된다. 여성들은 대게 이때가 되서야 자신의 팔에 살이 쪘음을 깨닫게 된다. 특히 근육 발달이 적고 골격이 가는 여성들은 살결의 탄력이 없어서 조금만 군살이 붙어도 이런 현상이 생기게 된다.

비만이 심해질수록 군살은 팔 전체를 뒤덮게 되어 삼각근 봉우리까지 두터워지는데, 어깨가 묵직해 보이는 여성이라면 이 단계에 이르렀다고 보면 틀림이 없다. 자신의 팔에 얼마만큼 살이 쪘는지를 손쉽게 판단해 볼 수 있는 좋은 방법은 팔을 약간 들어 올려 옆구리로 이어지는 겨드랑이 뒤쪽의 살집을 손으로 잡아 보는 것이다.

날씬한 여성이라면 물렁한 지방살 대신에 근육이 만져 질 것이고 비만한 사람은 군살이 한 움큼씩 손에 잡힐 것이다. 상완에 군살이 많이 붙은 사람은 팔꿈치 아래의 전완 부분도 굵어져서 토실토실한 어린아이의 팔 모양처럼 된다. 또한 어깨와 팔에 힘센 남성의 근육처럼 단단하게 뭉친 것은 어깨와 등 근육, 가슴 근육이 팽창해 있기 때문이다. 이것은 인체가 기울어져 있는 쪽으로 팽창되는 성질이 있기 때문이다. 팔다리의 근육은 전신의 1/3의 비율을 차지하고 있으며, 모세혈관도 전신의 3/4의 비율이 팔다리에 집중되어 있다. 그러므로 노화와 미용에 아주 중요한 부분이라 할 수 있다.

02 팔에 살이 찌는 원인

1) 팔의 활동이 없을 경우

어깨와 팔목의 활동량이 없으면 근육의 움직임이 없기 때문에 혈액순환이 안 되어 해독 기능저하와 림프순환 저하로 팔에 군살이 붙는다.

2) 노화

나이가 들면서 조금씩 굵어지거나 비대하게 된다. 10대의 날씬한 팔이 20, 30대를 지나 40, 50대로 되면 근육은 약화되지만, 지방이 급격히 늘어나게 되어 보기 싫은 굵고 처진 팔이 된다.

3) 지방분해효소가 잘 나오지 않을 경우

지방은 중성지방의 형태로 저장되어 있다가 지방분해효소인 리파아제에 의해 지방산으로 분해 되며, 이렇게 분해 된 지방산은 에너지대사를 통해 산화되어 없어진다. 지방분해효소는 교감신경 말단에서 분비되는 노르에피네프린의 자극에 의해 분비가 촉진되며, 따라서 부분비만 부위의 교감신경 말단을 자극해줌으로써 지방분해효소의 분비를 촉진시킨다.

4) 자세가 바르지 못할 경우

구부정한 자세로 터벅터벅 걷기, 한쪽 방향으로만 가방을 들거나 한쪽 팔로 턱을 괴는 자세, 무거운 물건 마구 들기, 책상에 엎드려 자는 것도 어깨에 무리한 스트레스를 줄 수 있다.

03 팔 관리 방법

살을 단시간에 빼기보다는 탄력을 주고 셀룰라이트를 없애는데 주력한다. 림프 마사지와 경락마사지를 통해 림프액배농을 원활히 시키고 일반 마사지로 뭉쳐진 근육을 풀어주고 근력운동을 한다.

1) 운동

여자들은 팔 뒤쪽 살 때문에 고민을 많이 한다. 팔 뒤쪽 살은 삼두근 운동으로 날씬하게 만들 수 있다. 그러나 팔 안쪽 살인 이두근 운동도 병행해야 균형 있는 팔을 만들 수 있다. 근육은 남성 호르몬에 의해 만들어지므로 여성들은 호르몬 분비의 특성상 남성호르몬이 별로 없기 때문에 남성들처럼 근육운동으로 팔 근육이 두꺼워질 가능성은 거의 없다. 팔운동을 할 때 여자들은 한 운동을 하는 것보다 근육이 조금 형성된 다음에는 여러 가지 운동을 하여 섬세한 근육들이 자극을 받아 균형 있게 발달하도록 해야 한다. 그리하여 팔을 들어 올렸을 때 살집이 아래로 처지고, 팔의 윤곽과 분리되어 덜렁거리게 되고, 탄력이 없어진 팔의 살이 더욱 탄력 있고 날씬하게 만들어진다.

(1) 덤벨 킥백(Dumbbell kick backs : 상완 삼두근)

① 한 쪽 손은 벤치를 짚고 상체를 마루 바닥과 평행이 되도록 허리를 구부리고 다른 쪽 손에는 가벼운 덤벨을 쥐고 상완이 바닥과 평행이 되도록 자세를 취한다. 이때 덤벨을 잡은 손바닥은 몸으로 향한다(시선은 정면을 향한다).
② 상완을 움직이지 말고 숨을 내쉬면서 팔을 완전히 뒤쪽으로 쭉 편 후 잠시 멈춘다.
③ 숨을 들이마쉬면서 다시 원래의 자세로 천천히 돌아오는 것을 반복한다.

(2) 덤벨 컬(Dumbbell curl) : 상완 이두근

① 손바닥이 위로 보게 하여 양손을 어깨너비로 하고 덤벨을 잡고 벤치에 앉는다.
② 팔꿈치는 옆구리에 절대적으로 고정시킨다.
③ 천천히 덤벨을 어깨높이까지 들어 올린 후 내리는 것을 반복한다. 이때 손바닥은 얼굴을 향하도록 한다.

2) 팔돌리기

① 팔을 양 옆으로 쭉 펴고 선다.

② 작은 원을 그리는 것처럼 팔을 돌린다. 안쪽과 바깥쪽 각각 1-5회 돌린다.

③ 큰 원을 그리면서 하는 것도 좋다.

④ 위의 동작들처럼 팔을 돌리는 것과 함께, ①의 고정된 자세에서 팔을 안쪽, 바깥쪽으로 비틀어주는 것도 좋다.

3) 타월 어깨 돌리기

① 앉은 자세에서 타월을 어깨 너비로 잡아서 뒤로 넘긴 다음, 오른팔은 위로 쭉 뻗어주고 왼팔은 직각으로 뻗어준다.

② 팔을 바꾸어 반대로도 실시한다.

4) 팔뚝살 빼는 행동

① 머리 위로 팔 자주 올리기 : 까치발을 하고 높은 선반 위의 물건을 꺼내는 등 머리 위로 팔을 자주 올려준다. 몸을 최대한 늘려주는 기지개를 매일 하는 것도 좋은 방법

② 팔 근육 자주 만져주기 : 늘어지거나 축축 처지는 팔의 살을 빼고 싶다면 팔 근육을 조금 아플 정도로 꼬집어준다. 팔 근육을 자주 만져주면 팔에 뭉쳐진 지방을 연소시켜 팔의 살이 좀더 쉽게 빠진다.

③ 팔 동작은 크게 : 평소 걸을 때 의식적으로 팔 동작을 크게 해서 걷는다. 팔의 폭을 크게 해서 활기차게 걸으면 팔의 살을 빼는데 도움을 준다.

④ 자주 사용하지 않는 팔 중심으로 운동 : 운동을 할 때에는 팔을 자주 사용하지 않는 반대 방향으로 틀어주는 것이 좋다. 예를 들어 손목을 안으로 움직이는 생활을 하는 사람이라면 운동을 할 때는 손목을 밖으로 쭉 밀어내는 스트레칭을 해주면 된다.

5) 지압

소해(팔을 구부렸을 때 접히는 주름에서 새끼손가락 쪽)를 강하게 눌러준다. 소해는 팔 안쪽의 기혈 순환과 관련되는 부위로, 팔 안쪽에 지방이 많은 사람의 경우 소해를 자극해주면 효과적이다.

04 팔 관리를 위한 마사지

팔의 안쪽은 내장기관의 오장에 해당하는 음경과 팔 외면에는 육부에 해당하는 양경이 손가락에서 앞면으로 전달됨으로써 윗팔과 연결되어 있는 뭉쳐진 곳을 날씬하게 풀어주며 어깨와 몸체에 연결된 부위도 같이 풀어 날씬한 팔과 손으로 만든다.

1) 주관절을 굽힌 후, 상완 삼두근을 손바닥으로 압박, 신전하여 쓸어 올려준다.

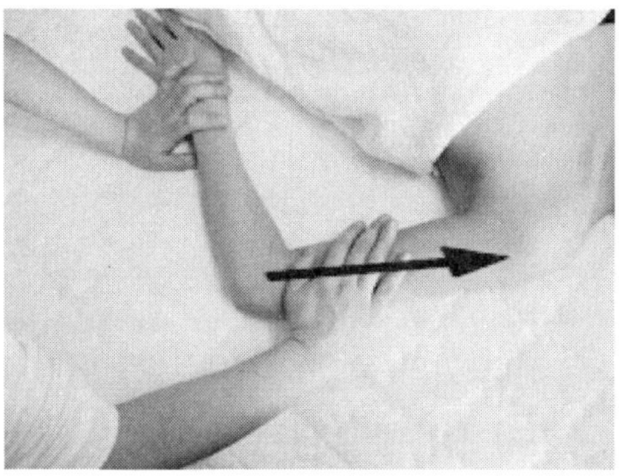

2) 주관절을 굽힌 후, 상완 삼두근을 손 2,3번째 마디로 압박, 신전하여 밀어 올려준다.

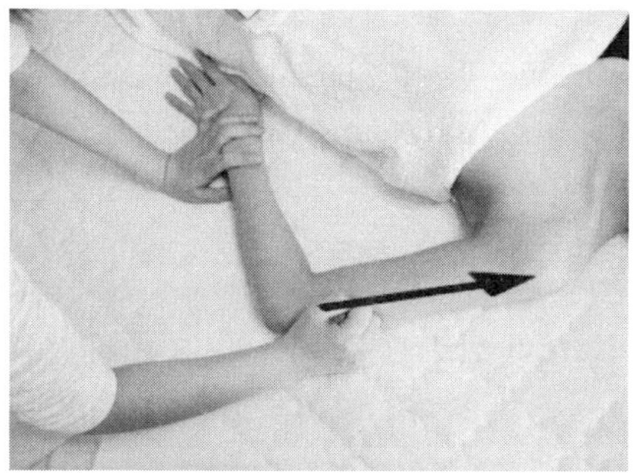

3) 팔을 반대쪽 어깨위로 향하게 한 후, 상완 외측부를 모지수근부로 압박, 신전해 준다.

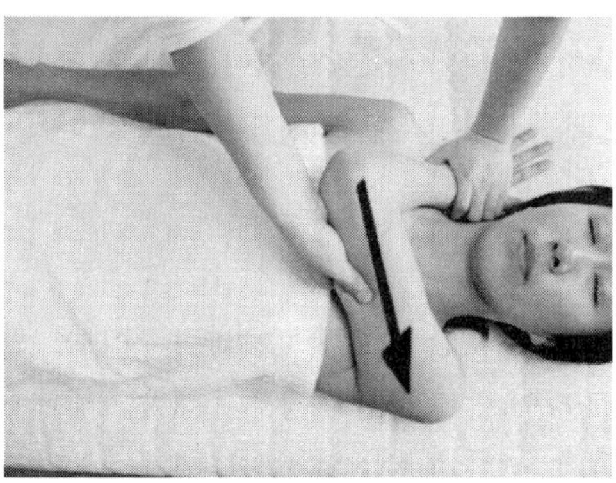

4) 3번과 동일 자세에서 주먹을 쥐고 고타법을 해준다.

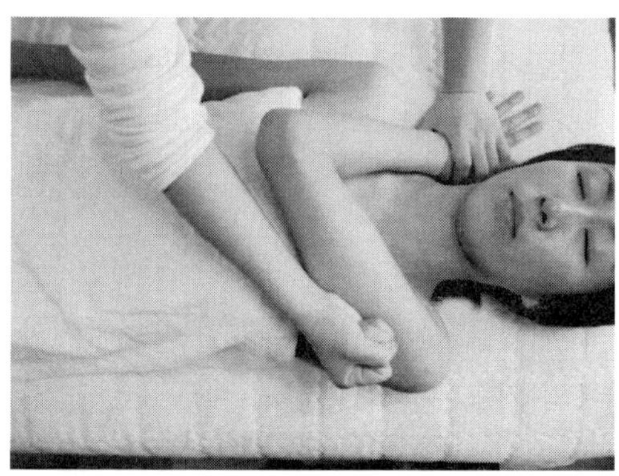

5) 주관절을 역근시켜 굽힌 상태에서 한손은 손등을 감싸고 다른 한손은 주관절을 감싸 상완부를 스트레칭 해준다.

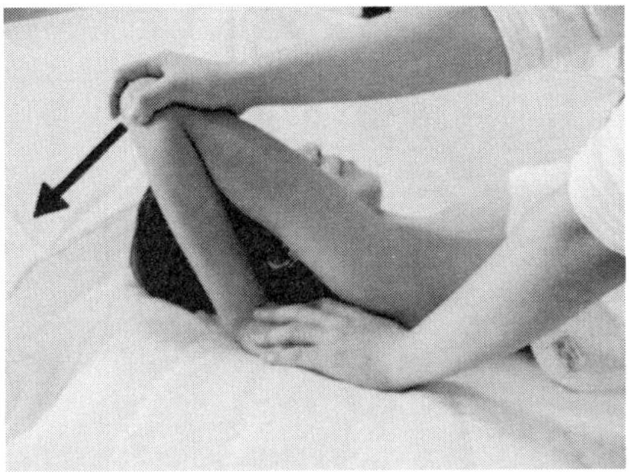

6) 5번과 동일 자세에서 모지수근부와 사지수근부로 상완부를 감싸 액와 쪽으로 압박, 신전해준다.

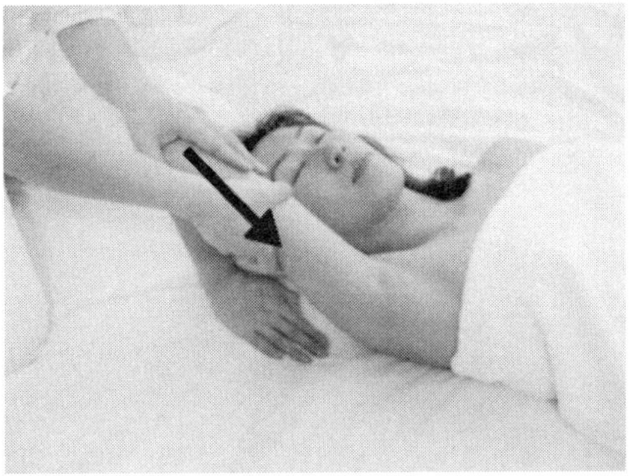

7) 피시술자의 손목을 잡고 팔을 스트레칭 해준다.

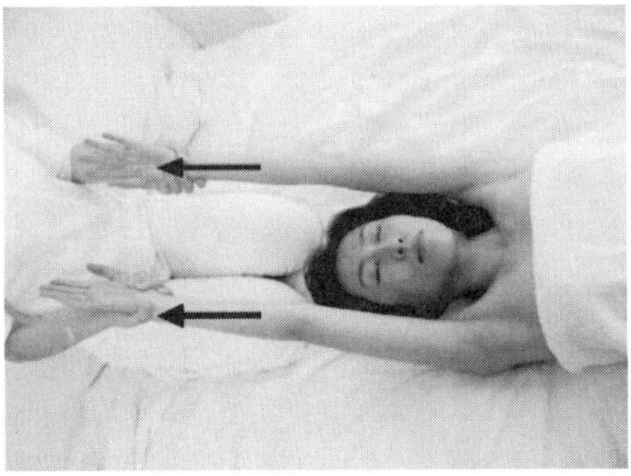

8) 피시술자의 팔을 스트레칭한 후, 상완 내측 중앙을 수근으로 압박해준다.

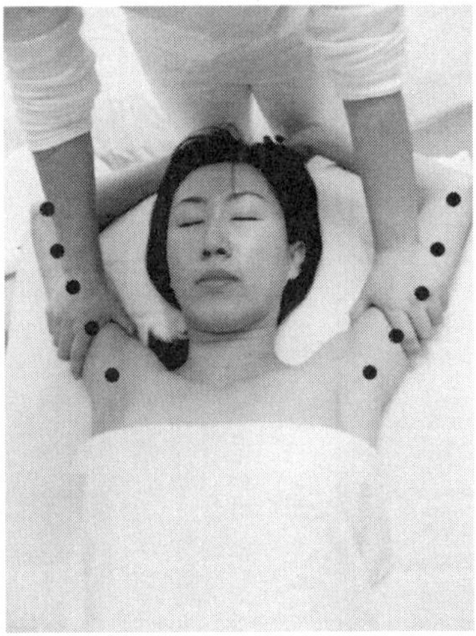

CHAPTER 10

체형관리와 목 · 턱

01 목 · 턱 관리란?

여성의 아름다움은 선이다. 목선을 따라서 어깨로 이어지는 쇄골, 그리고 다시 가슴으로 내려가는 T자 선은 묘한 매력을 가지고 있다.

목 부위의 피부는 노화가 금방 드러나는 부분임에도 불구하고 손질에 무관심해지기 쉬운 부위이다. 목 피부의 특징은 23~25세를 전후하여 목 피부의 피하지방이 위축되면서 피부 지지조직이 힘을 잃게 되어 가로의 주름이 생기게 된다.

또한 나이가 들면서 피부의 진피층을 구성하는 단백질이 파괴되고 피부세포의 기능이 저하되어 탄력을 잃게 되며, 피부층이 얇고 피지선이 발달되지 않아 목은 건조하고 탄력을 잃기 쉽다.

자외선과 찬바람에 쉽게 노출되는 부위이기 때문에 다른 신체부위보다 노화가 빨리 진행되어 건조해지고 주름생성이 잘 되기도 한다. 또한 모세혈관 분포가 적어 충분한 영양과 수분을 공급받지 못할 경우 탄력저하, 매끄럽지 못한 피부결, 닭살, 주름 등의 생성으로 자연적으로 목에 변화가 생기기 시작한다.

목은 움직임이 많은 곳이며 자그마치 몸체의 1/3이나 될 만큼 무거운 머리를 지탱하고 있다. 목 부위의 근육이 피로할 때 머리를 무리하게 앞이나 옆으로 움직이게 되고, 목의 근육이 경직되면 인체는 금방 다른 형태의 자세로 변형된다. 다시 말해 목의 형태에 따라 척추가 여러 형태로 변할 수 있는 것이다. 변화된 척추는 C자형이나 S자형으로 굽어진다. 머리를 앞으로 내밀게 되는 C자형의 굽어진 자세는 미용상에서도 결정적인 장애는 물론이고 건강과 심리적으로도 여러 가지 문제를 일으킬 수 있다.

또한 얼굴의 윤곽 - 코 - 입 - 턱 - 광대뼈 부위의 살 - 꺼진 양 볼 - 얼굴 폭 등은 물론 그 자체에서 이상을 일으키는 문제점도 있겠지만 최종적으로는 목 부위에서 그 문제점을 찾고 해결해야만 하는 것이다. 바로 불균형한 목 근육이 여러 가지 형태의 장애로 얼굴에 나타나기 때문이다. 따라서 목 근육을 바르게 하면 얼굴의 대칭 부위도 바르게 되며 얼굴 윤곽도 되살아나게 된다.

윤곽이 확실하지 않은 큰 얼굴은 늙어 보일 뿐만 아니라 표정은 물론 그 사람의 생활까지도 야무지지 못하다는 인상을 준다. 이중 턱, 처짐, 여분의 지방 등 얼굴이 커 보이는 원인을 해결해 윤곽을 또렷하게 하면 확실히 얼굴은 작아진다.

또 나이에 관계없이 무표정한 사람, 밤늦게 식사를 하는 사람은 큰 바위 얼굴이 되기 쉽다. 식사를 급하게 하거나 부드러운 것만 먹는 사람도 어금니 부근에 있는 교근이 발달되지 않거나 약해져 옆얼굴 선이 또렷하지 않다. 나이가 들면서 피부가 늘어지거나 몸이 차가워서 혈액순환이 제대로 되지 않으면 얼굴에 노폐물이 쌓이면서 이중 턱이 되기 쉽다.

턱의 지방과 목살이 합쳐지면서 얼굴이 전체적으로 커 보이고 심하게 되면 이중 턱이 되어 실제보다 나이가 들어 보이기도 한다. 이중 턱이 되면 나이가 들어 보일 뿐만 아니라 몸이 날씬한 사람도 뚱뚱해 보인다. 지압과 마사지를 꾸준히 하면 얼굴에 탄력이 되살아나고 혈행이 좋아지면서 예쁜 턱 선을 만들 수 있다. 그러므로 작은 얼굴을 만들고 윤곽이 뚜렷한 턱선을 만들기 위해서는 균형 잡힌 식생활과 긍정적이고 긴장감 있는 정신상태 또한 꼭 필요하다.

02 혼자서 할 수 있는 턱선 · 목선 관리

1) 턱

(1) 왼손의 검지와 중지를 붙여 왼쪽 턱 밑에 댄다. 턱 밑의 살을 밀었다 당겼다 반복하면서 앞턱까지 온다. 30회 반복한 후 손을 바꿔 오른쪽 턱도 같은 방법으로 마사지 한다.

(2) 엄지와 검지로 앞 턱 밑의 군살을 꼬집듯이 잡는다. 10회 반복한 후 반대쪽 손으로 바꿔 같은 방법으로 실시한다.

(3) 양 손의 손끝을 앞턱에 대고 앞턱에서부터 귀 밑까지 강하면서도 천천히 피부를 끌어 올리는 기분으로 밀어 올린다. 10회 반복한다.

(4) 검지나 중지로 턱 밑 피하지방을 들어 올리듯 하면서 턱 끝을 누른다. 10초 정도 눌렀다가 손을 뗀 후 반복한다.

(5) 밝게 표정을 지으면서 '아, 에, 이, 오, 우'를 크고 정확하게 반복한다.

2) 목

(1) 시간이 날 때마다 손등으로 귀 뒷부분과 옆 목을 톡톡 치면서 두드린다. 귀 뒷부분에 흐르는 림프액이 자극되어 옆 목선과 턱선을 갸름하고 예쁘게 만들어 준다.

(2) 턱 밑에서 손으로 눌렀을 때 쑥 들어가는 부분이 염천혈인데 이보다 앞 쪽으로 1cm 떨어진 곳을 3초 정도 누른다. 5회 반복한다.

(3) 광대뼈 아래 가장자리를 만졌을 때 가장 우묵하게 들어간 부위가 하관혈이다. 이곳을 3초 정도 누른다. 5회 반복한다.

(4) 좌 · 우 손등을 사용하여 목에서 턱 앞으로 군살을 쓸어 올리듯 마사지한다. 피부의 늘어짐을 방지하고 피부에 긴장감을 준다. 20~30회 반복한다.

(5) 오른쪽으로 머리를 천천히 기울인다. 왼쪽으로 기울이기 전에 잠시 동안 머물다 앞쪽으로 목을 천천히 숙인다. 반대로 왼쪽 옆으로 머리를 천천히 돌린다. 10회 반복

* 동작을 하기 전에 허리를 곧게 펴는 것이 중요하며, 목을 움직일 때는 조심스럽고 부드럽게 한다. 목을 360도 회전하여 돌리는 동작은 목 뒤의 경추를 손상시킬 수 있으므로 각별히 주의해야 한다.

03 목주름을 예방할 수 있는 생활습관

1) 세안 후 스킨을 얼굴에 바른 다음 화장 솜에 남아 있는 것을 목 부분에도 목 아래에서 위로 닦아주듯이 바르고, 영양크림은 손바닥에 펴서 목 아래에서 위쪽으로 발라준다.
2) 잠 잘 때 높은 베개는 원활한 혈액순환을 막고 목 부분의 근육을 긴장시켜 주름의 원인이 된다. 따라서 베개는 누었을 때 어깨와 평행이 되는 높이의 것을 사용하도록 한다.
3) 바른 자세를 갖도록 한다. 의자나 소파에 비스듬히 앉거나 엉덩이를 뒤로 빼고 앉는 것도 목주름이 생기게 하므로 앉을 때는 다리를 몸 쪽으로 당겨서 바른 자세로 앉는 습관을 갖는다. 또한 걸을 때도 목을 곧게 펴서 걷도록 한다.
4) 주름 및 노화의 최대의 적은 자외선이므로 외출 시에는 자외선 차단제를 바른다.

04 목선 관리를 위한 마사지

1) 배와위

(1) 양손을 후두골에 갖다 대고 압박 후 신전해준다.

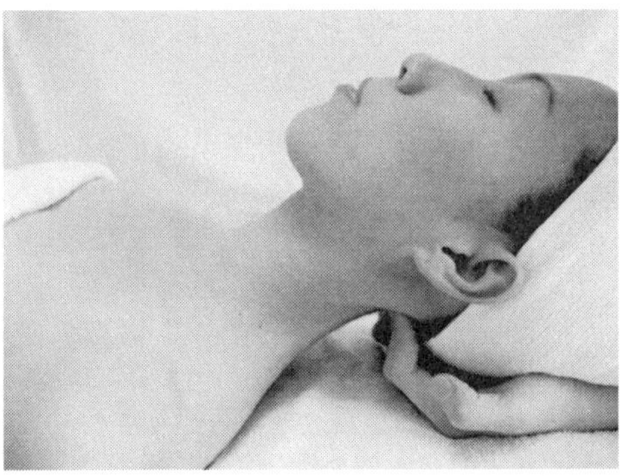

(2) 양손을 후두골에 갖다 대고 압박, 신전, 회선해준다(오른손 시계방향, 왼손 시계반대방향).

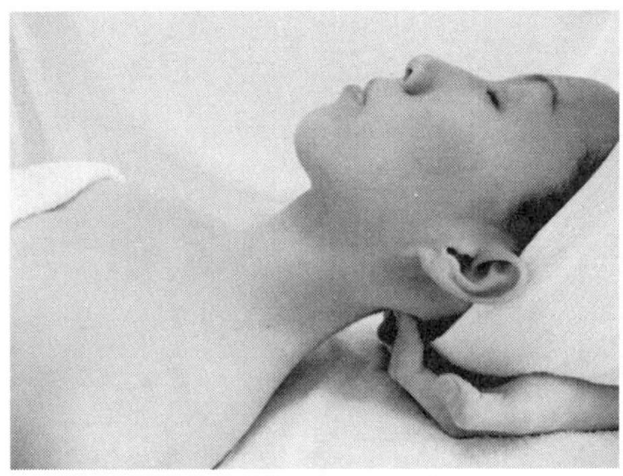

(3) 경추 7번 대추혈부터 경추 1번까지 사지복으로 신전해준다.

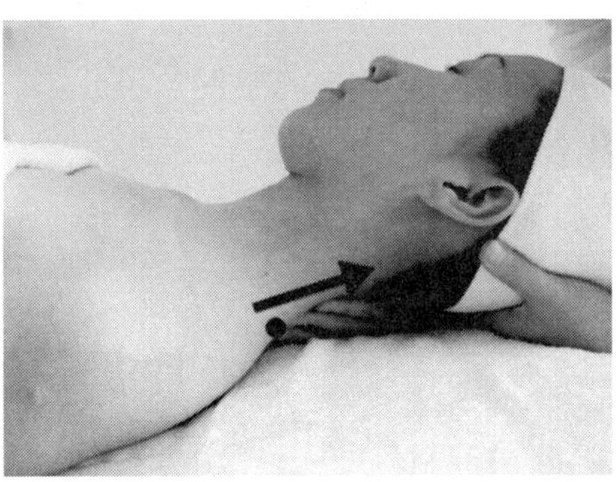

(4) 어깨 상부 승모근을 모지복과 사지복으로 압박, 신전한 후 후경부를 사지복으로 압박 회선해준다.

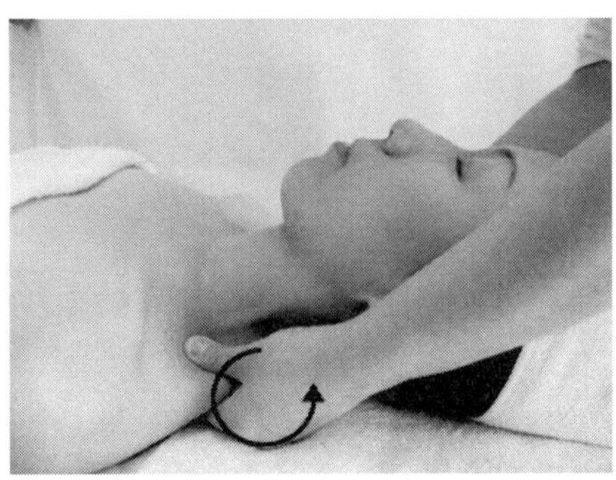

(5) 시술자의 머리를 좌측으로 향하게 한 후 후두골이 접한 부분을 따라 사지첨으로 파준다(반대쪽 우측도 함께 관리).

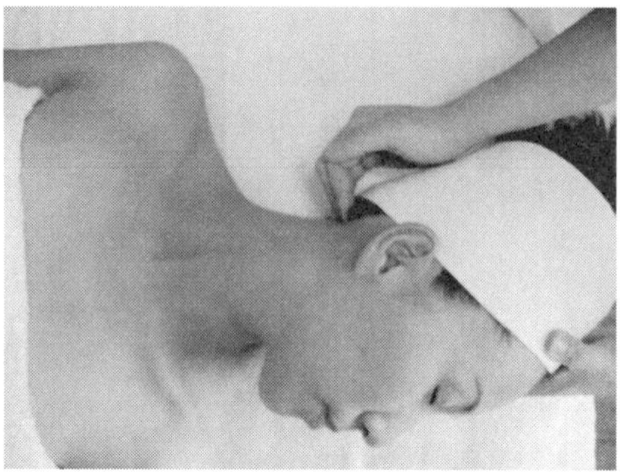

(6) 좌 · 우측 흉쇄유돌근을 유양돌기부터 쇄골까지 모지복으로 압박, 회선해준다.

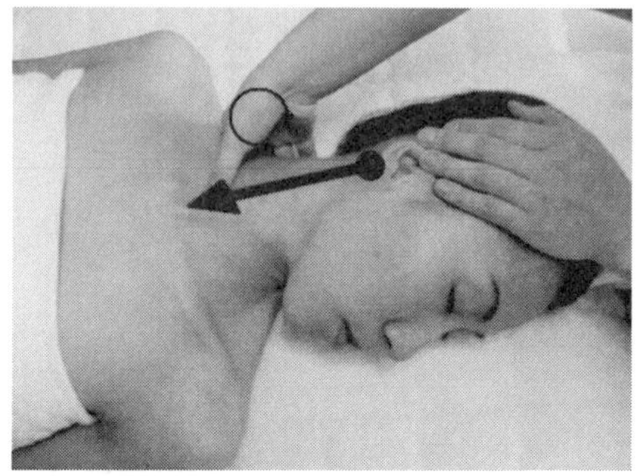

(7) 쇄골내측에서 외측을 모지측으로 압박, 신전해준다(좌 · 우측 모두관리).

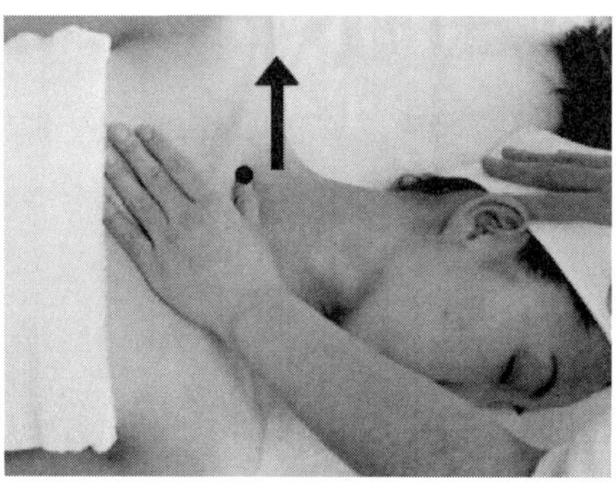

(8) 예풍혈을 검지와 중지로 압박, 신전, 유동해준다.

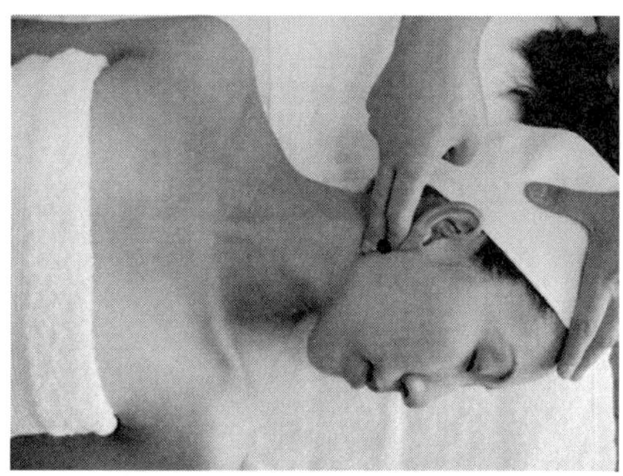

(9) 머리를 좌측으로 향하게 한 후 목을 스트레칭해준다(좌 · 우측 모두 관리).

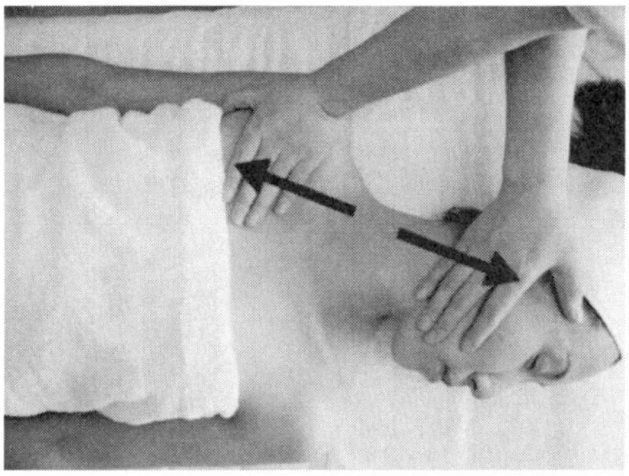

(10) 양팔을 교차하여 수근으로 어깨를 감싸고 경부를 전방으로 스트레칭 해준다.

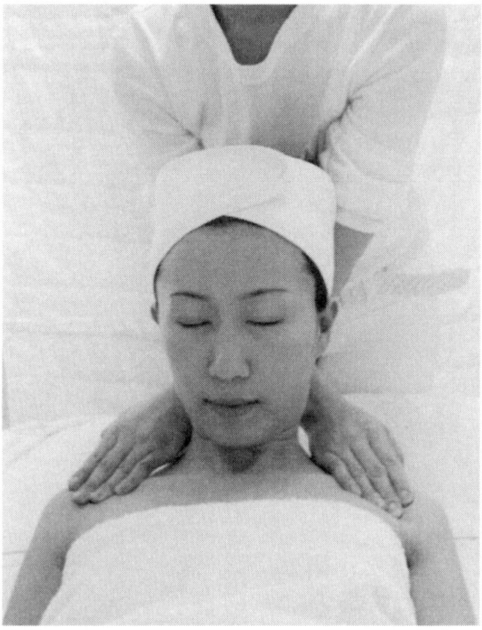

2) 복와 위

(1) 사지복과 모지복으로 후경부를 감싼 후 압박, 신전해준다.

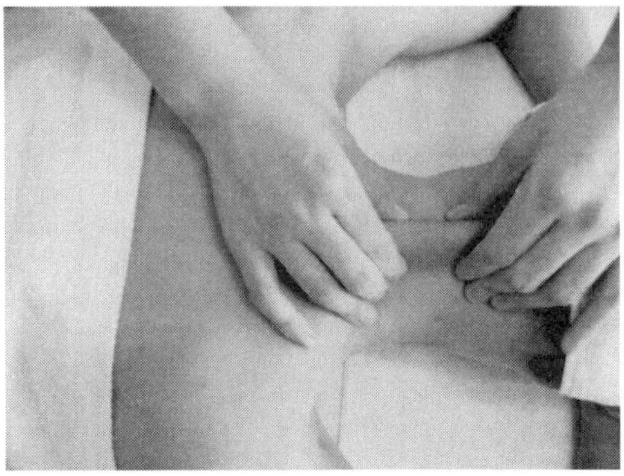

(2) 모지복으로 후두골이 접한 부분을 압박, 신전, 회선해준다.

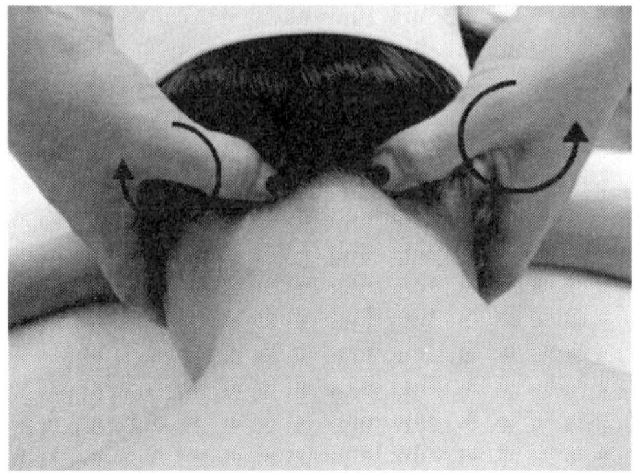

(3) 상부 승모근을 양 모지복으로 압박, 회선해준다.

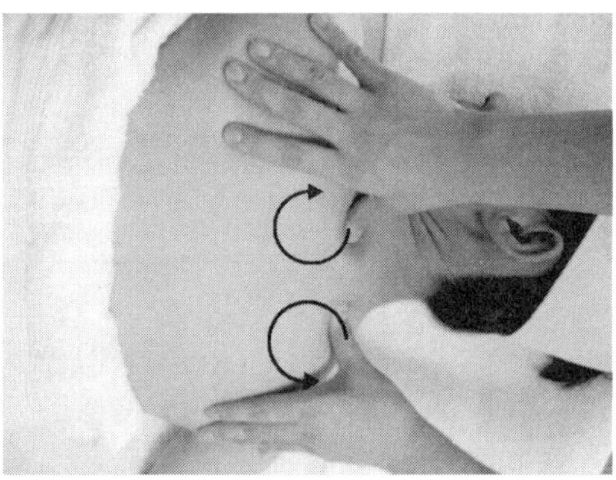

(4) 후경부(횡돌기)를 지과면으로 압박, 신전, 회선해준다.

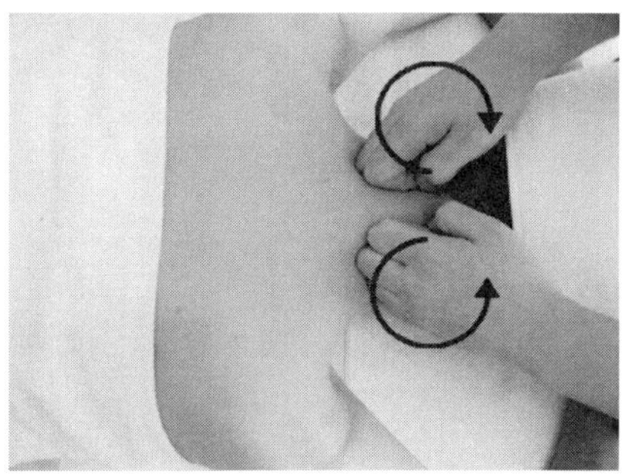

05 턱선관리를 위한 마사지

1) 승장, 대영, 협차, 하관, 청궁혈을 모지복으로 압박해준다.

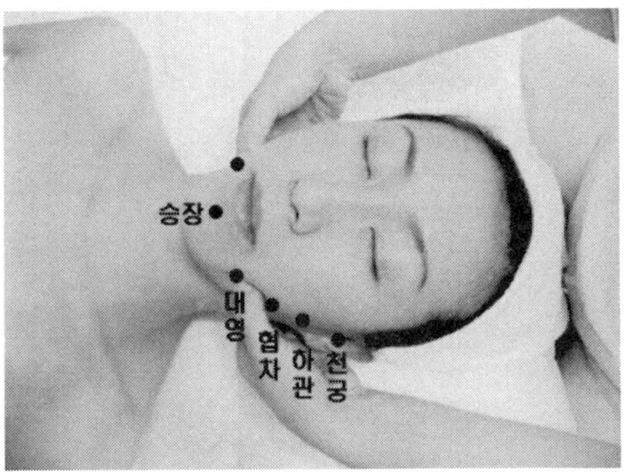

2) 아래턱의 승장혈부터 저작근 주변 청회혈까지 모지복 또는 사지복으로 압박, 회선해준다.

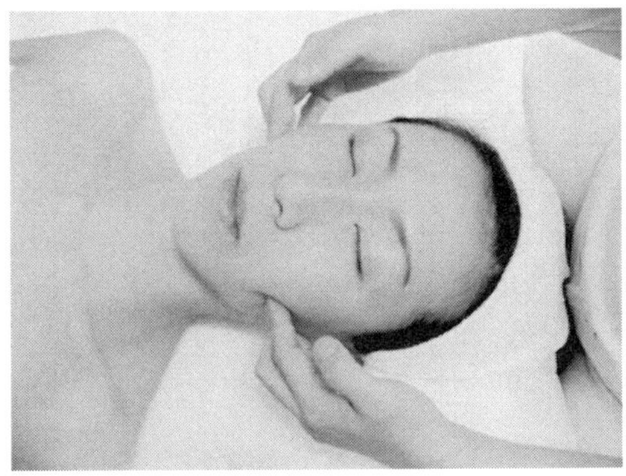

3) 턱 주변부를 지과면으로 압박한 후 회선하여 근육 이완 마사지해준다.

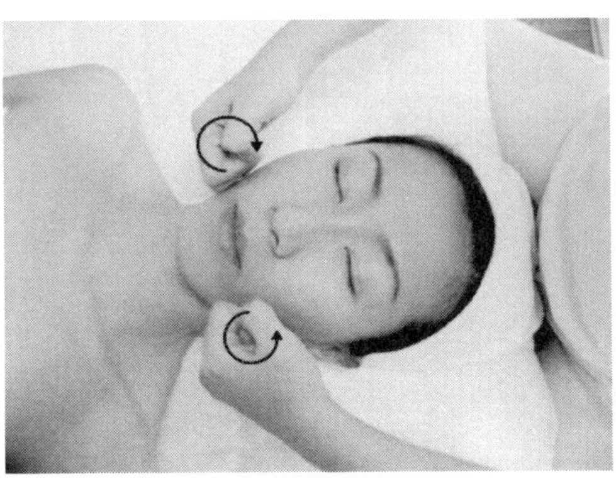

4) 아래턱 주변을 바이브레이션해준다.

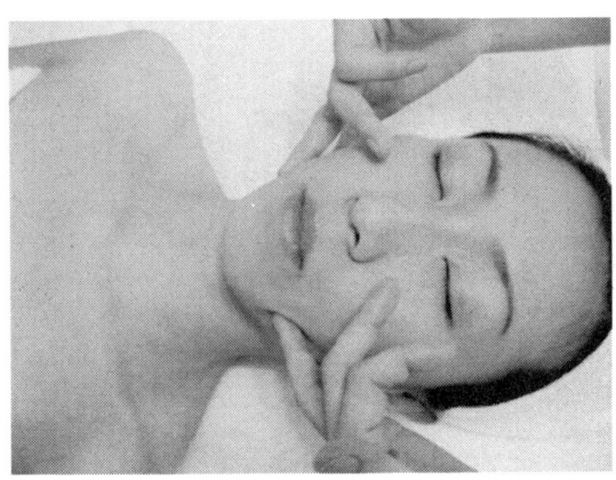

5) 저작근을 사지복으로 상 · 하로 압박, 신전한 후 회선해준다.

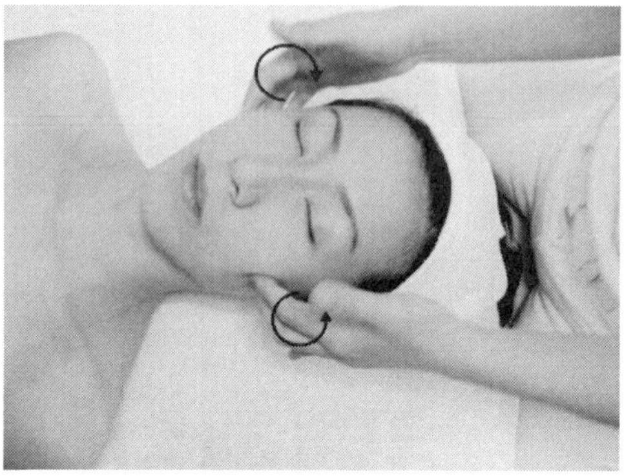

6) 아래턱을 검지와 중지 사이로 압박, 신전, 유동해준다.

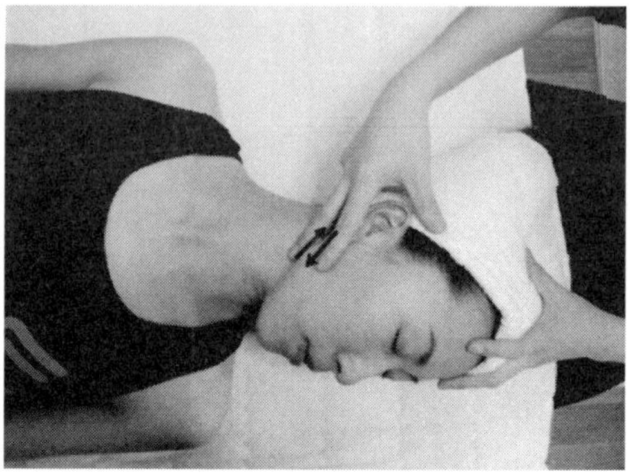

7) 아래턱을 소지측으로 압박, 신전, 유동해준다.

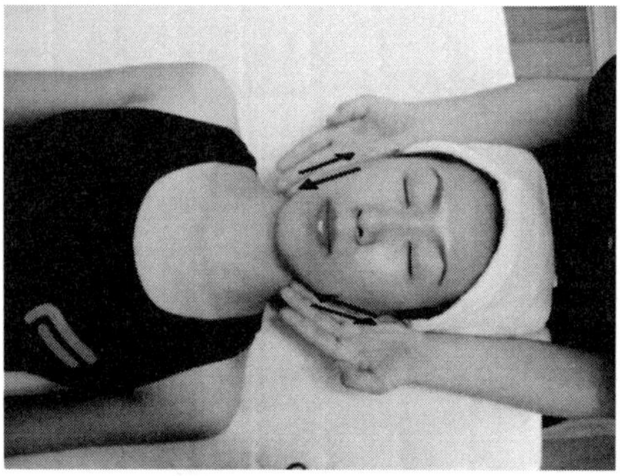

체성분 분석결과
BODY COMPOSITION ANALYSIS

OLYMPIA 3.3

성명 / ID					
검진날짜	신 장	체 중	연 령	성 별	
	cm	kg	세	남□	여□

복부비만 / 종합평가

항 목	이 하	적 정	이 상
복부비만율(WHR)	0.75 / 0.70	0.90 / 0.85	
기초대사량(BMR)	kcal	신체연령(AMB)	세
1일필요열량(TEE)	kcal	임피던스	Ω

체형판정도표

과지방체질			고도비만
			비만
			경계
아주마름	약간마름	적정	과체중
		저지방 근육형	근육형 과체중

체성분 측정결과

항 목	이 하	적 정	이 상
체 중 kg			
체질량지수 kg/m²			
체지방률 %			
체지방량 kg			
제지방량 kg			
근육량 kg			
세포량 kg			

조절 목표

단위 [kg]

항 목	이 하 (1단계)	적 정 (2단계)	이 상 (1단계)	조절치
체지방량				
근육량				
체 중				

체지방량 조절은 [ ] 단계 진행중입니다.

체성분 분석

단위 [kg]

체 중			
체지방량			체지방량
근육량		무기질량	
체수분량	단백질량		
세포내액	세포외액		

연구항목

최고혈압 mmHg		최저혈압 mmHg	
맥박 bpm		심부담도	

[복부비만]

나는 피하지방형? 내장지방형?
체지방은 분포에 따라 피하지방과 내장지방으로 나눌 수 있습니다.
체지방량이 같다 하여도 그것이 쌓인 부위가 피하인지 혹은 내장인지에 따라 건강에 미치는 영향은 차이가 많이 납니다.

피하지방

피부 밑에 쌓인 지방.
주로 성장기 나 여성에게서 관찰되는 경우가 많습니다.
피하지방은 성인병 유발 등 건강적인 측면과는 관계가 적습니다.

내장지방

몸의 장기 사이사이에 쌓인 지방.
30대 이후 성인들에게서 많은 유형입니다. 이 내장지방은 혈액 속으로 쉽게 흘러들어 혈중 콜레스테롤 수치를 높임으로써 당뇨병, 고혈압, 고지혈증 등 각종 성인병에 걸릴 확률을 높이므로 운동 및 식사를 통한 조절이 필요합니다.

*** WHR(Waist Hip Ratio)이란?**

허리/엉덩이 둘레 비로 남자 0.9이상, 여자 0.8이상 일 경우 복부비만으로 평가합니다. 체지방률이 적정 이상이면서 WHR이 높은 경우 내장비만이 진행되고 있다고 간주합니다.

※허리/엉덩이 둘레 비에 의한 비만형태 분류(대한비만학회 / 자원)

	복부 비만	둔부 비만
남 자	1.0이상 / 0.9 이상	1.0미만 / 0.9미만
여 자	0.85 이상	0.85 미만

[종합평가]

신체연령

자신의 체성분 분석결과와 성별 및 생물학적 연령을 비교・평가하여 나타낸 신체의 건강나이입니다. 20세 이하일 경우 자신의 나이와 동일합니다.

기초대사량

활동을 정지한 상태에서 필요한 최소한의 열량입니다. 기초대사량이 높은 사람은 기본적으로 소비되는 에너지가 많으므로 비만일 가능성이 적습니다. 기초대사량을 증가시키려면 운동을 통해 근육을 키우십시오.

1일필요열량

기초대사량×활동지수(PAL:Physical Activity Level)로 계산하며 출력되는 값은 보통~약간 많은 활동량을 가진 사람 기준이므로 자신의 활동량에 맞게 조절하시면 됩니다.

[체성분 측정결과]

체질량지수

신장과 체중을 이용하여 비만의 정도를 평가하는 방법으로 체중(kg)을 [신장(m)^2]으로 나눈 값입니다. 체질량지수가 커질수록 비만한 것입니다. 25kg/m^2 이상일 경우 성인병 발병 위험 및 전반적인 사망률이 증가하게 되며, 반대로 너무 낮을 경우에도 건강상의 위험이 있을 수 있으므로 적절한 체중을 유지하도록 해야합니다.

저체중	정 상	과체중	경 계	비 만	고도비만

18.5 23.5 25 27 30 kg/m^2

(단, 체질량 지수는 연령을 감안하지 않은 수치이며, 나이가 많을수록 기준치가 약간 높아지게 됩니다.)

체지방률

체지방량이 체중에서 차지하는 비율
체지방률이 높은 사람일수록 혈압이 높고, 콜레스테롤 수치가 높은 경향을 가집니다. 체질량지수가 정상이라도 체지방률이 높으면 심혈관질환 위험요인이 증가하며 정상 체중이라도 체지방률이 증가된 경우 적절한 처방을 위해 전문가의 상의하십시오.

마 름	적 당	과지방	비 만	고도비만

남자 15 20 25 30 %
여자 20 30 35 40 %

근육량

그래프가 적정에 위치하면 유지 혹은 더욱 발달시키면 되고, 이하에 위치할 경우 꾸준한 운동이 필요합니다.

세포량

세포량이 이하인 경우는 발육부진, 부적절한 영양상태, 면역력의 저하, 질병의 진행, 노년기 등을 의미하므로 단백질 섭취량을 늘리면서 적절한 운동을 병행할 수 있도록 전문가와 상담하십시오.

[체성분 분석]

신체를 구성하고 있는 성분에 대한 결과이며, 일반적으로 건강한 사람은 아래 그림과 같이 일정한 비율을 유지하게 됩니다.

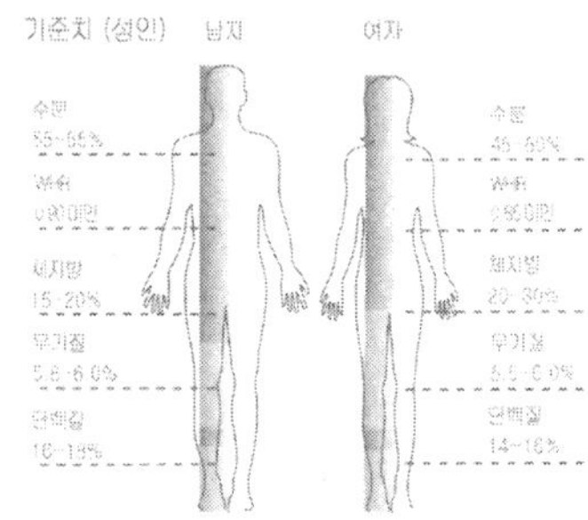

[체형판정도표]

체질량지수와 체지방률의 교차판정을 통하여 체형을 판정해 주는 도표입니다.

[조절목표]

체지방률을 기준으로 표시한 값입니다.

체지방량

막대 그래프가 이상인 경우 적정단계에 위치할 수 있도록 체지방량을 감소시켜야 합니다.

근육량

막대 그래프가 이하에 위치할 경우 체중이 많이 나갈 경우뿐만 아니라 적정이거나 이하인 경우에도 운동이 필요합니다.

체중

체중이 이상이거나 이하인 경우 적정단계로 조절하십시오. 효율적인 다이어트를 위해 'step by step' 으로 단계를 조절할 수 있도록 하였습니다.
1단계는 필수사항으로 3가지 항목 중 한가지라도 해당사항이 있으면 전문가와 상담하여 조절하도록 합니다.
2단계는 선택사항으로 더욱 건강하고 멋진 몸매를 위해 조절여부를 고객께서 선택하여 전문가와 상담하도록 합니다.

[연구항목]

각 주파수에 대응하는 좌(Lt.), 우(Rt.) 신체의 저항과 부위별 저항으로 학술적인 연구의 참고자료 및 기기의 작동 평가, 피검자의 상태변화 등 저항 관련 지표들을 추론할 수 있습니다.

혈압판정

혈압계와 체성분 분석기를 연결하여 사용할 경우 출력됩니다. 비만인 경우 몸속의 필요없는 지방을 유지하기 위해 산소 요구량이 증가하므로 혈압이 높아지게 됩니다. 혈압을 낮추기 위해서는 체중감량이 필수적이며, 짠음식을 피하고, 식사량을 줄여야 합니다. 또한 기름진 음식, 특히 콜레스테롤 섭취를 제한하고, 매일 꾸준한 운동을 병행하면 효과적입니다.
체계적인 조절을 위해서는 전문가와 상담하여 실천하십시오.

_Easy 생활속 식사 & 운동

체중조절 및 다이어트 기초 이론
비만해지는 경우는 아래와 같습니다.
① 체지방률이 높은 겉보기에 뚱뚱한 비만
② 체중은 표준임에도 비만으로 판정되는 저근육형 비만
따라서 비만치료의 목표는 체지방량을 줄이고, 부족한 근육을 증가시키는 것에 두어야 합니다. 효과적이고 안전한 체중감량수준은 주당 0.5kg이며 이 경우 일일필요열량 중 550kcal를 운동 및 식사요법으로 조절하면 됩니다. 이때 적절한 비율은 6:4로써 운동요법으로 330kcal, 식사요법으로 220kcal를 조절할 것을 권장합니다.

INDEX
찾아보기

V

W

판권
소유

체형관리학

2006년 9월 5일 초판발행
2021년 9월 10일 개정판발행

지은이 : 이은숙·최도점
펴낸이 : 이상태
펴낸곳 : 청구문화사
주 소 : 03706 서울특별시 서대문구 성산로11길 15
전 화 : 02) 332-0541(代) FAX : 02) 337-9577
등 록 : 1990년 11월 2일 제9-247호

정가 18,000원

ISBN 978-89-5616-867-8 93590